湛庐文化
Cheers Publishing
a mindstyle business
与 思 想 有 关

丽莎·兰道尔

Lisa Randall

全球"100位
最具影响力人物"之一

LISA / R

哈佛大学、麻省理工、普林斯顿 3° 大名校终身教授

1962 年 6 月 18 日，丽莎 · 兰道尔在美国纽约皇后区的一个犹太人家庭出生。她高中就读于史岱文森高中 (Stuyvesant High School)。史岱文森高中是一所以科学及数学见长的公立高中，曾有多位诺贝尔奖得主及各领域的知名人士在此就读，而且这所学校每年还会举办有“美国中学生诺贝尔奖”美誉的西屋科学奖。兰道尔曾经参加过此奖项的争夺，并获得了并列第一的好成绩。

兰道尔本科及博士均毕业于哈佛大学，后在加州大学伯克利分校以及劳伦斯伯克利国家实验室从事过 4 年的博士后研究。1991 年，兰道尔加入麻省理工学院担任助理研究员，1995 年晋升为副教授，并在两年后被授予终身教授。1995 年，她开始在哈佛大学执教。

兰道尔多年来潜心研究理论高能物理，领域涉及粒子物理学标准模型、超对称理论、弦理论、额外维度理论等。从 20 世纪 90 年代开始，兰道尔获得了十余次物理学大奖，其中包括由美国物理学会 2007 年颁发的朱利叶斯·利林费尔德奖 (Julius Edgar Lilienfeld Prize) 以及 2012 年颁发的安德鲁·格芒特奖 (Andrew Gemant Award)。过去 5 年来，兰道尔的论文被引用次数达上万次之多。因为其杰出的成就，兰道尔成为普林斯顿大学物理系第一位女性终身教授，哈佛大学、麻省理工学院第一位女性理论物理学终身教授。

ANDALL

挑战爱因斯坦，9° 年实验首提第五维空间

在哈佛大学的一间实验室里，一位女教授正在做一个核裂变实验。突然，她发现一个微粒竟然离奇地消失得无影无踪。它会跑到哪儿去？这位女教授大胆地提出一个新设想：我们的世界存在一个人类看不到的第五维空间。

这位女教授不是别人，正是 2007 年被《时代周刊》评为“100 位最具影响力人物”之一，被公认为当今全球最权威额外维度物理学家的丽莎 · 兰道尔。

兰道尔的大胆设想立刻引起了国际物理学界的震惊。要知道，根据爱因斯坦的广义相对论，人类生存的宇宙可是一个“四维时空”。一时间，“哈佛大学美女教授挑战爱因斯坦”的消息传遍全球 。兰道尔开始被各大媒体争相报道，其中包括《纽约时报》科学版头条、《经济学家》、《科学》、《自然》、《达拉斯日报》、英国广播电台等。兰道尔更因其美貌荣登美国《时尚》杂志封面

LISA RANDALL
暗物质毁灭恐龙，21世纪最惊人猜想
在一些虚拟游戏以及科幻大片之外，我们很少同时听到“暗物质”和“恐龙”这两个词。尽管在普通人眼里，暗物质和恐龙都很有趣，但或许都不会把“暗物质”这种看不见的物质和“恐龙”这个代表性的生物联系在一起。兰道尔却这么做了！她和她的合作者们认为：或许正是暗物质最终间接导致了恐龙的灭绝！
古生物学家、地质学家、物理学家已经证明，在6 600万年前，一个直径达10公里的陨星从太空直冲地球，导致了恐龙的灭绝，而原因就是，当太阳穿过银河系时，遇到了由暗物质构成的盘面，改变了太阳系远处星体的轨道，从而导致了这一灾难性的撞击。这一大胆猜想再次震惊了物理学界。
作者演讲洽谈，请联系
speech@cheerspublishing.com
更多相关资讯，请关注
湛庐文化微信订阅号
湛庐文化 Cheers Publishing
特别制作

理论物理学大师
丽莎·兰道尔宇宙三部曲

DARK MATTER AND THE DINOSAUR

THE ASTOUNDING INTERCONNECTEDNESS OF THE UNIVERSE

暗物质与恐龙

宇宙万物的互联

[美] 丽莎·兰道尔（Lisa Randall）◎著　苟利军　李楠　尔欣中 等◎译

浙江人民出版社
ZHEJIANG PEOPLE'S PUBLISHING HOUSE

SCIENTIFIC LITERACY SERIES

湛庐文化“科学素养”专家委员会寄语

科学伴光与电前行，引领你我展翅翱翔

欧阳自远

天体化学与地球化学家，中国月球探测工程首任首席科学家，中国科学院院士，
发展中国家科学院院士，国际宇航科学院院士

当雷电第一次掠过富兰克林的风筝到达他的指尖；

当电流第一次流入爱迪生的钨丝电灯照亮整个房间；

当我们第一次从显微镜下观察到美丽的生命；

当我们第一次将望远镜指向苍茫闪耀的星空；

当我们第一次登上月球回望自己的蓝色星球；

当我们第一次用史上最大型的实验装置 LHC 对撞出“上帝粒子”；

……

回溯科学的整个历程，今时今日的我们，仍旧激情澎湃。

对科学家来说，几个世纪的求索，注定是一条充斥着寂寥、抗争、坚持与荣耀的道路：

我们走过迷茫与谬误，才踟蹰地进入欢呼雀跃的人群；

我们历经挑战与质疑，才渐渐寻获万物的部分答案；

我们失败过、落魄过，才在偶然的一瞬体会到峰回路转的惊喜。

在这泰山般的宇宙中，我们注定如愚公般地“挖山不止”。所以，

不是每一刻，我们都在获得新发现。
但是，我们继续。
不是每一秒，我们都能洞悉万物的本质。
但是，我们继续。

我们日日夜夜地战斗在科学的第一线，在你们日常所不熟悉的粒子世界与茫茫大宇宙中上下求索。但是我们越来越发现，虽这一切与你们相距甚远，但却息息相关。所以，今时今日，我们愿把自己的所知、所感、所想、所为，传递给你们。

我们必须这样做。

所以，我们成立了这个“科学素养”专家委员会。我们有的来自中国科学院国家天文台，有的来自中国科学院高能物理研究所，有的来自国内物理学界知名学府清华大学、北京师范大学与中山大学，有的来自大洋彼岸的顶尖名校加州理工学院。我们汇集到一起，只愿把最前沿的科学成果传递给你们，将科学家真实的科研世界展现在你们面前。

不是每个人都能成为大人物，但是每个人都可以因为科学而成为圈子中最有趣的人。
不是每个人都能够成就恢宏伟业，但是每个人都可以成为孩子眼中最博学的父亲、母亲。
不是每个人都能身兼历史的重任，但是每个人都可以去了解自身被赋予的最伟大的天赋与奇迹。

科学是我们探求真理的向导，也是你们与下一代进步的天梯。

科学，将给予你们无限的未来。这是科学沉淀几个世纪以来，对人类最伟大的回馈。也是我们，这些科学共同体里的成员，今时今日想要告诉你们的故事。

我们期待，

每一个人都因这套书系，成为有趣而博学的人，成为明灯般指引着孩子前行的父母，成为了解自己、了解物质、生命和宇宙的智者。

同时，我们也期待，

更多的科学家加入我们的队伍，为中国的科普事业共同贡献力量。

同时，我们真诚地祝愿，

科技创新与科学普及双翼齐飞！中华必将腾飞！

SCIENTIFIC LITERACY SERIES

湛庐文化“科学素养”书系
专家委员会

重磅赞誉

DARK MATTER AND THE DINOSAURS

韩　涛　著名理论物理学家，美国匹兹堡大学物理天文系杰出教授
匹兹堡大学粒子物理、天体物理及宇宙学中心主任

人类真的生活在一个具有多维空间的膜宇宙之上吗？暗物质真的是毁灭“地球霸主”恐龙的“幕后黑手”？发现了“上帝粒子”希格斯玻色子的大型强子对撞机，以及未来的超级对撞机，会为这些玄妙的问题提供深刻的答案吗？听天才理论物理学家丽莎·兰道尔教授用妙趣横生的案例、通俗易懂的语言，对科学求索的真相与未来娓娓道来，让人欲罢不能。这是时下科学研究前沿最振聋发聩的声音！振奋人心，启迪心智！

张双南　中国科学院高能物理研究所和国家天文台双聘研究员
中国科学院粒子天体物理重点实验室主任

我们还没有探测到暗物质，但恐龙的灭绝竟然是暗物质造成的？兰道尔“宇宙三部曲”将告诉读者，想理解地球和人类的现在、历史与未来，我们必须搞清楚物质最深层次的结构和宇宙最大尺度的规律！唉，我真为其他想写类似主题的作家们担心，再写出这么出色的书恐怕很难了。

陈学雷　国家杰出青年科学基金奖获得者
国家天文台研究员及宇宙暗物质与暗能量研究团组首席科学家

兰道尔教授先后在麻省理工学院、普林斯顿大学、哈佛大学这几所世界最著名的大学担任理论物理学教授，并一直开展着最前沿的科学研究。在这套科普书中，兰道尔教授介绍了物理学家们是如何研究、探索宇宙之谜的。

她并不满足于仅仅介绍那些已经被广泛接受的科学知识，而是着重展示科学家们现在正在进行的猜想和探索，使读者真切地欣赏到科学研究的丰富多彩和趣味，体验科学家们在构造假说、探索未知、获得新发现时所体验到的激情。我相信，想了解科学探索前沿的读者一定会享受阅读这套书带来的乐趣。

朱　进 北京天文馆馆长

在兰道尔教授的笔下，额外维度、暗物质、暗能量、对撞机，这些科学家的“烧脑伙伴”也变得平易近人起来。这套科普书通俗易懂，与晦涩无缘，揭示了即使是门外汉都读得懂的宇宙真相。

苟利军 中国科学院国家天文台研究员，中国科学院大学教授
“第十一届文津奖”获奖图书《星际穿越》译者

几千年来，人类一直在试图回答“宇宙是什么”这一古老问题。现代天文观测和研究揭示，宇宙包含了时空和普通物质以及很多神秘“角色”。作为世界知名的粒子物理学家，哈佛大学物理系教授丽莎·兰道尔在她的这套科普书中，以其渊博的知识、广阔的视野、通俗的语言，以及丰富有趣的事例，给我们讲述了宇宙的基本组成和包含万物的时空，非常值得一读。作者大胆推断，地球上恐龙的灭绝与银河系中的某种暗物质有关。如果这能够被证实，将颠覆我们对宇宙神秘物质的现有认识。

吴　岩 科幻作家，北京师范大学教授

简明扼要，通俗易懂，内容独创。地球人非读不可！

万维钢（同人于野） 科学作家，畅销书《万万没想到》作者
“得到”App《万维钢·精英日课》专栏作家

过去几十年来，理论物理学中最酷的话题已经从量子力学、相对论和黑洞变成了超弦、希格斯粒子和暗物质。如果说，黑洞让人着迷、量子力学让人困惑、相对论让人脑洞大开，那这些新概念则更难让人理解！不过一旦你理解了，就会获得更大的智力愉悦感。物理学家一直致力于在不用公式的情况下让公众理解物理学，丽莎·兰道尔正是这项事业的新晋翘楚。她用一贯的机智语言告诉我们，这一代的物理学正在发生什么。

郝景芳 2016 年雨果奖获得者，《北京折叠》作者

在这个信息爆炸的时代，我们收到的碎片化信息太多，反而难以获得真知。碎片化文章看得再多，也不如读一本真正的好书，尤其是深入浅出、结构恢弘的好书。兰道尔“宇宙三部曲”就是难得一见的、视野辽阔的好书，每一本都选择了令人好奇的话题：宇宙结构、宇宙历史、宇宙物质，并且还与恐龙灭绝这样有趣的话题相结合，更加吸引人，让人读起来手不释卷。而最为难得的是，兰道尔的文笔简洁、优美，你在书中找不到像一般物理学科普图书那种艰深晦涩的语句。她用小说一样的文笔娓娓道来，让你理解人类对宇宙最全面的认知。

基普·索恩 天体物理学巨擘，畅销书《星际穿越》作者
加州理工学院理论物理学教授

《暗物质与恐龙》是科普作品中的杰作：既像一个展示了科学研究本质的侦探故事，又解释了人类的存在如何与充盈宇宙的暗物质那意想不到的性质，联系在了一起。

麦克斯·泰格马克 麻省理工学院物理学家
2003 年度世界十大科学成就奖获得者

知名物理学家丽莎·兰道尔为世界上最古老的“谋杀谜案”之一——恐龙的灭绝，带来了新的转折。她以生动的写作手法和通俗易懂的解释方式，令人信服地暗示了一个导致那次袭击的新“嫌犯”：暗物质。

悉达多·穆克吉 哥伦比亚大学医学中心癌症医师和研究员
畅销书《众病之王》作者

只有丽莎·兰道尔可以带领我们经历这样一场激动人心的科学旅行——从恐龙到 DNA，到彗星，到暗物质，再到人类的过去和未来。兰道尔的研究是如此彻底，故事是如此强大，她的讲述是如此具有说服力，以至于我都无法把这本书放下。

杰克·霍纳 美国古生物学家，《侏罗纪公园》系列电影技术顾问

丽莎·兰道尔创作了一本集乐趣和洞察力于一体的书，出色地将宇宙和生物这两个主题编织在了一起……最后用一条简单、优雅的理论解释通了大规模生物灭绝事件。这本书对于任何一个对“地球生命是否仍旧安全”

感兴趣的人来说，都是必读书目。

蒂莫西·费瑞斯 NASA长期太空探索顾问，《银河系简史》作者

《暗物质与恐龙》是对科学家如何发现人类生存奥秘，以及广阔宇宙之间深层联系的挑衅和揭示。这是一本非常棒的读物。

《纽约时报》

成功的科学写作需要讲述一个完整的“如何”，然后有条不紊地把“为什么”讲解清楚——兰道尔教授就是这样做的！

《科学》

兰道尔以一种有趣且引人入胜的方式，成功地引导读者穿越了宇宙和地球的历史，穿越了从宇宙大爆炸到生命出现的历史。阅读本书，无论是对外行读者，还是对科学家来说，都是一次非常愉快的阅读体验。

《书单》

兰道尔的理论本身就是引人入胜的。在这个理论中，一些尖端学科被应用其中，包括对暗物质大胆的重新定义，它开启了一个对尖端科学的启蒙调查。正如兰道尔在《叩响天堂之门》《弯曲的旅行》中所做的，她给我们带来了令人兴奋的新理念。

《科克斯书评》

以看似闲谈的行文风格，兰道尔为我们打开了一扇令人着迷的窗口，让我们得以洞察新发现的兴奋之情以及新假说检验和构思所需要的严谨。这是来自权威研究人员的一流科学著作。

推荐序

DARK MATTER AND THE DINOSAURS

发现的激情

陈学雷
国家杰出青年科学基金获得者
国家天文台研究员及宇宙暗物质与暗能量研究团组首席科学家

拿到这套书的样章，让我想起 20 多年前（1993 年），我作为一名物理学研究生，参加了由李政道先生创办的中国高等科学技术中心组织的一个国际物理学会议。会议日程上列出的报告中有几位大名鼎鼎的学者，他们的名字，我们在粒子物理学教科书中早已熟悉。但当时还有一个我不很熟悉的名字“Lisa Randall”，而且在日程中排在十分显著的位置。会议开始后，我见到了她：一位面容美丽、身材苗条的女子。她看上去似乎比我大不了几岁，却十分高冷。而且，我听说她酷爱攀岩。然而在会议中，无论是演讲、问答还是讨论，她都显得学识渊博、机敏睿智、充满自信，与那些年龄、资历都老得多的学者辩论时，完全不落下风，成为会议的中心人物之一。这完全打破了我那时对女性物理学家的错误刻板印象。诚然，我从小遇到过很多成绩比我更优秀的女同学，但也许是因为女孩子们的谦让、文静和不好争辩，总让我怀疑她们不过是比我更用功、更擅长作业和考试而已。对于她们是否能深刻地思索或者作出创造性的发现，我内心总有一点儿怀疑。在物理学发展史上，女性物理学家，特别是理论物理学家，也确实屈指可数。然而，站在我面前的就是一位活生生的杰出的女性物理学家，这证明之前我错了。当然，自那之后，我有幸遇到过很多优秀的女性物理学家，其中也包括丽莎·兰道尔教授的一位中国女弟子苏淑芳博士。她们都向我证明了，女性在物理学或者其他科学研究中，完全可以取得毫不逊色于男性的成就。

兰道尔教授先后在麻省理工学院、普林斯顿大学、哈佛大学这几所世界最著名的大学担任理论物理学教授，并一直在进行着最前沿的科学研究。她有许多卓越的成就，其中最著名的是她与桑卓姆合作提出的“额外维度”模型。在这个模型中，我们所熟知的三维空间只是高维空间中的“膜”(参见《弯曲的旅行》一书)。兰道尔教授的这套科普书系，介绍了物理学家是如何研究、探索宇宙之谜的。《叩响天堂之门》一书不仅介绍了大型强子对撞机所进行的研究的意义，也用科学的道理和事实，澄清了人们对科学的各种误解;《弯曲的旅行》一书，重点是对高维空间的探索;《暗物质与恐龙》一书则介绍了作者提出的一种特别的暗物质模型，并就此提出了一个关于恐龙灭绝的有趣假说，借此又阐述了从宇宙起源到暗物质、从太阳系演化到恐龙等多方面的知识。这三部著作的共同特点是，作者并不满足于仅仅介绍那些已经被广泛接受的科学知识，而是着重展示科学家现在正在进行的猜想和探索，当然也清楚地说明了哪些仍仅仅是猜想和假说。这些猜想也许未必都正确，其中许多可能也会被未来的实验和观测所否定。但是，对这些内容的介绍更可以使读者真切地欣赏到科学研究的丰富多彩和趣味，体验到科学家们在构造假说、探索未知、获得新发现时所体验的激情。

我相信，想了解科学探索前沿的读者一定会享受阅读这套书带来的乐趣。我也特别希望，这些书能鼓励那些喜爱科学、希望未来从事科学研究的女孩子们。

中文版序

DARK MATTER AND THE DINOSAURS

宇宙的故事

得知我的三本书将在中国出版，我感到十分兴奋。不论在理论物理学还是在实验物理学的舞台上，中国都在扮演着日益重要的角色。

我有一些优秀的中国学生以及博士后，而且我也发现，近年来在中国这片土地上，人们对我研究方向的兴趣正在不断增长。不仅如此，中国的实验物理学也在近期取得了一些重要成果。例如，在大亚湾中微子实验室中对最轻、最重中微子混合的振荡测量，其结果震惊了世人，而且它比人们的预期早了至少一年。现有的暗物质探测器，包括 PandaX 与 CDEX，标定了一些重要的能量范围，并且仍在不断探索，以揭示神秘的暗物质粒子的本质。展望未来，计划在中国建造的最大型的对撞机至关重要，它将成为国际主要的粒子物理学实验装置，并能够胜任探索超越已知领域的重任。

作为一位理论物理学家，我的研究领域涉猎甚广，小到物质的内部结构，大到宇宙、空间的本质。这些研究令人兴奋，然而又很难向他人解释清楚——在没有对应语境的情况下更难说清。这三本书给了我一次机会，不仅可以向世人解释我的研究，还可以同时解释作为我研究基础的量子力学、相对论、粒子物理学与天体物理学等物理学知识。我将乐于讲述一些展现这些领域中研究前沿的宏大故事。

《叩响天堂之门》一书，解释了科学的本质，并强调了尺度的重要性，也即如何在基本粒子、原子、普通物质或是宇宙的尺度上思考科学问题。《叩响天堂之门》一书也探索了科学的发展历程、什么是"对"与"错"，以及创造力在科学发展中的意义。在这本书中，我还预测了大型强子对撞机（LHC）上的物理结果。大型强子对撞机是建造在日内瓦附近的大型加速器，能让高能质子对撞，以产生新的粒子与新的相互作用，它可以用来研究人类之前所不能及的更小尺度。这本书解释了大型强子对撞机如何运作，以及在这一实验中，科学家正在研究什么以及他们未来将要研究什么。

《弯曲的旅行》一书讲述了我对空间中可能存在的卷曲的额外维度的研究——额外维度是在我们容易观察到的三个维度（左 - 右、前 - 后、上 - 下）之外的某个维度。额外维度可能具有重要意义，它将解释基本粒子的质量，并为它们之间的相互作用引入新的理论可能性。这些卷曲也将容许空间具有一个无穷大的额外维度，它将与我们观测到的一切事物相容。为了讲述这个故事，我回顾了前沿研究中的量子力学、相对论、粒子物理学的基础（既有理论，也有实验），还回顾了弦理论。在这本书中，我会讲述我们是如何把所有研究领域联系在一起，我们是如何得到了这一切，以及我们已经走到了哪一步的大故事。

《暗物质与恐龙》一书，既向外审视宇宙的宏大图景，又向内一窥物质的内部结构。它解释了暗物质的本质及其在宇宙演化中扮演的角色——暗物质是宇宙中捉摸不定的物质，只与引力而不与光相互作用。《暗物质与恐龙》一书也强调了物质的基本性质与我们今日所见的地球、宇宙之间的联系。这本书的内容不仅涵盖了宇宙学，还涉及星系、太阳系和地球之间的相互作用，及其与周边环境的联系。在这一旅程中，我还将解释我对暗物质的新理念：暗物质可能包含了某个小组分，这个组分通过自身的媒介物质——光进行相互作用，而普通物质不与之相互作用。这可能会产生激动人心的结果，包括在银河系平面上，暗物质盘将形成，其引力效应可能导致巨大的流星体撞击地球，从而最终导致恐龙的灭绝。

《叩响天堂之门》《弯曲的旅行》《暗物质与恐龙》三本书包含了粒子物理学的广阔思想领域，是对我的研究以及更宽泛的粒子物理学和宇宙学的一个简述。这三本书把许多新颖且多元的理念与科学领域结合在一起，给出了对今日科学家工作状态的一个感性认知。

在完成《暗物质与恐龙》这本书之后，我已继续投身于对暗物质的研究中。在许多已有研究的基础上，暗物质已经是一个比较成熟的研究主题了。我们在实验上有了许多直接的结果，也开始着手于更好地理解用来探索宇宙的天文望远镜、人造卫星是如何阐明“暗物质是什么”这一问题的。同时，理论也在不断发展，人们已经超越了对暗物质粒子非常狭隘的假设，并对“暗物质如何相互作用”有了更深刻的想法。我正在思考关于暗物质粒子全部带电（而不只是一小部分带电）的可能性，并自问这一假设可能导出什么结果。现有的研究忽视了某些使这个假设可行的重要结果，或许这可能只是因为：暗物质着实不像粒子物理学家之前所假设的那么无趣。

暗物质是什么？
是它毁灭了“地球霸主”恐龙吗？
扫码获取“湛庐阅读”APP，
搜索“暗物质与恐龙”
听兰道尔教授解答
其中的神秘关联。

理解暗物质这种神秘物质的本质，是一个非常令人兴奋的研究主题，毕竟它占据了全部物质能量的85%。我希望中国的读者能享受这一旅程：跟随我一起探索我们是由什么组成的，宇宙中的相互作用是如何发生的，以及我们这些科学家是如何研究宇宙问题的。我确信，你们将会从中学到许多新知识，同时又能提出属于自己的问题和观点。

目录

DARK MATTER AND THE DINOSAURS

第一部分

宇宙的历程

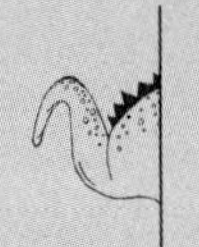

第二部分

活跃的太阳系

第三部分

破解暗物质的秘密

DARK MATTER AND THE DINOSAURS

引 言

DARK MATTER AND THE DINOSAURS

暗物质与恐龙灭绝

除了一些虚拟游戏以及科幻大片之外，我们很少会同时听到“暗物质”和“恐龙”这两个词。暗物质是宇宙难以捉摸的组成部分，它能够像普通物质一样通过引力相互作用，却不会发射光或者吸收光。天文学家能够探测到它的引力效应，却看不到它。而对于恐龙，我想我无须多言，这种生物在 2.31 亿年 ~ 6 600 万年前可是陆生脊椎动物中的霸主。

尽管暗物质和恐龙各自都很有趣，但你或许会认为，暗物质这种看不见的物质和恐龙这个很受欢迎的代表性生物是完全不相关的。这样想也非常合理，而且这或许就是事实。但是，按照定义，宇宙是一个单一的实体，在原则上，它的各个组成部分会相互作用，因此，本书探讨了一种假设：我和合作者认为，或许是暗物质最终（间接地）导致了恐龙的灭绝。

古生物学家、地质学家和物理学家已经证明，在 6 600 万年前，一个直径至少为 10 公里的物体从太空冲向地球，导致了恐龙的灭绝，并杀死了地球上其他 3/4 的生物。那个天体或许是来自太阳系最外区的一颗彗星，可至今没有人知道为什么这颗彗星的轨道受到了扰动——尽管这颗彗星受到的束缚力很弱，但却很稳定。

我们的理论是，太阳系在通过银河系（由恒星和明亮的尘埃组成的条状带，可以在晴朗的夜晚看到）的中间平面时，遇到了由暗物质构成的盘面，这些暗物质改变了太阳系远处物体的运行轨道，从而导致了这一灾难性的撞击。银河系附近有大量暗物质围绕，形成了一个巨大的光滑且弥散的球形晕。

导致恐龙灭绝的那种暗物质与宇宙中难以理解的大部分暗物质非常不同。那种暗物质会让暗物质晕保持完整，它与众不同的相互作用也会让它凝结成一个盘状物，而这个盘状物正好就处在银河系的中间。这个很薄的区域很可能非常致密，当太阳系通过它时，由于太阳在上下振动的轨道上穿过银河系，因而暗物质盘的引力影响会特别强烈。它的引力非常强大，从而会改变位于太阳系外边缘的彗星的轨道。在那里，与之竞争的太阳引力却太弱，很难将这些彗星控制在轨道上。脱离原轨道的彗星将会从太阳系中被弹出去，又或者会重新向太阳系的中心区域冲去，这时候就很有可能撞击到地球上。

坦白说，我并不确定这个理论是否正确。它只是一类意想不到的暗物质，会对生物产生可测量的影响（严格来说，它们已经不再是“生”物了）。这本书讲述的正是我们对暗物质及其影响的理论猜想。

尽管这些推测性的想法或许有些挑衅，但它们并不是本书的主要焦点。而这些想法对本书内容的重要性，可以和毁灭恐龙的彗星故事中所涉及的背景，以及支撑它的科学知识的重要性相当。这里所说的科学知识，包括一个很完善的宇宙学框架以及有关太阳系的科学知识。同时，我也感到非常幸运，我所研究的课题时常引导着我思考更宏大的问题，比如宇宙是由什么物质构成的，宇宙中空间和时间的本质是什么，以及宇宙中的一切事物是如何进化到今日之貌的。通过这本书，我希望能和读者分享这些收获。

在即将讲述的科学故事中，我的研究课题让我开始更为深刻地思考宇宙学、天体物理学、地质学，甚至生物学。不过我的焦点依旧是基础物理学。在做了许多传统的粒子物理学（关于物质基本构成的研究，比如你正在阅读的这本书的纸或电子屏幕的构成）工作之后，我发现，探索那些有关暗物质世界的已知（或者即将知道）内容也会让人耳目一新。当然，探索基本物理过程对于太阳系和地球的意义也同样重要。

《暗物质与恐龙》这本书解释了我们现有的一些知识，包括宇宙、银河系、太阳系，以及是什么催生了地球的宜居环境并最终诞生了生命。我不仅会讨论暗物质和宇宙，还会深入讨论彗星、小行星、生命的产生和灭绝，尤其是那些坠落到地球并杀死恐龙和其他许多生命的天体。我希望这本书能传达出许多不可思议的联系，这些联系让人类得以出现，让我们现在能够更有意义地理解正在发生的一切。当我们思考地球的今日之貌时，我们或许更想了解地球演化的背景。

当我专注于这本书中的基本概念时，我感到了无限敬畏，常常会陶醉其中，不仅是因为我们对所处环境（包括太阳、银河系和宇宙）的现有了解，还因为从我们所处的这个微小的栖息之地——地球，我们是多么期望能更好地了解它。我被许多现象之间的关联所折服，正是因为这些关联的存在，才最终使人类得以出现。需要澄清的是，我的观点不包含任何宗教意味，所以我无须指定一个目的或者意义。然而，我还是不禁将这种强烈的情感归为某种宗教信仰，尤其当我们逐渐理解了宇宙的无限、我们的过去，以及它们如何完美地组合在一起时。在我们处理日常生活中所犯的那些愚蠢之事时，这种强烈的情感给每一个人都提供了某种新视角。

这个新近的研究结果让我以不同的眼光看待这个世界，以及创造了地球和我们所处的这个宇宙。我成长在纽约市的皇后区，看过很多非常壮观的建筑，但很少能亲近自然。我看到的少许具有自然风貌的地方，也是人工公园或草地，几乎没有地方能够保持原本的自然之貌。然而，当你在沙滩上散步时，你正走在碾碎的生物之上，或至少走在它们的保护壳上。在海滩上或者乡村里，你看到的那些石灰石峭壁，或许也是由生活在几百万年前的生物所构成。山脉起源于相互碰撞的地球板块，而驱动这些板块运动的岩浆是从地心附近放射出的物质。我们的能量来自太阳系的核反应过程，在最初的核反应发生之后，其所产生的能量已经通过多种不同的方式转化并且保存了下来。我们使用的许多资源都是来自外太空的重元素，它们是由小行星或彗星带到地球表面的。一些氨基酸，或者说生命，又或者说生命的种子，也是由小行星带到地球上的。而在这一切发生之前，暗物质坍缩成块，然后吸引了更多物质，最终形成了星系、星系团和类似于太阳系一样的恒星。普通物质虽然很重要，但却不是故事的全部。

尽管我们可能觉得自己生活在一个自成一体的环境的幻象之中，但当太阳在白日升起，月亮和星辰在夜晚出现时，都提醒着我们，地球其实并不孤单。恒星和星云作为更进一步的证据，表明地球存在于一个星系之中，而银河系又处在一个更大的宇宙之中。地球在太阳系内的轨道上运动，四季更迭又告诉我们地球轨道的方位变化；以天和年为单位的时间尺度，也显示了和周围环境的相关性。

不可思议的关联

从本书的研究以及查阅各种文献中，我得到了四个令人鼓舞的经验，在此我想与大家分享。这贴合了我内心对理解宇宙的满足感，理解宇宙的很多方面是如何通过一些不可思议的方式关联起来的。**在最基本的层面上，最重要的经验就是：基本粒子物理学、宇宙学以及生物学，是关联在一起的。这些关联不是从某种"新时代"的意义上而言的，而是以一些不可思议的方式关联起**

来的，这些方式非常值得我们研究。

来自外太空的物体会不时地撞击地球，地球与周围环境的关系“爱恨交织”。行星可以从我们周围的环境中得到一些好处，但其实受到的大部分影响都是致命的。地球所处的位置可以得到合适的温度，对于那些朝向太阳系内运动的小行星和彗星，在它们撞到地球之前，外太阳系区域的行星能够改变它们的轨道。月球和地球之间的距离会让地球轨道变得稳定下来，以防止地球温度发生剧烈变化。同时，外太阳系区域能够屏蔽危险的宇宙射线，防止地球生命受到伤害。撞击地球的流星可能会带来对于生命而言很关键的资源，但它们同时也通过一些有害的方式影响生命的演化轨迹。至少有一个这样的天体在 6 600 万年前，导致了地球生物发生了一次大规模灭绝，不过话说回来，这次毁灭性的撞击虽然导致了陆栖恐龙灭绝，却为哺乳动物（包括人类）的出现铺平了道路。

第二个经验，也是非常令人印象深刻的一点是，我即将讨论的这些科学发现都是在最近获得的。尽管在任何一个历史时刻人类都可以作出如下声明，但这并不会降低其有效性：在过去的 X 年，人类的知识已经得到了极大的发展。对于我将描述的研究，这个数字小于 50。当我在做研究或阅读别人的研究成果时，我时常惊讶于很多发现是如此之新，并且极具创新性。对于这个世界我们所了解的事物，这些发现时常是令人惊喜的，并且总是有趣的，不过偶尔也是可怕的。可见，科学家在处理这些事物时，人类的聪明才智和执着在不断涌现。本书所呈现的科学认识只是宏大历史框架的冰山一角——是 138 亿年还是 46 亿年，取决于你关注的是宇宙还是太阳系。然而，人类揭开这些想法的历史也仅仅 100 多年而已。

尽管恐龙灭绝发生在 6 600 万年前，但古生物学家和地质学家直到 20 世纪七八十年代才推断出了恐龙灭绝的真相。在相关想法首次被提出之后，只花了几十年，科学界就对它们作出了更为全面的评估。这个时间点并非完全是巧合。当宇航员登上月球，近距离观看陨石坑时，太阳系动态本质的详尽证据才向人类徐徐展开。由此，地外天体导致恐龙灭绝的想法才变得可靠起来。

在过去的 50 年中，粒子物理学和宇宙学取得了重大进展，这让我们了解了粒子物理学的标准模型，就如我们今天所理解的那样——它描述了物质的基本构成。宇宙中暗物质和暗能量的含量也是在 20 世纪的最后几十年里才被确认。我们对太阳系的认识也在同一时间框架内发生了变化。直到 20 世纪 90 年代，科学家才发现冥王星附近的柯伊伯带（Kuiper Belt），这才知道冥王星并不是在独自运动。行星的数目减少了，但你在小学学过的基础科学知识如今变得更丰富、更复杂了。

第三个经验是对进化发生速度的认识。当物种有充足的时间进化时，“自然选择”将允许物种适应。但是，这种适应不是极端的或快速的，而是非常缓慢的。恐龙没有时间为了一个直径约为 10 公里的天体要撞击地球而先去做准备，它们无法应对这种突发状况。那些被困在陆地上的恐龙体型太大了，根本无处藏身，因而也无处可逃。

每当新想法或新技术出现时，对灾难性变化与渐进性变化的争论就会成为主要问题。**理解最新进展（科学或其他）的关键是这些过程的快慢。**我经常听到人们说，某些方面，比如遗传学或互联网，其进展非常巨大，这并不完全正确。对疾病或循环系统的进一步了解可以追溯到几百年前，当时它带来的变化像如今的遗传学带来的变化一样深刻。书写文字的出现以及印刷术的发明，都影响了人们获取知识的方式和思考的方式，其影响之大完全不亚于互联网所带来的影响。

随着以上技术的不断发展，如今，变化的一个非常重要的因素就是其快速性。这个话题不仅仅与科学的发展历程相关，也与环境和社会的变化相关。现如今，虽然流星导致死亡的事情已经无须过分担心，但是环境变化和生物灭绝的速度过快却引起了人们的担心。在许多方面，这个影响都是非常显著的。本书讨论的主题将帮助我们更好地理解人类是如何进化到现在这种状态，并鼓励我们如何明智地运用现有知识。

第四个重要的经验是有关于那些不可思议的科学，它描述了这个世界的隐藏元素及其发展，并描述了对于这个宇宙，我们可以了解多少。很多人都对多重宇宙非常着迷，尽管我们无法触及其他宇宙。但至少，那些隐藏世界听起来非常有趣，无论是从生物学的角度还是从物理学的角度而言，我们都有机会去探索和学习更多的相关知识。在本书中，我想让大家知道，思考已知和探索未知，是一件令人振奋的事情。

从大爆炸到毁灭性的撞击

这本书从介绍宇宙学开始。宇宙学是一门有关宇宙如何演化到今日之貌的科学。第一部分介绍了宇宙大爆炸理论、宇宙暴胀理论和宇宙构成。这部分也解释了暗物质是什么，我们如何确定它的存在，以及为什么它与宇宙的结构有关。

暗物质占宇宙物质的 85%，而普通物质，比如构成恒星、气体以及人体的物质，只占 15%。然而，人们主要关注的还是普通物质的存在性和相关性，因为普通物质的相互作用要强得多。

把所有注意力集中在与其影响力很不成比例的一小部分物质上，是很不明智的。我们可以看到和感受到的这 15% 的物质，也仅仅是其中一部分。我之后将解释暗物质在宇宙（比如，对从宇宙等离子体中产生的星系和星系团）中，以及对于保持其结构稳定性方面的关键作用。

第二部分详细介绍了太阳系。太阳系本身即使不能作为一部百科全书，但完全可以作为一整本书的主题。所以我将集中讨论可能影响恐龙灭绝的那些要素，比如流星、小行星和彗星。这一部分将描述我们已了解的那些天体，它们或者已经撞击过地球，或者被我们预期在未来会撞到地球。同时，我们还会讨论一下那些稀少但是不容易排除的有关恐龙灭绝的证据，以及每隔大约3 000万年就至少发生一次的流星撞击。在这一部分，我们还会讨论生命的形成以及毁灭，并回顾五次主要的大规模生物灭绝，包括恐龙灭绝的那次灾难。

第三部分和最后一部分集成了前两部分的想法，从暗物质模型的讨论开始，对暗物质的一些常见模型做了解释，以让我们了解暗物质是什么。对之前我们提到的有关暗物质的相互作用，我们也讨论了一些相关的新理论。

当前，我们只知道暗物质和普通物质通过引力相互作用。引力的效应非常微小，我们只能察觉到具有巨大质量的物体的引力，比如地球和太阳之间的引力，即便这种力也是非常微弱的。而你用非常小的一块磁铁就可以吸起一个曲别针——磁力很容易把整个地球的引力都比下去。

暗物质也可能会感受到其他力。人们通常假设，我们熟知的事物是独一无二的，这是因为电磁力、弱相互作用力和强相互作用力之间存在相互作用。而我们的新模型对这种假设和偏见提出了挑战。物质间的传统作用力比引力要强很多，这可以解释世界上的许多有趣特性。但是，如果一些暗物质也能够感受到非引力的相互作用，那会怎么样呢？如果这个假设成立，暗物质的力量可能会引出基本粒子和宏观现象之间关联的明显证据，可能比我们已经知道的许多联系都更为深刻。

原则上来说，宇宙中的一切事物都可能存在相互作用，而大多数这种相互作用通常都很微弱，不容易被察觉到，只有那些通过可探测方式影响我们的事物才能够被观测到。如果你有某个东西只能施加或者感受到非常小的作用力，那么即使它就在你的眼前，你也不会察觉到它。这大概就是为什么，虽然单个暗物质粒子或许就在我们周围，但到目前为止还没能被探测到的原因。

本书第三部分展示了我们应该如何更广泛地思考暗物质。比如，为什么暗物质的世界如此简单，而我们的世界却如此复杂？这可能会引导我们思考一些新的可能性。也许一部分暗物质能够感受到它自己的力，愿意的话你可以称它为“暗光”。如果大多数暗物质通常属于相对没有影响的那 85% 的话，我们可以认为暗物质是一种“向上运动的中产阶级”[1]，它的相互作用和我们熟悉的普通物质非常类似。这些额外的相互作用将会影响星系的构成，并且因为相互作用，这部分暗物质会影响由普通物质构成的恒星和其他天体的运动。

未来 5 年里，卫星观测将能够比过去更为详细地测量星系的形状、组成和性质，告诉我们更多有关银河系环境的性质，同时检验我们的猜想是否属实。这种可观察的影响意味着，暗物质和我们的模型将会被科学所证实，即使暗物质不是构成人类的“积木”，也仍然很值得探索。暗物质的影响可能包括流星撞击事件，其中一次撞击就有可能成为恐龙灭绝的原因，就如本书书名所暗示的那样。

把这些现象关联起来的背景和概念，为我们提供了一个有关广阔宇宙的三维图景。我写这本书的目的是分享这些想法，并鼓励读者去探索和欣赏我们这个世界，并不断深入地了解它那非凡的丰富性。

[1] 介于普通物质和通常的暗物质之间。——译者注

DARK MATTER AND THE DINOSAURS

第一部分

宇宙的历程

THE ASTOUNDING INTERCONNECTEDNESS OF THE UNIVERSE

神秘的暗物质

DARK MATTER AND THE DINOSAURS

> 几个世纪以来，物理学教给我们的最大的经验就是，有如此之多的物质是人类看不到的。

我们时常会忽略那些不感兴趣的事物：划过黑暗夜空的流星；丛林漫步时，尾随身后的小动物；路过城镇时，那些宏伟建筑的细节之美……所有这些，即使它们在我们的视野之内，我们也时常会忽略它们。我们的身体是细菌的“殖民地”：10 倍于人体细胞的细菌细胞居住在我们体内，帮助我们生存下去。然而，我们几乎不会意识到这些微生物的存在，它们却可以帮我们吸收营养、促进消化。只有当这些细菌使我们生病时，我们才会意识到它们的存在。

为了了解这些事情，你必须深入观察，而且你必须知道如何观察。至少从原则上看，这些现象是可以被看到的。想象一下，在理解某个你无法看到的事物时，会有多困难。暗物质就是其中之一。在宇宙中，我们难以找到它，它和我们理解的普遍物质仅仅有着微不足道的相互作用。在这一章中，我将会列举很多测量证据，天文学家和物理学家通过它们来证明暗物质的存在。我还将从以下几个方面介绍一下这个难以被找到的物质：它是什么，它为什么看起来如此复杂，而从某些重要的角度看，它为什么又如此简单。

暗物质

在宇宙中难以被找到的东西，它和我们理解的普遍物质仅仅有着微不足道的相互作用。暗物质可以直接通过我们的身体，也存在于外部世界中。我们无法察觉到暗物质。至少在人们目前能够探测到的程度上来看，暗物质不与光相互作用。

看不见的存在

尽管互联网是一个能够承载数十亿人同时在线的巨大载体，但社交网站上的大多数人并不会直接接触，甚至连间接接触都没有。参与者往往只与志同道合的人做朋友，追踪那些有相似兴趣的人，只关注那些能够代表他们自己个体世界观的新闻媒体。正是因为这种有限制的接触，在线网民被分割成许多不同的、而且不相互接触的人群。在这个人群中，他们之间几乎很难遇到持反对意见的观点，甚至朋友的朋友也不会因为相反意见而争论。所以，大多数网民对持不同观点的陌生群体毫不关心。

人类并不是故步自封的物种，但当谈到暗物质时，我们的确有点愧疚。暗物质并不是普通物质社会网络中的一部分。它存在于我们现在还不知道如何进入的某个“网络聊天室”中。它存在于相同的宇宙中，甚至占据着和可见物质一样的空间。暗物质粒子与普通物质通过一种我们觉察不到的方式相互作用着。就如同那些我们忽略掉的互联网社群一般，除非被告知它就是暗物质，否则，我们在日常生活中并不会感觉到它的存在。

就像我们体内的细菌一样，暗物质正好就是我们眼前众多宇宙中的一个。就像那些微生物一样，它们就在周围。暗物质可以直接通过我们的身体，也存在于外部世界中。然而我们不会注意到它的任何影响，因为它的作用非常弱，因而形成了独特的一类，完全和普通物质分隔开来。

暗物质是很重要的一类。然而，和细菌细胞不同——细菌尽管很多，也仅仅占人体体重的 1% 或 2%；暗物质却占到宇宙物质成分的 85%。在你身边的每一立方厘米空气中，就包含有一个质子重量的物质。这个数值的大小依赖于你如何看它。这意味着，如果构成暗物质的粒子的质量和普通物质的粒子质量相当，并且如果这些粒子按照我们所理解的动力学所期望的速度运动的话，那么每一秒钟会有几十亿个物质粒子通过人的身体，而没有人注意到它们。虽然有几十亿个暗物质粒子，但它们对我们的影响依旧微不足道。

我们无法察觉到暗物质。至少在人们目前能够探测到的程度上来看，暗物质不与光相互作用。暗物质不是由像普通物质一样的材料所构成的，不是由原子或者我们熟知的不与光相互作用的基本粒子构成的，而光是我们了解事物本质的主要因素。我和同事最希望解决的谜团就是，暗物质具体是由什么构成的。它包含一类新型粒子吗？如果包含，那么其性质是什么？除了引力之外，它还有任何其他相互作用吗？如果我们走运的话，在现在的试验中暗物质粒子或许会表现出一些异常微小的电磁相互作用力，只是它还太小，我们目前还无法探测到。专门的探测器一直在搜寻（我将会在第三部分解释如何搜寻），但到目前为止，暗物质依旧不为人类所见。以目前探测器的灵敏度，暗物质的效应还没有影响到探测器。

当大量暗物质聚集到一起时，其净引力效应非常巨大，对恒星和周围的星系存在可观测的影响。暗物质会影响宇宙的膨胀，也会影响从遥远天体到达地球的光线的路径，还会影响围绕星系中心运动的恒星轨道，以及许多其他让我们确信它存在的可观测现象。暗物质的确存在，因为它们具有一些可测量的引力效应。

尽管暗物质不能被看到，也不能被觉察到，它却在宇宙结构的形成过程中扮演着举足轻重的角色，暗物质是这个结构中还未被理解的大多数事物。就如建造金字塔、修高速公路或者组装电器的工人，即使拥有决定权的精英看不到他们，但他们对于文明的发展与进步却极为重要。正如在我们身边其他一些被忽略的人群一般，暗物质对我们的世界来说非常重要。

如果暗物质在早期宇宙中不存在，那么我们现在就不会在这里品头论足，更不要说得到宇宙演化的一致性图景。没有暗物质，宇宙就不会有足够的时间形成现在的结构。暗物质团块作为种子，促进了银河系和其他星系或者星系群的形成。没有星系，就不会有恒星，也不会有太阳系，当然也不会有生命。即使到今天，星系以及星系团能够保持完整还要归功于暗物质的整体作用。如前文所言，如果暗物质盘存在的话，暗物质或许与太阳系的轨迹有关。

但我们并没有直接观察到暗物质。科学家们已经研究了很多形式的物质，对于其组成的研究，都是利用某种形式的光，或者从更为广泛的意义上来说，是利用电磁辐射来观测的。电磁辐射在光学频率上表现为光，在我们所能够看到的有限频率范围之外，它们表现为无线电波或者紫外辐射等。或者在显微镜下，或者利用雷达装置，或者利用一幅照片上的光学成像，这种效应都可以被观察到。但无论如何，电磁效应总是会涉及其中。尽管很多情况下带电粒子和光会直接作用，但并非所有的相互作用都是直接的。在粒子物理学标准模型中的粒子（也是构成物质最基本的组成部分），它们之间相互作用很强，所以即使光不是它们的“直接朋友”，也至少是所见物质的“朋友的朋友”。

不仅仅是视觉，我们的其他感官（触觉、嗅觉、味觉和听觉）也都依赖于原子的相互作用，这种相互作用依赖于和一些带电粒子的相互作用。而且触觉也依赖于电磁震动和相互作用。人类的感受都是基于一定的电磁相互作用，我们无法通过常规方式直接探测到暗物质。尽管暗物质就在周围，但我们不能够看见或者感受到它。当光照射到暗物质上的时候，它没有任何反应——光仅仅是穿过而已。

从来没有人看到过（或者感觉到或者闻到过）暗物质，所以每次我和人们谈起暗物质的时候，他们对暗物质的存在都很吃惊，并且觉得它很神秘，甚至会觉得这可能是一个错误。通常人们问得最多的问题就是：作为比普通物质总量多5倍的物质，传统的望远镜探测怎么可能探测不到它呢？我个人期望的正好相反，但必须承认，并非所有人都这么认为。如果我们用眼睛看到的物质就是所有存在的物质，那么这对我来说更是不可理解的。为什么我们会有完美的感官，让我们直接感受到所有事物？**几个世纪以来，物理学教给我们的最大的经验就是，有如此之多的物质是人类看不到的。**从这个角度来看，这个问题就变成了：为什么我们所了解的事物就应该占有那么多的宇宙能量密度？

对一些人来说，尤其是对于暗物质怀疑论者，暗物质听起来非常怪异。但与修改引力定律相比，提出暗物质存在的建议并不草率。尽管我们的确对暗物质不熟悉，但还是有一个尚可的传统解释，它和现有的所有物理定律完全一致。为什么遵循所有已知物理定律的物质就应该表现得和普通物质一样？简明地说就是，为什么所有的物质都应该与光相互作用？暗物质可以是那些有不同电荷或者根本就没有电荷的物质。因为没有电荷或者没有与带电粒子的相互作用，暗物质就不能吸收或者发射光子。

我对“暗物质”的名字有点想法。我对它的“物质”部分没有问题，暗物质的确是一种物质，这就意味着它能够成团并且施加引力效应，就像其他所有物质一样通过引力相互作用。物理学家和天文学家依赖于这种相互作用的多种方式，探测到了它的存在。但它名字中的“暗”在我看来是不合适的。通常情况下，我们看见暗的东西是因为光被吸收了。另外，这个不吉祥的标签掩盖了它实际的威力，并产生了更大的负面效应。暗物质并不暗，它是透明的。暗的物质吸收光，而透明的物质是“无视”光的。光能够击中暗物质，但不管是物质还是光，都不会因此而改变。

在一次会议中，有很多不同领域的人参加。会上我碰到了一位专注于品牌营销的专家马西莫。当我告诉他我的研究领域时，他难以置信地看着我并问道：“为什么叫暗物质？”他的反对并不是针对科学，而是针对这个名字背后不必要的负面含义，尽管并不是每一个和“暗”相关的名字都具有负面意义，比如“黑暗骑士”（Dark Knight）指的就是一个好人。与电影《黑暗阴影》（*Dark Shadows*）、《黑暗物质》（*His Dark Materials*）、《变形金刚 3：月黑之时》（*Transformers: Dark of the Moon*）、达斯·维德（Darth Vader）的《力量的黑暗面》（*Dark Side of the Force*）中使用的“暗”相比，“暗物质”中的“暗”还是非常温和的。尽管我们对黑暗的事物有许多不好的想象，但暗物质和它的名字并没有什么关系。

然而，暗物质的确和那些邪恶之物有着一个共同特征：它藏在我们的视线之外。从这个意义上来说，“暗物质”的名字起得很恰当，因为无论如何加热暗物质，它都不会发光。从这种意义上而言，它的确是暗的，但不是从不透明的意义上而言的，而是从发射光或者反射光的的意义上而言的。没有人能够直接看到暗物质，甚至利用显微镜或者望远镜也不能。就如同许多电影或者小说中的邪恶精灵一般，它的不可见性反而起到了保护性作用。

马西莫觉得“透明物质”这个名字更好，至少不会那么吓人。尽管从物理学的角度来说这是对的，但我并不认同。“暗物质”即使不是我最喜欢的称呼，却也吸引了相当的注意力。无论如何，如果数量不是非常庞大的话，暗物质既不邪恶也不强大。它和普通物质的相互作用非常小，所以找到它非常困难。这也是它为什么如此有趣的部分原因。

黑洞与暗能量，我们居住在一个黑暗年代

通常除了上面提到的听起来不好的影响之外，“暗物质”的名字还会导致一些混淆。比如，许多人都不能区分暗物质和黑洞。黑洞是大部分同类物质被集中挤压到一块非常小的区域之内时，所形成的天体。没有任何事物，包括光，能够逃脱其强大的引力场。除了在“黑色”上类似之外，黑洞与暗物质、黑墨水以及黑色电影没有更多相似之处。暗物质与光不发生作用，黑洞会吸收光和任何非常靠近它的物质。所有进入其中的光都在里面，所以黑洞是黑色的——它既不辐射，也不向外反射光。因为任何形式的物质都能够坍缩成黑洞，所以暗物质或许与黑洞的形成也有关系。但黑洞和暗物质是完全不同的概念，这一点不应该混淆。

黑洞

黑洞是一类太多物质被挤压到一块非常小的区域之内时，所形成的天体。没有任何事物，包括光，能够逃脱其强大引力场的影响。黑洞会吸收光和任何非常靠近它的物质。它既不辐射，也不向外反射光。但是黑洞和暗物质是完全不同的概念，这一点不应该混淆。

另外一个更深的误解是由“暗物质”这个名字而引起的。宇宙的另外一个成分叫作暗能量，这个名字的选择也很有问题，人们时常将它和暗物质混淆。尽管它又偏离了我们的主题，但对于当今的宇宙学，暗能量是一个非常重要的部分。所以我现在需要再澄清一下。

> 暗能量不是物质，它仅仅是能量。即使没有真实的粒子或者其他形式的物质在周围，暗能量也是存在的。它并不像普通物质结块成团，它渗透于宇宙的各个角落。暗能量的密度在各个地方都是均匀一致的。它与暗物质非常不同，暗物质能够聚集成物体，在不同地方的密度会不一样。暗物质和普通物质非常相像，它们会被限制在恒星、星系和星系团等之内。而暗能量的分布总是均匀的。

暗能量随时间保持常数，这一点与物质和辐射不同。随着宇宙膨胀，暗能量并不会被稀释，这是它比较稳定的性质。暗能量不会被粒子或者物质所携带，它的密度不随时间发生改变。基于这个原因，物理学家们时常称这种能量为宇宙学常数。

在宇宙演化早期，多数宇宙能量由辐射所携带。但辐射比物质稀释得更快，所以物质最终将超过辐射，成为宇宙能量最大的贡献体。在宇宙演化的晚期，物质和辐射被稀释，但暗能量永远不会被稀释，因此暗能量逐渐占据主导地位，现在大约占宇宙能量密度的 70%。

在爱因斯坦提出相对论之前，人们认为只有相对能量，也就是两个不同系统之间的能量差别。但在知道了爱因斯坦的理论之后，我们知道能量的绝对值本身也是有意义的，并能够产生一种

暗能量

暗能量不是物质，它仅仅是能量。即使没有真实的粒子或者其他形式的物质在周围，暗能量也是存在的。它并不像普通物质结块成团，它渗透于宇宙的各个角落。暗能量的密度在各个地方都是一样的，而暗能量的分布总是均匀的。

引力效果，它能够让宇宙坍缩或者膨胀。量子力学和引力理论表明，暗能量应该存在，并且爱因斯坦的理论告诉我们，它有一些物理效应。所以，对于暗能量的最大疑团并不是它为什么能够存在，而是为什么它的密度如此之低。知道了它的主导地位，这看起来或许不再是个问题。尽管暗能量现在构成了宇宙能量密度的大多数，但也是在物质和能量被宇宙的膨胀极大稀释之后，并且它也只是在最近才开始与其他类型的能量相竞争。在宇宙早期，相比较更大的辐射和物质的贡献，暗能量的密度比重是极其微小的。在不知道测量结果的情况下，物理学家原本估计的暗能量密度比测量结果大 120 个数量级，这让人很吃惊。宇宙常数如此之小的问题已经让物理学家困惑了好多年。

许多天文学家认为,我们现在生活在一个宇宙学复兴的时代。在这个时代，理论与观测已经推进到了这样一个阶段：精确校准的检验将能够帮助我们确认哪个想法在宇宙中被实现了。然而，考虑到暗能量和暗物质的主导地位，以及为什么有如此之多的普通物质能够留存到现在的谜团，物理学家们也开玩笑说，我们居住在一个黑暗时代。

对于每一个宇宙研究者而言，也正是上面这些谜团让这个时代更加激动人心。尽管科学家们在理解黑暗成分时已经取得了很大进展，但依旧有很多问题摆在我们面前，等待着我们去解决。对于像我这样的研究人员来说，这种状况再好不过了。

或许有人会说，那些研究黑暗成分的物理学家正在以一种更为抽象的方式参与一场哥白尼式的革命。不仅地球不是宇宙的中心，而且构成我们的物质也不是组成宇宙能量的核心，甚至对于绝大多数物质而言也不是。人们研究的第一个宇宙天体就是地球，它是人类最为熟悉的天体；物理学家也曾致力于研究构成我们自身的物质，因为对我们的生活来说，这是最易获取、最明显和最必要的。尽管探索地球上具有地理变化和挑战性的地域并不容易，但是相比较更远的对应天体（比如，太阳系的外边缘区域或更远），全面了解地球仍然是更方便、更容易的。

尽管区分出普通物质的最基本组成也非常困难，对它的研究却比研究透明但不可见的暗物质要容易得多，即使暗物质存在于我们周围。现在的情况正在发生改变。暗物质的研究变得前途无量，因为它能够被传统的粒子物理学解释，并应该能够被目前正在运行的很多实验探测器探测到。尽管相互作用非常弱，科学家未来 10 年应该有一个真正的机会，识别并且推断出暗物质的本质。由于暗物质会聚集成星系和其他结构，接下来对于星系和宇宙的观测将允许物理学家和天文学家通过更新的方式来测量它。而且，正如我们即将见证的，或许暗物质甚至可以解释太阳系的一些特殊性，比如与小行星撞击以及生命在地球上的演化进程相关的特性。暗物质在宇宙中并没有被分隔开来（它是真实存在的），所以“进取号”飞船（Starship Enterprise）[1] 不会把我们带到那里。或许，依靠目前已有的理论和技术，暗物质有望成为最后的科研前沿——至少是下一个非常令人振奋的科研前沿。

---

[1] 电影《星际迷航》中的飞船。——译者注

发现暗物质

DARK MATTER AND THE DINOSAURS

> 有时，当你走过一片森林，一群鸟儿会突然在头顶飞散开，或者一只雄鹿在你面前跑过。但你或许不会遇到惊动这些动物的登山者或者猎人。

当你走在曼哈顿的人行道上，或者驱车在好莱坞的街道上时，你会觉得名人就在附近。即使你并没有直接看到乔治·克鲁尼（George Clooney），但那些手持手机和相机，焦急等待的人群导致交通中断的状况，就已经提醒你：明星就在附近。尽管是间接方式，但通过这个人对周围其他人的强大影响，你能够确信这个特别的人就在附近。

有时，当你走过一片森林，一群鸟儿会突然在头顶飞散开，或者一只雄鹿在你面前跑过。但你或许不会遇到惊动这些动物的登山者或者猎人。即便如此，这些动物的反应也能告诉我们狩猎者的存在。

同样，尽管我们没有直接看到暗物质，它仍然会影响周围的环境，就像明星或猎人一样。天文学家利用这些间接的影响来推断暗物质的存在。现在的测量以越来越高的精确度告诉了我们暗物质的能量比重。尽管引力是一种弱力，但只要暗物质的量足够多，它还是会产生一个可测量的影响。在宇宙中，的确存在许多暗物质。虽然我们还不知道暗物质的真实本质，但接下来将描述的测量结果表明，暗物质是真实存在的，并且是不可或缺的。尽管目前对我们来说，暗物质是不可见的或者不能被直接探测到，但它也并非是完全隐藏起来、不可发现的。

缘起《独狼行动》，暗物质探测简史

弗里茨·兹威基（Fritz Zwicky）是一个独立的思考者，他对事物时常有着令人印象深刻的洞察力，不过偶尔也有一些疯狂的想法。他非常清楚自己是一个怪胎，甚至计划写一部名为《独狼行动》(*Operation Lone*）的自传。尽管他在 1933 年得出了 20 世纪最为惊人的发现之一，但在之后的 40 年中并没有引起重视。

兹威基在 1933 年得到的推论的确非常了不起。他观察了后发座星系团（星系团是引力束缚的巨大星系集合体）中的星系速度。在星系团中的物质引力和所包含的恒星动能差不多，从而创造了一个稳态的系统。如果包含的物质质量太低，星系团的吸引力将比恒星的动能小，这些星系将会逃离系统。根据对恒星速度的测量，兹威基计算了星系团所需的质量总量，从而产生足够的引力。结果他发现，所需的质量总量是所测量到的发光质量（产生光线的物质）总量的 400 倍。为了解释这一结果，兹威基提出，存在一种额外的物质，并将其命名为“dunkle Materie”(德语对“暗物质”的称呼）。

睿智多产的荷兰天文学家简·奥尔特（Jan Oort）比兹威基早一年得到了有关暗物质的相似结论。奥尔特意识到，在临近星系中，如果仅仅把它们的速度归结于发光物质的引力的话，是不会使恒星具有如此快的速度的。奥尔特也推断出应该缺少了某种东西，然而他并没有去猜想存在一种新的物质形式，而仅仅假设存在一种不发光的普通物质。我接下来会讨论，因为种种原因这一提议被否决的故事。

奥尔特或许也不是第一个获取这个发现的人。我在斯德哥尔摩参加一个宇宙学大会的时候，我的瑞典同事拉斯·伯格斯特龙（Lars Bergstrom）告诉我一个相对不知名的观测项目，这个项目是由瑞典天文学家克努特·伦德马克（Knut Lundmark）完成的。像奥尔特一样，尽管伦德马克没有提出一个全新物质形式的大胆建议，但他对暗物质和可见物质之间比值的测量非常接近真实值，我们现在知道这个值大约是 5。

尽管有这些早期的观测，但暗物质在相当长的一段时间里基本上是被完全忽略的。这个想法在 20 世纪 70 年代才再次流行起来。天文学家对卫星星系（在大质量星系附近的小质量星系）的运动进行了观测后发现，只有额外的看不见的物质存在时，才能够解释它们的运动。正是类似这样的观测，才让天文学家开始对暗物质进行严肃的探讨。

暗物质的地位真正得到巩固是因为维拉·鲁宾（Vera Rubin）的工作。鲁宾是美国华盛顿州卡耐基研究所的一位天文学家，她当时和天文学家肯特·福特（Kent Ford）一起工作。在从乔治城大学研究生毕业之后，鲁宾决定从仙女座星云（M31）开始测量星系中恒星的角向运动，部分原因也是避免踏入其他科学家过度保护的领地。鲁宾的毕业论文是有关星系速度测量的，从而确认星系团的存在，不过她的论文最初遭到了科学界很多人的拒绝，部分原因是她侵入了其他人的研究领域，于是她改变了自己的研究方向。对于毕业之后的研究方向，鲁宾决定进入一个并不热门的研究领域——恒星的轨道速度。

鲁宾的决定催生了或许是她那个时代最让人兴奋的发现。20 世纪 70 年代，鲁宾和福特发现，恒星的旋转速度在距离星系中心的任何距离上基本上是一样的。也就是说，恒星以恒定的速度旋转，甚至在包含发光物质的区域以外的地方也是一样。唯一可能的解释是，存在一些没有考虑到的物质。正是这些物质的引力作用控制着外围遥远恒星的运动，让它们的运动比预期的要快。如果没有这些额外物质的贡献，要是恒星具有鲁宾和福特所测量的那些速度，恒星将飞出星系。这些了不起的推断发现，为了让恒星保持在它们的轨道上，普通物质仅仅占所需质量的 1/6。鲁宾和福特的观测结果给出了那个时代有关暗物质的最强证据，而星系的旋转曲线继续成为一个重要线索。

从 20 世纪 70 年代起，关于暗物质存在的证据变得越来越强，它占宇宙净能量的比例被测量得越来越精确。能够让我们获知暗物质信息的动力学效应，包括星系中恒星的旋转。然而，那些测量仅仅适用于像银河系一样的漩涡星系，它们拥有由可见物质构成的盘，并且还有一个向外延伸的旋臂。

另外一个重要的类别是椭圆星系，在这类星系中，发光物质的形状更接近球状。在椭圆星系中，类似于兹威基对于星系团的测量，可以测量速度弥散（星系中恒星间的速度变化大小）。因为这些速度是由星系的质量所决定的，所以它们充当着星系质量测量的代理量。椭圆星系的测量更进一步表明，发光物质不足以解释恒星的动力学测量结果。除此之外，那些未包含在恒星中的星际气体，其动力学测量表明也需要暗物质。因为这些气体到星系中心的距离是可见物质尺度的 10 倍，所以这些观测表明，暗物质不仅存在，而且它的范围远远延伸到星系的可见部分之外。测量气体温度和密度的 X 射线确认了这一结果。

引力透镜效应，让暗物质现形

星系团的质量也能够通过光的引力透镜效应测量（见图 2-1）。**再强调一次，没有人能够看见暗物质，但暗物质能够通过引力影响它周围的物质，甚至是光。**比如，根据兹威基对后发星系团的观测结果，暗物质通过他能够探测到的一些方式，影响了星系的运动。尽管暗物质是不可见的，但是它能够通过影响可见物体而被探测到。

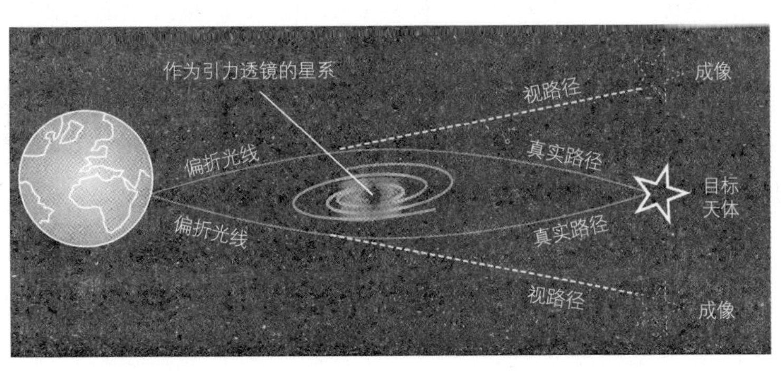

图 2-1

类似恒星或者星系的明亮天体发出的光线，在大质量天体（比如星系团）的周围光线会发生弯曲。地球上的观测者将观测到的光线投影成发射源的多个像。

第一个提出了引力透镜效应建议的人正是多才多艺的兹威

基。这个提议背后的想法是：位于其他地方的发光物体所产生的光线，会因为暗物质的引力效应改变其传播路径。位于传播路径中的大质量天体（比如星系团）会导致发光物体的光线发生偏折。当星系团足够重时，路径的偏折效应可以被观测到。

偏折的方向取决于光线的初始方向：经过星系团上部的光朝下偏折，右边的光朝左偏折。假设光线按照直线传播，往回追溯这些光线，对于最初产生光线的任何天体，观测将会看到多个像。兹威基意识到，光线和多个像的变化取决于中间星系团所包含的总质量。而通过测量光线和像的变化，我们能够探测到暗物质。发光物体在强引力透镜作用下能够产生多个像；在弱引力透镜情况下，星系的形状会被扭曲，不会产生多个像，因此能够被应用于星系团的边缘，在那里，引力效应不是那么明显。

引力透镜

位于传播路径中的大质量天体（比如星系团），会导致发光物体的光线发生偏折，从而出现多个像。

就像星系团中星系的速度观测结果导致了兹威基的第一个疯狂结论一般，尽管暗物质本身不可见，但通过被偏折的光所产生的可观测效应可以获知星系团的总质量。在首次被提出很多年后，这个神奇的引力透镜效应被人们观测到了。

因此，透镜效应的测量成为暗物质研究中最为重要的一种观测。**引力透镜效应非常有趣，在一定程度上它是一种直接看到暗物质的方式。**位于发射源和观测者之间的暗物质会让光发生偏折。利用恒星或者星系速度测量时，我们需要做一些动力学假设。但透镜效应与动力学假设无关，透镜效应直接测量了发光体和地球之间的质量。位于星系团（或者包含暗物质的天体）之后的某个天体发射出光，星系团会让光线偏折。因为星系物质（包括不发光的暗物质）的引力效应，来自星系背后类星体的光线会产生多个像，这种透镜效应已经被用来测量这些星系中的暗物质。

子弹星系团，暗物质存在的最强证据

透镜效应提供了最有说服力的暗物质证据，这个证据来自合并的星系团，就像现在在物理学家中很出名的子弹星系团（见图2-2）中所发生的那样。子弹星系团由至少两个星系团合并而成。合并前的星系团包含了暗物质和普通物质，也就是X射线辐射出的气体。气体能够感受到电磁相互作用力，这能够非常有效地阻止两个星系团的气体持续穿过彼此，导致的结果是，最开始随着星系团运动的气体被阻挡在了中间部分。另外，就像子弹星系团所表现的那样，暗物质不管是与气体还是其自身，都几乎没有相互作用，所以它可以没有任何阻碍地穿过，从而在合并星系团的外区形成类似米老鼠耳朵的球形形状。**气体就像从不同方向来的车在并道之后导致的交通堵塞，而暗物质就像动作灵敏、可以自由移动的摩托车，能够不受限制地通过。**

图 2-2

不同星系团合并形成了子弹星系团，气体被困在中间的合并区域。暗物质通过，形成了包含暗物质的球形外围区域。

利用 X 射线测量可以确认气体存在于中心区域，天文学家也可以利用引力透镜效应，在星系的外部区域找到暗物质。这或许是现有的能够证明暗物质存在的最有力证据。尽管人们还在考虑用修改引力的方式来解释，但如果不存在一些不相互作用的物质，那么要想解释子弹星系团（或者其他类似观测）的奇怪结构，是很困难的。子弹星系团或者类似的星系团，通过最为直接的方式表明暗物质是存在的，它们在星系团合并时会毫无阻碍地通过。

暗物质的总能量密度是多少

以上观测确认了暗物质的存在，却依旧留给我们一个问题：宇宙中暗物质的总能量密度到底是多少？即使知道星系和星系团中包含多少暗物质，我们也不知道它们的总量。事实上，多数暗物质应该在星系团中，因为所有物质的特性会集结成块。因此暗物质也应该存在于引力束缚的结构中，而非弥散地分布在整个宇宙中，这样包含在星系团中的暗物质量应该非常近似地等于它的总量。但如果不用做这个假设，也能够测量出暗物质所具有的能量密度，那就更好了。

实际上，有一种更为可靠的测量暗物质总量的方法。暗物质的总量会影响微波背景辐射（CMB）——来自宇宙最早期的辐射遗迹。我们目前已通过精确测量对这种辐射的各种性质有所了解，这些性质在建立正确的宇宙学理论方面扮演着非常关键的角色。**暗物质总量的最佳测量手段就来自对微波背景辐射的研究，这是目前已知的用来探测宇宙早期阶段的最干净的方式。**

我想提醒读者的是，即使对物理学家来说，这些计算也是非常需要技巧的。然而，分析中所涉及的一些重要概念其实非常容易理解。一个关键的信息就是在最开始，原子（由带正电荷的原子核和带负电的电子构成的电中性束缚态）是不存在的。只有当温度降低到原子的键能之下，电子和原子核才能够稳定地结合成原子。在那个温度之上，辐射光子会将质子和电子分开，也就是将原子拆开。由于早期的这些带电粒子的存在，弥漫于宇宙各处的辐射在最开始时不能自由穿行，会被这些带电粒子所散射。

随着宇宙的冷却，在某个特定温度（再复合温度）条件下，带电粒子将复合形成中性原子。缺少了带电粒子，光子就能不受阻碍地运动。结果是，从这一刻之后，带电粒子的运动状态不再是自由运动，而是结合成了原子。因为没有了带电粒子的散射，再复合之后所辐射出来的光子就能直接被望远镜观测到。所以当观测微波背景辐射时，我们实际上是在回看宇宙早期的状态。

从测量的角度来看，这非常棒。这在宇宙的一生中也非常早——大约在宇宙大爆炸之后的 38 万年，那时宇宙结构还没有形成。就像宇宙诞生之初所呈现出的那样，它基本上是均匀的和各向同性的。也就是说，不管你研究哪一块天空或者选择哪一个方向，温度几乎是一样的。但万分之一程度的微小扰动还是微微降低了这种均匀性。这些扰动的测量结果包含非常多的有关宇宙成分和之后的演化信息。这些结果帮助我们推断出宇宙的膨胀历史和其他一些性质。通过这些性质，我们又可以了解宇宙过去和现在所包含的辐射、物质和能量的含量，从而对宇宙的性质和成分有更详细的认识。

为了理解为什么远古的辐射包含那么丰富的信息，第二件需要对早期宇宙理解的事情是，在再复合的时候，也就是中性原子最终形成的时候，宇宙中的物质和辐射开始产生振荡。在大家所了解的“声学振荡”（acoustic oscillations）中，物质的引力将物质向里拉，而辐射的压力驱使着物质向外运动。这些力相互竞争，让处于坍缩的物质收缩和膨胀，从而产生振荡。暗物质的量决定了将物质向内拉的引力势的强度，从而来抵制辐射向外的压力。这种相互作用帮助形成了振荡，也允许天文学家测量当时暗物质的能量密度。在一种更为细微的效应中，在物质开始坍缩（这个发生在物质中的能量密度，超过了辐射中的能量密度）和再复合的时间之间——也就是开始振荡的时候，暗物质能够影响时间的流逝。

宇宙饼图

宇宙饼图里包含了很多信息。即使不知道细节，我们也清楚这些测量结果是非常精确的。这些数据让我们可以非常准确地确定很多宇宙学参数的值，包括暗物质的能量密度值。这些测量不仅确认了暗物质和暗能量的存在，也限制了它们在宇宙中的能量比例。

暗物质所含的能量比例大约是 26%，普通物质大约为 5%，暗能量大约为 69%（见图 2-3）。普通物质的大多数能量包含在原子中，这也是为什么在宇宙饼图中既可以使用“原子”，也可以使用“普通物质”。另外，暗物质的能量是普通物质所含能量的 5 倍，意味着它占宇宙物质总能量的 85%。让人欣慰的是，利用宇宙微波背景辐射测量所得到的暗物质比重结果，与之前星系团测量得到的结果是一致的，由此进一步确定了宇宙微波背景辐射测量结果的可靠性。

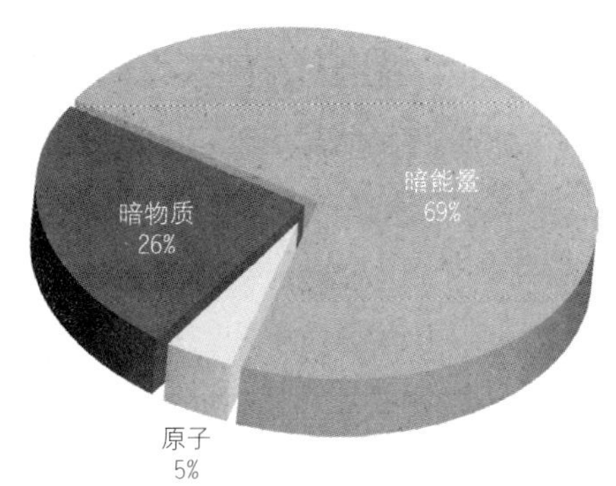

图 2-3

普通物质（原子）、暗物质和暗能量的比例图。请注意，暗物质是总能量密度的 26%，但占据了 85% 的物质能量，因为物质仅仅包括了原子和暗物质的贡献，而不包括暗能量的贡献。

微波背景辐射的测量也确认了暗能量的存在。暗物质和普通物质会通过不同方式对从宇宙大爆炸时期产生并留存下来的微波背景辐射产生扰动，而背景辐射的测量数据确认了暗物质的存在及其所占的比例。并且，暗能量（存在于宇宙中却不存在于任何物质之上的神秘能量）也影响着这些扰动。

暗能量的真正发现来自超新星的测量，这是由两个不同的研究团队作出的：一个由索尔·珀尔马特（Saul Perlmutter）领导，另外一个由亚当·里斯（Adam Riess）和布赖恩·施密特（Brian Schmidt）领导。尽管暗物质才是我们真正关心的，暗能量的发现看似是一个小的“插曲”，但暗能量也是非常有趣和重要的，所以这个短暂的“插曲”很值得我们进一步了解。

“标准烛光”，照亮暗能量的发现之路

在暗能量的发现过程当中，Ia 型超新星扮演着非常重要的角色。在热核聚变燃烧耗尽其核心区所有的氢和氦之后，某些恒星在其演化的最后阶段，便会成为看似平淡无奇的白矮星。而 Ia 型超新星正是来自白矮星核的爆炸。如果质量高于一定数值，白矮星就会变得不稳定从而爆炸。就像一个石油大国，将所有资源

都输出了，结果发现自己的大量国民非常不满，他们随时可能发动革命。白矮星只需要吸收一定量的物质，就会让它自身处于爆炸的边缘。❶ 因为能够发生爆炸的所有白矮星具有同等质量，所以所有的 Ia 型超新星具有同样的亮度，天体物理学家称它们为“标准烛光”（standard candles）❷。

因为 Ia 型超新星光度的一致性，并且因为它们很亮，即使在很远的地方，也可以容易地看到，所以 Ia 型超新星是特别有用的宇宙膨胀速率探测器。除此之外，作为标准烛光，Ia 型超新星的视亮度变化只是因为它们到地球的距离不同而已。

一旦天文学家测量了星系的退行速度和星系的亮度，他们就能够决定星系距地球的距离，以及星系所暗含的宇宙膨胀速率。有了这些信息之后，天文学家就可以确定宇宙随时间膨胀的规律。

利用这个想法，两个超新星研究团队在 1998 年测量了许多 Ia 型超新星所在的星系红移，从而发现了暗能量。红移是退行物体所发出的光频率的改变，就像当救护车呼啸着离我们远去的时候，它警笛的音调会慢慢降低一样，红移能够告诉我们一个事物远离某个光源或者声源的速度。当研究人员弄清所研究超新星的红移和亮度时，他们就能够测量宇宙的膨胀速率。

让研究者感觉到非常诧异的是，他们发现超新星比预期的要暗一些。这表明：测量得到的超新星到地球的距离，要比利用当时传统的宇宙膨胀速率假设所得到的预期距离远一些。这一观测结果产生了一个很了不起的结论：某种能量源一直在加速宇宙的膨胀。暗能量正好符合要求，随着时间推移，它的引力效应让宇宙膨胀的速率越来越大。宇宙微波背景辐射的测量结果和超新星的测量结果共同确认了暗能量的存在。

❶ 一般认为，这个比喻到此为止。不像那些被流放了的不满意的重元素（曾经在宇宙中分布），它们不会进一步加剧混乱。更好的是，它们还对恒星系统甚至生命的形成有贡献。

❷ 事实上，这个物理概念（尽管被广泛接受）在专业人士中存在争议。一方面，对白矮星爆发所预言的光谱和光变曲线和观测吻合得很好。另一方面，预期中白矮星的伴星从未有人看到过。天文学家由此认为，也可能是两颗白矮星合并而导致了爆发，有些数据是支持这个结论的（大部分是关于双星形成和爆发的时间差的测量）。但是关于单个白矮星爆发的方案，其预言细节还有待证实，所以这个问题还未完全解决。

暗物质终曲

现在所有的测量结果都很好地符合预估结果，所以大多数宇宙学家都在谈论一个 ΛCDM[1] 的宇宙模型。Λ 过去被用来指暗能量，我们现在知道它是存在的。利用宇宙饼图中暗能量、暗物质和普通物质的含量，目前所有的测量和模型预测结果都很符合预期。

[1] Λ 指的是希腊字母 Lambda，CDM 是 "cold dark matter"（冷暗物质）的缩写。

微波背景辐射的密度扰动很微小，但却表现出了非常多的扰动现象。我们目前对宇宙微波背景辐射已经做了精确的测量，从而也确定了许多宇宙学参数，包括普通物质、暗物质和暗能量的能量密度，以及宇宙的年龄和形状。我们将在第 5 章讨论来自威尔金森微波各向异性探测器（Wilkinson Microwave Anisotropy Probe，WMAP）和普朗克卫星的新数据。这些数据和观测数据（比如来自 Ia 型超新星的研究数据）的高度一致，是对宇宙学模型的一种重要验证。

我必须要说明的是，还有一项非常重要的证据表明了暗物质的存在，这项证据对我们来说是最为重要的，即结构（比如星系）的存在。如果没有暗物质，这些结构将没有充足的时间形成。

为了理解暗物质在这一重要过程中所扮演的举足轻重的角色，我们需要对宇宙早期的历史有一些了解。在讲述结构形成之前，我们要首先了解一下宇宙学——它是一门关于宇宙随时间如何演化的学科。

宇宙的答案

DARK MATTER AND THE DINOSAURS

> 就像一张脸一样，宇宙同时具有美和潜在的秩序。

有很多次，当我告诉人们我从事“comology”（宇宙学）的研究时，他们会错误地把我当作“cosmetologist”（美容师），这让我觉得非常有趣，如果我真的去做美容师的话，将是多么不适合。但这个错误的确促使我去查了一下这两个词，如果不仔细听的话，它们听起来确实非常相似。这两个词都起源于希腊语“kosmos”的拉丁语版本，所以经常有人将两个词混淆。公元前6世纪，毕达哥拉斯或许是第一个将“kosmos”用于描述宇宙的人。公元1200年后，“cosmos”主要意为“秩序，好的秩序，有秩序的安排”。不过，这个单词一直到19世纪中期才开始流行起来，这是因为德国科学家和探险家亚历山大·冯·洪堡（Alexander von Humboldt）作了一系列报告之后，把它整理制作成了一个名叫《宇宙》（*Kosmos*）的小册子。这个小册子影响了很多读者，包括作家爱默生、梭罗、爱伦·坡、惠特曼。读到这里，你或许会明白天文学家、科普作家卡尔·萨根（Carl Sagan）重启科普电视片《宇宙》的原因。

“Cosmetic”（化妆品）这个单词可以追溯到17世纪40年代的法语单词“cosmétique”，这个词又起源于希腊语“kosmetikos”，意为“擅长装饰或者安排”。在线词典给出了双层含义，我猜测只有洛杉矶的居民才能够完全理解[1]，除了“宇宙，世界”的含义之外，“kosmos”还有一个很重要的含义，与“饰品，一个女人的服饰或装饰”有关。无论如何，我碰到的那个令人尴尬的困惑，并不完全是一个巧合。“Cosmology”（宇宙学）和“cosmetology”（美容学）都源于“kosmos”。就像一张脸一样，宇宙同时具有美和潜在的秩序。

宇宙学是关于宇宙演化的科学，已经发展成为一门独立的学科。它已经进入了一个实验和理论均有革命性进展的时代，所产生的见解要比大多数人在30年前的预期更广泛、更细致。改进后的技术与根植于广义相对论及粒子物理学的理论相结合，提供了一个关于宇宙早期阶段的详细图景，以及它如何演化到今日之宇宙。下一章我将会解释，20世纪的这些进步如何深刻影响了我们对宇宙历史的认识。在探寻这些非凡的成就之前，为了解释在一些有关人类最古老和最基本的问题上，科学能够告诉和不能够告诉我们什么，我要先暂时变身哲学家。

没有答案的问题

宇宙学是关于大的方面的追问：宇宙如何开始，又如何演化

[1] 因为洛杉矶的居民比较注重美。——译者注

成为现在的状态。在科学变革之前，人们试图利用仅有的方法，比如哲学和有限的观测数据，来回答这样的问题。一些想法被证明是正确的，但也有很多想法是错的，这都是很正常的。

到现在也是如此，尽管我们取得了许多进步，当思考一些未解之谜时，人们还是情不自禁地求助于哲学。事实上，这也迫使我们面对哲学和科学的差别。科学关注那些至少原则上我们能够通过实验或者观测来验证或者排除的想法。至少对于一个科学家而言，哲学关注的那些问题，我们永远不可能给出确定的答案。技术有时会滞后，但我们相信至少在原则问题上，科学的提议是能够被验证或者证伪的。

这让科学家们处于一种困境。宇宙肯定超过人类能够观测的区域。如果光速的确是有限的，而且如果宇宙仅仅存在有限的时间，不管技术有多进步，那么我们也只能看到有限的空间区域，看到那些光触及到的区域，或者其他以光速传播的事物所能到达的区域。只有从那些区域，信号才可能在宇宙产生的时间内抵达地球。任何比这更远的事物，处于物理学家所说的宇宙视界（cosmic horizon）之外，我们目前所做的任何观测都无法触及。

这意味着，从本质上来说，科学知识并不适合于视界之外。对于那些视界之外的猜想，没有人能够通过实验证实或者证伪。根据我们对科学的定义，在那些遥远的区域，哲学至上。但这并不意味着拥有好奇心的科学家不用思考应用于那些遥远区域的物理原则和过程。其实许多人还是会这样去做的。我不想忽视这些探索，因为这些探索既有趣又深刻。但由于这些知识的局限性，这些内容并不是那么可信，即使是科学家的答案，也不比其他人更可靠。然而，因为我时常被人问起，所以利用这一章，我将对那些时常需要被解答的几个问题，谈一谈我的看法。

我时常听到的一个问题是：在这个世界上，为什么有“存在事物”，而不是“空无一物”呢？尽管没有人知道真正的答案，但我会给出我的两个回答。首先，也是不可否认的，如果是“空无一物”的话，你不可能坐在这里提出问题，我也不可能在这里解答问题。其次，我认为“存在事物”是更为可能的。毕竟，“空无一物”是非常特殊的。如果你有一个数字序列的话，在所有可以被选择的具有无限数目的数字当中，“零”仅仅是这当中无限小的一个点。“空无一物”是如此特殊，你根本不会期望用它来表述宇宙的状态，这无须一个潜在的理由。但是即使潜在的理由也不是“空无一物”。你至少需要物理定律来解释一件非随机事件的发生。有起因就意味着一定有某种事物的存在，尽管它听起来有些可笑，但我深信这一点。你或许不能总是找到你想找的东西，但你总会无意地找到某些其他东西。

当物理学家思考构成我们自身的物质时，就会有一个科学而非哲学的问题冒出来。在宇宙中，为什么会有这么多物质（比如，质子、中子和电子）组成我们自身？尽管对普通物质已经有了很多了解，但我们并不完全明白为什么还有那么多普通物质依旧存在。包含在普通物质中的能量总量是一个悬而未决的问题，我们至今不太明白为什么会有这么多的普通物质在宇宙中保存了下来。

这个问题可以归结为：**为什么物质和反物质存在的数量不相等？**反物质是质量相同，但和普通物质电荷相反的物质。物理理论告诉我们，任何一个物质粒子，必然存在着一个对应的反物质粒子。比如，如果电子的电荷为 –1，那么必须有一个叫作正电子的反物质粒子存在，与电子相比，它具有同等质量但相反的电

荷 +1。**为了避免任何不必要的混淆，我要明确指出，反物质不是暗物质。**反物质带有像普通物质一样的同种类型的电荷，所以它会和光子相互作用。唯一的差别是，反物质的电荷与其相关物质的电荷是相反的。

反物质携带着与普通物质相反的电荷，两者的净电荷为 0。既然物质和反物质在一起时不带有任何电荷，根据电荷守恒和公式 $E = mc^2$，我们知道，当物质和暗物质相遇时，就会消失变成纯粹的能量——这个能量也是不带电荷的。

我们本来期望，在宇宙冷却时，所有已知的普通物质最终将会和反物质一起湮灭。这意味着，物质和反物质合并变成纯粹的能量，从而消失。但是我们现在还坐在这里讨论问题，很明显这不是事实。普通物质被保留了下来，在图 2-3 中你看到它占了宇宙能量的 5%，那么宇宙中物质的总量一定比反物质的总量要多。**对于宇宙和我们自己而言，一个很关键的特点是，普通物质能够以足够的数量保留下来，从而创造出动物、城市和恒星，这和前文提到的标准热期望不同。**不过这只有在普通物质主导反物质的情况下才能发生，也就是说有一个物质和反物质的不对称性。如果总量总是一直相等的话,那么物质和反物质总是能够找到彼此，然后湮灭并且消失。

为了能够让物质保留至今，物质和反物质之间的非对称性必须在宇宙早期的某个时候就已经建立。物理学家已经提出了许多可能的情形，从而创造出这种不平衡，但我们现在还是不知道哪一个想法是正确的。这个非对称性依旧是宇宙学中没有解决的重要问题之一。这意味着，我们不仅不理解暗物质，也不完全理解普通物质。在宇宙演化的早期，一定发生了某种特别的事情，从而可以解释为什么只占宇宙构成 5%的物质可以保留至今。

第二个目前没有回答的问题是：大爆炸过程中究竟发生了

什么？科学家和大众媒体经常用“大爆炸”代指宇宙时间小于 10^{-43} 秒和尺度小于 10^{-33} 厘米，甚至利用非常漂亮的多色图来演示大爆炸。但“大爆炸”很容易误导人，这个我会在第 4 章深入讨论。天文学家弗雷德·霍伊尔（Fred Hoyle）倾向于一个静态宇宙，1949 年，他在 BBC 电台节目中发明了这个术语，用来贬低这个他不相信的理论。

无论你对大爆炸宇宙学的态度如何，它都非常成功地描述了我们所知道的宇宙在开始的几分之一秒后的演化，而在更早的时刻所发生的事情，没有人知道。对于大爆炸或者之前的可靠表征则需要一门叫作量子引力的理论。**在这个与最早时间相关的微小距离尺度上，量子力学和引力理论都很重要，但并没有人找到可行的理论，能够应用于这个极小的距离尺度范围。**只有当我们对这个微小距离尺度上的物理过程有了更多了解之后，我们才能够对宇宙的最初状态了解更多。不过即使到了那个时候，通过观测去检验结论可能还是行不通。

我还时常会听到另外一个更加不可能回答的问题就是：**大爆炸之前发生了什么？**回答这个问题估计比理解大爆炸需要知道的知识更多。我们现在不知道大爆炸时到底发生了什么、在此之前发生了什么。但在你失望之前，我还是要告诉你，即便发现所有的答案，都仍然不会令人满意。或许宇宙已经存在了无限长的时间，或许它开始于某个特定的时刻。这两个答案似乎看起来都不让人满意，但至少是一些选择。

更进一步来说，如果这个宇宙一直存在，并且大爆炸仅仅是其中一部分，或者我们的宇宙就是所有的一切，或者其他宇宙也是从其自己的大爆炸而来。在多重宇宙中，除了我们自己的宇宙，还有很多其他宇宙。在这种情形下，将会有许多其他膨胀区域——每一个都构成了它自己的宇宙。

这个推理给我们提供了三个选择：宇宙开始于大爆炸；它一直存在，但最终还是经历了大爆炸理论所预言的膨胀阶段；我们的宇宙只是众多宇宙中的一个，而其中的每一个宇宙都产生于已经存在的一个宇宙或者多重宇宙。这涵盖了所有的可能性。不过对我来说，最后一个可能性看起来似乎是最有可能的，因为它无须假设地球，甚至我们已知的宇宙是特殊的，这个推理自从哥白尼时代就一直被使用。依照我的思考方式，这一选择也意味着，宇宙的空间尺度很可能是无限的，而不是有限的，演化的宇宙也不可能有一个时间起点和终点，尽管我们的宇宙确实有可能“有始有终”。在这三个不能完全理解的可能性中，多重宇宙出现但最终消失的可能性，或许是最不能令人满意的一个。

上述问题促使我做了最后一个哲学思考：**多重宇宙是否存在？**现存的物理理论表明，多重宇宙是非常有可能存在的，尤其考虑到目前很多量子引力理论表明，存在很多可能的解。不知道那些计算是不是经得起推敲，不过我敢打赌，其他无法探知的宇宙是应该是存在的。为什么要否定它们呢？仅根据目前已知的物理定律和科技水平，就认为它们不存在，完全是一种短视。在我们世界里，没有事物与多重宇宙的存在是相违背的。

这并不意味着我们会知道什么。如果没有事物比光运动得快的话，任何在宇宙视界之外的区域都将超出人类观测的极限。但从原则上来讲，其他区域可能包含其他宇宙，且完全与我们的宇宙分隔开来。在某些情况下，一些来自其他宇宙的信号可能会被探测到：随着时间演化，不同的宇宙会发生接触。但这是非常不可能的，因为其他宇宙通常是无法接触的。

对于我的那些忠实的老读者，我想说句题外话。在我们讨论多重宇宙时，我并不是指《弯曲的旅行》一书中所描述的多个维度。在宇宙的视界之内，也许还存在着额外维度，我们所能观测到的三维空间包括左 - 右、上 - 下和前 - 后。尽管没有人看到那个额外维度，但它也是可能存在的。从理论上来说，一个被高维空间所分隔开来的宇宙也是可能存在的。这种类型的宇宙通常被称为膜世界（braneworld）。读过《弯曲的旅行》的读者知道，最让我感兴趣的是，膜世界很有可能有一些可观测的结果，因为它们无须很远。然而，当大家讨论更为广义的多重宇宙时，会涉及许多独立宇宙，即使通过引力它们也不会作用，膜世界并不是通常大家所指的这种独立宇宙。多重宇宙通常是非常遥远的，如果一个物体以其中的一个宇宙中以光速飞行，那么在我们的宇宙寿命之内，也不会抵达我们这里。

大众对多重宇宙的想法有着浓厚的兴趣。最近我和一位朋友聊天，在提到多重宇宙的想法时，他表现得非常兴奋，但他不明白为什么我没有像他那样觉得多重宇宙有趣。对我而言，第一个原因就是我上面说过的：在所有的可能性中，我们永远也不会肯定地知道，我们是否居住在一个多重宇宙中。即使其他宇宙的确存在，它们也是不可探知的。尽管我的朋友有些失望，但兴趣依然。我怀疑他和其他人一样，对存在多重宇宙感兴趣只是因为,他认为另一个自己就生活在某个遥远的宇宙中。必须要指出,我并不赞同这种观点。如果其他宇宙存在，它们很有可能跟我们的宇宙完全不同。它们甚至不会包含类似于我们这个宇宙的物质和力。如果那里有生命的话，我们很有可能不能识别他们。即使它离我们并不遥远，也仍然不能探测到它。将创造人类的无数因素汇聚在一起更是不太可能。与许多宇宙一起，一个更大的宇宙也是有可能存在的。在我给朋友解释完之后，他开始明白我的观点。

事实上，即使多重宇宙的设想是正确的，大多数其他宇宙也将是不稳定的，它们或许会坍缩或者爆炸，无论是哪种情形，几乎在瞬间它们就会变得什么都没有。仅仅只有一些，像我们自己的宇宙，或许会持续很长的时间，形成一定的结构，甚至演化出生命。尽管哥白尼的观点很深刻，但我们这个宇宙看起来的确有一些特殊的性质——允许星系、太阳系的存在和生命的产生。一些人试图假设有多个宇宙存在，其中至少有一个宇宙会具有我们这个宇宙的特殊性质，从而允许生命的存在。许多这样思考的人尝试人择原理（anthropic reasoning），这个原理试图从生命（或者至少能够支持生命的星系）的重要性上来判断，是不是我们这个宇宙所必须具备的特殊性质。这里的问题是，我们不知道哪一类性质是人择决定的，哪个是建立在基本物理定律之上的，或者哪些性质对于生命是必不可少的，哪些是我们主观认为对生命必不可少的。人择原理或许在某些情形之下是正确的，但问题是，我们不知道如何验证这些想法。在所有的可能性中，如果有一个更好更有预见性的想法出现，我们将会把上面那些想法排除。

上文所讨论的想法都只是推断而已。尽管它们很有趣，但我们不会得到答案，至少在短时间内不会。在我的研究中，我倾向于认为物质的多重宇宙“社区”就在这里，而且我们有希望理解它们。尽管我使用了形象化的术语，但距离真相仍然遥远。一个暗物质的宇宙就在我们眼前，然而我们通常与它没有相互作用，也不知道它到底是什么。理论和实验物理学家目前正在推进对“暗宇宙”的了解，我们或许很快就会知道答案。我也相信，这样的发现是值得等待的。

几乎就是最开始：一个很好的起点

DARK MATTER AND THE DINOSAURS

> 如果宇宙正在膨胀，那么它会膨胀到什么里面去?

一位非常有趣并且坦率的俄罗斯理论物理学家在准备下一周的一个学术报告，当他在喝咖啡时和大家聊起这个的时候，让大家很是吃惊。物理类的学术报告通常是一个总结性的报告，面向学生、博士后、教授和所有具有物理学背景的人。但这位个性的物理学家打算在报告上"谈论宇宙学"。当被别人指出这个话题可能有点太宽泛，毕竟宇宙学是整个领域时，他认为在宇宙学中只有几个想法和几个值得测量的量。他自认为在一个小时的报告中，自己完全能够覆盖所有这些内容，包括他自己的贡献。

我会让你自己判断他对宇宙学的极端观点是否正确。我想强调的一点是，我对此观点很是怀疑，许多问题还有待探索和理解。事实上，宇宙早期演化的优美之处就在于，许多方面它简单得令人惊讶。天文学家和物理学家通过观察今天的这同一片天空，能够反推得到宇宙数十亿年前的组成和活动。在本章中，我们将探讨人类在理解宇宙历史方面所取得的惊人进步，这些都是过去一个世纪的理论和观测带给我们的。

宇宙大爆炸理论

我们没有工具来可靠地描述宇宙的原初。尽管不知道宇宙如何开始，但这并不意味着我们知之甚少。宇宙的原初并没有已知的理论能够对其进行描述，在宇宙爆炸之后的极短时间开始，宇宙的演化才遵循已有的物理定律。利用相对论方程以及简化的宇宙成分的假设，物理学家可以确定大约 10^{-36} 秒之后宇宙演化的行为，也只有在这个时刻之后，用来描述宇宙膨胀的大爆炸理论才能够适用。早期的宇宙充满了物质和辐射，它们是均匀分布并且各向同性的，也就是说在各个区域和各个方向上都是一样的，因此仅仅需要几个量就完全足够描述宇宙的早期物理性质。这种特性使得宇宙的早期演化很简单，可以预测，还很容易理解。

宇宙大爆炸理论的核心是宇宙的膨胀。在 20 世纪 20 年代和 30 年代，俄罗斯气象学家亚力山大·弗里德曼（Alexander Friedmann）、比利时牧师和物理学家乔治斯·勒马（Georges Lemaître）、美国数学家和物理学家霍华德·罗伯森（Howard Robertson），以及英国数学家亚瑟·沃克（Arthur Walker），后两人一起工作，分别得到了爱因斯坦广义相对论方程的解，推断出随着时间流逝宇宙必须膨胀（或收缩）。他们甚至还计算出了空间膨胀速率在物质和辐射的引力作用下如何变化，而物质和辐射的密度随着宇宙的演化也是变化的。

宇宙本来很可能就是无限的，因此宇宙膨胀也许是一个奇怪的概念，但其实是空间本身在膨胀而已，也就是说像星系之类的天体之间的距离会随着时间的流逝而增加。我经常被问："如果宇宙正在膨胀，那么它会膨胀到什么里面去？"答案是，它没有膨胀到任何东西中去，空间本身也在膨胀。如果你想象宇宙是一个气球的表面，气球本身在变大（见图 4-1）。如果你在气球的表面标记了两点，那这两点的距离会变得越来越远，正如膨胀宇宙中的星系在彼此退后一样。我们的类比并不完美，因为气球的表面仅仅只是二维的，而它实际上是膨胀到了一个三维的空间。如果想象气球的表面是所有的一切，也就是空间本身，那么就可以做这个类比了。如果这是真的，即使没有任何事物可以膨胀到里面去，标记的点之间的距离仍然会继续变大。

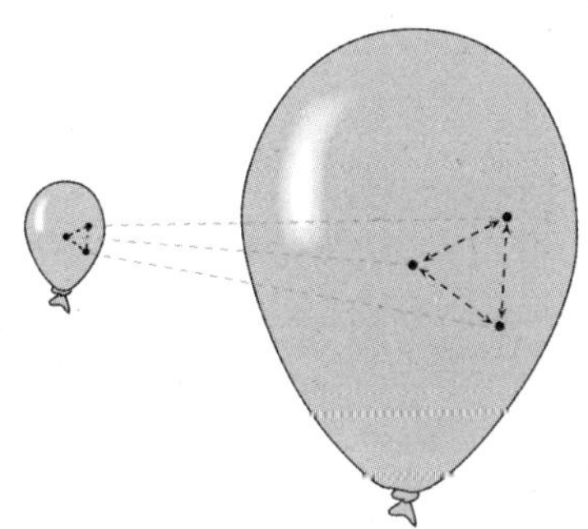

图 4-1

随着宇宙的膨胀，星系相互远离对方，这和随着气球膨胀，上面两个点之间的距离逐渐变远的过程非常像。

宇宙的年龄谜题

继续上述类比，只是标记点之间的空间在膨胀，而不是点本身。即使在一个膨胀的宇宙中，恒星、行星或者被很强的引力或者其他力紧紧约束在一起的天体，都不会经历让星系彼此分开的膨胀。原子（包含一个原子核和一些电子）由于电磁力的作用，彼此靠近，体积不会变得更大。相对致密的强束缚结构，比如星系或我们的身体，它们的密度超过宇宙平均密度万亿倍，但仍然不会发生膨胀。驱动膨胀的力也会作用于这些致密的束缚系统，但因为力的贡献非常强大，我们的身体和星系不会随着宇宙的膨胀而增长；或者即使会膨胀，那么膨胀的量也可以忽略不计，我们永远不会注意或测量到它的效应。物体的大小保持不变，只是随着空间的变大，物体之间的距离变得越来越远。

众所周知，爱因斯坦是从相对论方程中得到宇宙膨胀结论的第一人。然而，因为他所得到的结果是在宇宙膨胀被发现之前，所以他对自己的观点也不是特别自信，更没有宣传。在试图解决他的理论预言和静态宇宙之间矛盾的过程中，爱因斯坦引进了一个新的能量。在他看来，这个新的能量来源能够阻止预测中的宇宙膨胀。埃德温·哈勃（Edwin Hubble）在 1929 年证明了爱因斯坦的解决方案是错的。他发现，宇宙实际上是膨胀的，随着时间增长，星系彼此互相远离（但让人难以置信的是，哈勃是一个不相信任何特定理论的观测者，他并没有接受对他发现结果的这种解释）。爱因斯坦因此欣然放弃了他做的“傻事”，并且将其称为自己“最大的错误”（这也许是后人杜撰的）。

然而，爱因斯坦提出的那种能量确实存在。最近的测量显示，需要一种新的能量，我们现在称之为“暗能量”——虽然不是能够抑制宇宙膨胀的那种类型，却是精确解释观测所必须的，而且是一种完全相反的效果：宇宙在加速膨胀。我认为，爱因斯坦之所以真的认为是他的错误（如果他真的那么说过），是因为他没有意识到最初膨胀预言的正确性和意义，而这本来会成为他的重要预言。

公平地说，在哈勃提出他的结果之前，我们对于宇宙的认知非常少。哈罗·沙普利（ Harlow Shapley ）测定了银河系的大小，直径为 30 万光年，但他相信银河系包含了宇宙的一切事物。20 世纪 20 年代，哈勃意识到这一说法并不对，因为他发现许多星云实际上包含很多星系，距离我们数百万光年，而沙普利原来认为那是一大团尘埃云（这也是一个名副其实的平常名字）。20 年代后期，哈勃获得了一个让他更为出名的发现：星系红移（ redshift of galaxies ），即光的频率的改变能够告诉科学家，宇宙在膨胀。就像一个行驶中的救护车的警报声变低会告诉人们它已远离一样，星系的红移说明其他星系在远离地球，表明地球处在一个星系互相远离的宇宙当中。

哈勃常数

又称哈勃定律，是指河外星系退行速度与距离的比值，是一个常数，通常用 H 表示，单位是公里 /（秒·百万秒差距），也是目前学界认为的宇宙膨胀速度。

如今，我们常会提起哈勃常数（ Hubble constant ），这是宇宙目前膨胀的速率。现在来看，它是一个常数，在空间的各个地方，它的值都是相同的。但实际上哈勃参数不是一个恒定值，它会随着时间发生变化。在早期的宇宙中，当事物更为致密、引力效应更为强烈的时候，宇宙的膨胀要比现在快许多。

直到现在，我们对哈勃常数的“测量”仍然有很大的不确定性，这意味着我们不能精确地确定宇宙的年龄。宇宙的寿命取决于哈勃常数的倒数，所以如果这个测量有 2 倍的不确定，那么年龄也有 2 倍的不确定。

记得我还是个小孩的时候，在报纸上看到一些测量已经引起宇宙年龄的发生改变。因为不知道那些数字代表了膨胀速度的测量结果，所以我当时非常惊讶。像宇宙年龄这样重要的事情怎么能够被随意地改变呢？原来即使不知道宇宙的确切年龄，我们也可以在一个定量的水平上，理解许多有关宇宙的进化结果。也许，更精确的宇宙年龄估计会促使我们更好地理解宇宙的成分和其中的基本物理过程。

无论如何，这种不确定性现在得到了更好的控制。当时还在卡耐基天文台的温迪 · 弗里德曼（Wendy Freedman）和她的合作者测量了膨胀速率，并且最终平息了争论。事实上，因为哈勃参数的值对于宇宙学非常重要，所以共同努力确保了最大可能的精度。利用哈勃太空望远镜，天文学家得到的测量值为 72 公里 / 秒 / Mpc（意味着在百万秒差距距离上的事物，以 72 公里 / 秒的速度后退），其精确度为 11%，与哈勃之前最初的不准确测量值 500 公里 / 秒 / Mpc 相去甚远。

Mpc（megaparsec）即 100 万个秒差距，而秒差距，就像许多天文单位，是早期测量的一个传统。它是“秒视差”（parallax second）的缩写，与物体在天空中张开的角度有关，这就是为什么它有一个角度单位。就像许多因为历史缘故而保留下来的测量单位一样，许多天文学家仍然使用这个单位，但不少人不太喜欢用秒差距做单位。将其转化成或许我们稍微熟悉的距离单位，一个秒差距大约是 3.3 光年。这个神秘的单位和更容易被解释的物理量大小相当，这仅仅是一个偶然的巧合。

对于哈勃参数，哈勃望远镜的结果有 10% ~ 15% 的不确定性，而非 2 倍的不确定，从而使其结果更为精确。最近，微波背景辐射数据的研究给出了更好的结果。我们现在可以把宇宙年龄的不确定限制在几亿年之内，而且测量精度一直在提高。当我写《弯曲的旅行》时，宇宙年龄还是 137 亿年，但现在我们相信宇宙更老一些，即从大爆炸以来大约是 138 亿年。请注意，这不仅仅是不断变化的哈勃参数导致了结果的改进，我在前文提到的暗能量的发现也能对其有所解释，因为宇宙的年龄依赖于这两个量。

大爆炸演化的预言

根据大爆炸理论，宇宙起源于138亿年前的一个炙热并且致密的火球，它由许多相互作用，并且温度高于一兆兆摄氏度（10^{24}℃）的粒子组成。根据爱因斯坦的理论，所有已知的（也可能有未知的）粒子在以接近光速的速度向周围四处运动，不断相互作用、湮灭，又从能量中不断产生。所有强烈相互作用的各种物质有着一个共同的温度。

物理学家称充满早期宇宙那炙热且致密的气体为辐射（radiation）。出于宇宙学的研究目的，辐射被定义为任何以相对论速度运动的事物，意味着以光速或者接近光速的速度运动。要称得上辐射，物体必须具备足够多的动能，甚至要远远超过其质量所储存的能量。早期宇宙非常炙热，能量非常高，以至于由基本粒子组成的气体很容易满足这一标准。

此时的宇宙只有基本粒子，而没有原子（由原子核和电子束缚在一起）或质子（由更基本的所谓夸克组成）。在如此多的热量和能量面前，没有什么能被困在一个被束缚的物体中。

随着空间的膨胀，弥漫在宇宙四处的辐射和粒子变得稀薄、冷却下来。它们表现得就像是被困在一个气球中的热气体，随着气球的膨胀变得越来越不那么致密。每个能量成分的引力效应影响膨胀的方式不同，所以研究宇宙膨胀随时间的变化，能够让天文学家区分出辐射、物质和暗能量的不同贡献。物质和辐射会随着膨胀而被稀释，非常像警报声远离我们而去时，它的声音也随之变小，辐射会红移到更低的能量，所以辐射会比物质稀释得更快。然而另一方面，暗能量根本不会被稀释。

随着宇宙的冷却，当温度和能量密度不足以产生某个特定粒子时，尤其当一个粒子的动能不超过 mc^2 的时候（其中 m 是特定粒子的质量，c 是光速），一些显著事件就会发生。对处在冷却中的宇宙，大质量粒子会一个接着一个地变重，通过与反粒子相结合，大质量粒子会发生湮灭，转变成能量，从而加热其余质量比较轻的粒子。这些大质量粒子逐渐脱耦，从而最终消失。

即使宇宙的成分发生了改变，也是直到宇宙大爆炸发生的几分钟之后，才会看到一些可观测效应。因此，我们将跳到宇宙成分发生巨大改变的时候，至少可以去验证它们。哈勃膨胀就是对宇宙大爆炸理论的一个验证。另外两个涉及宇宙成分的重大测量结果增强了物理学家的信心，从而相信这个理论的正确性。在宇宙极早期会形成不同类型的原子核，我们首先考虑这些原子核相对丰度的预测结果，这与已经观测到的密度非常吻合。

在大爆炸发生几分钟之后，质子和中子停止了单独飞行。温度降到足够低，使得这些粒子被强相互作用力束缚在一起成为原子核。也就是从那个时候起，最开始让中子和质子数目保持相等的物质相互作用不再起作用；而中子依旧能够通过弱相互作用力衰变成质子，所以它们的相对数目发生了变化。

因为中子衰变发生得足够慢，所以相当大一部分的中子能够存活足够长的时间，并和当时的质子一起形成原子核。氦、氘和锂原子核就这样产生了，然后这些元素（包括氢原子，当氦产生时，它的密度就会被消耗）作为宇宙遗迹的含量就可以确定了。**不同元素的相对含量取决于质子和中子的相对数目，同时也取决于相对宇宙的膨胀速度所需物理过程发生的快慢。**所以核合成理论（nuclearsynthesis，这个过程现在是已知的）的预言结果检验了原子核物理理论，以及大爆炸膨胀的一些细节。观测与预测的结果惊人地一致，这是对大爆炸理论和核物理的一个重要确认。

这些测量结果不仅验证了现有的理论，也对新理论给出了限制。这是因为，当核丰度确立的时候，膨胀速度主要取决于我们已知物质类型所携带的能量。当时存在的任何新物质不可能贡献很多能量，否则膨胀速度将会过快。当我们在推测宇宙中是否存在物质时，这个限制对我和我的同事们来说非常重要。**只有少量的新物质能够存在于平衡态中，并且它的温度与核合成中已知物质的温度相同。**

这些预测的成功也告诉我们，即使在今天，普通物质的含量也不会远大于观察到的含量。过多的普通物质和核物理的预测结果将会与宇宙中观测到的重元素丰度不一致。与前一章描述的测量结果（它告诉我们发光物质不足以解释观测结果）相结合来看，核合成理论成功的预言结果告诉我们，普通物质不能解释所有宇宙中观测到的物质，这也在很大程度上排除了一个可能性：人们看不见一种物质，只是因为它不燃烧或反射得不够。如果发光物质中有更多普通物质，除非有一些新的成分，否则核物理预言的结果将不再适用。如果普通物质在核合成的过程中没有被隐藏起来的话，那么我们可以断定，暗物质肯定是存在的。

就宇宙学预言的详细检验而言，宇宙演化过程中最为重要的一个里程碑发生在比较晚的时候，大约在大爆炸之后的 38 万年。宇宙最初充满了带电和不带电的粒子。在这个时候，宇宙已经足够冷，此时带正电的原子核和带负电的电子结合形成原子。自此，宇宙开始包含了中性物质（一种不带电荷的物质）。

光子是传播电磁力的粒子，而带电粒子变为中性原子是一个实质性的变化。在带电物质不会让光子发生偏折的情况下，光子可以顺畅地穿越宇宙。这意味着，早期宇宙的辐射和光可以直接到达地球，而与宇宙后来可能发生的更为复杂的演化没有关系。我们今天所看到的宇宙背景辐射是宇宙演化了 38 万年时所产生的辐射。

这种辐射与宇宙开始大爆炸膨胀之后立即出现的辐射是一样

的，但它现在正处于一个更低的温度。光子已经冷却，但它们并没有消失。今天的背景辐射温度是 2.73 开尔文[1]，这是极其冷的温度。辐射温度也仅仅比零度高几度而已，这个零度也被称为绝对零度，是任何事物所能承受最低温度的极限。

[1] 1 开尔文等于 −273.15℃，等于 −459.67℉。

从某种意义上来说，探测到这种辐射也是对大爆炸理论最确切的验证，并且可能是最有说服力的证据，这表明方程式是正确的。出生于德国的天文学家阿尔诺 · 彭齐亚斯（Arno Penzias）和美国人罗伯特 · 威尔逊（Robert Wilson）在使用新泽西贝尔实验室的望远镜时，于 1963 年意外地发现了这个宇宙微波背景辐射。彭齐亚斯和威尔逊当时并不是为了寻找宇宙的遗迹，他们感兴趣的是将无线电天线用于天文学研究。当然，附属于一家电话公司的贝尔实验室对无线电波也很感兴趣。

当彭齐亚斯和威尔逊试图校准他们的望远镜时，他们记录了一个均匀的背景噪声（犹如静态的），它来自四面八方，而且不随季节变化。这个噪声一直不消失，所以他们知道不能忽视它。由于这个噪声没有一个方向的倾向性，所以它不可能来自附近的纽约[2]、太阳或前一年的核武器测试。在清理完望远镜中鸽子的粪便之后，他们得出的结论是：这个辐射也不可能来自鸽子的“白色介电材料”，彭齐亚斯礼貌地这么称呼这些粪便。

威尔逊告诉我，现在看来他们发现这个辐射的时间是多么幸运。他们当时并不知道关于大爆炸的任何事情。但就在附近，普林斯顿大学的理论物理学家罗伯特 · 迪克（Robert Dicke）和吉姆 · 皮布尔斯（Jim Peebles）却是知道的。当普林斯顿的物理学家发现，他们已经被

[2] 当时他们所在的贝尔实验室就位于纽约市附近的新泽西州。——译者注

贝尔实验室的科学家赶超的时候，他们当时还正处在设计实验来测量辐射遗迹的过程中。他们早已经认识到这种遗迹辐射对大爆炸理论的重要意义，但是贝尔实验室的人却还没有意识到。对于彭齐亚斯和威尔逊来说幸运的是，麻省理工学院的天文学家伯尼·伯克（Bernie Burke），既知道普林斯顿大学的研究结果，也知道彭齐亚斯和威尔逊的神秘发现。威尔森向我把伯克描述成他的早期“私人互联网”，而伯克所做的是把两者结合，让两方的相关人员接触。经过咨询理论物理学家迪克之后，彭齐亚斯和威尔逊意识到了他们发现的重要性及价值。这个背景辐射的发现，使得贝尔实验室的这两位物理学家在 1978 年获得了诺贝尔奖。与更早的哈勃膨胀发现一起，这个发现确认了曾经预言宇宙在一直冷却和膨胀的大爆炸理论。

这是“科学在行动”很好的例子。这一研究是为一个特定的科学目的而做的，但带来了辅助性的技术和好处。天文学家开始并不是在寻找他们所发现的东西，但职业素养让他们没有忽视那些发现。尽管这项研究在开始时是在寻找相对很小的发现，却无意中催生了一个意义深远的发现。他们之所以能够获得这个发现，也是因为其他人也同时在以更大的图景思考着同样的问题。贝尔实验室的科学家们的发现是偶然的，但这个发现却永远地改变了宇宙学这门科学。

在这个发现之后的几十年内，这种辐射促进了宇宙学的重大发展，**其详细测量帮助验证了宇宙暴胀理论的预言结果，而宇宙暴胀是发生在宇宙极早期的一个爆炸阶段。**

宇宙暴胀

"科学的突破是如何发生的"这个问题还存有争议。是逐渐发生，还是突然发生，或者无论如何都会发生？这个问题的答案就像我们最初对宇宙膨胀的无知一样。在理解当今世界的变化速度这个问题上，考虑技术进步的影响或者环境变化的影响非常有用，但人们时常忽视这个重要因素的相关性。

关于变化速度的争论，在 19 世纪许多有关达尔文进化论的核心冲突中得到了很好的体现。我们将在第 11 章看到，争论使得查尔斯·莱尔（Charles Lyell）所支持的地质学中的渐进主义，以及他的助手达尔文所支持的突发地质变化的观点，形成了鲜明对比。突发地质变化的观点是由法国人乔治斯·居维叶（Georges Cuvier）提出的。居维叶也意识到了另外一种极端的变化，表明新物种不仅会出现，就像达尔文所展示的那样，而且它们也会因为灭绝而消失。

关于变化速度的争论也是我们理解宇宙发展的关键。对于宇宙而言，第一个让人诧异的是，它一直都在演化。当大爆炸理论在 20 世纪初被提出时，它与神学上所青睐的静态宇宙非常不同，而静态宇宙是当时大多数人所接受的一种宇宙观。但另外一个，也是后来让人惊奇的理论认为，宇宙在最早期经历了一个爆炸性的膨胀阶段，也就是宇宙暴胀阶段。正如地球上的生命一样，无论是渐进的进程还是灾难性的进程，都在宇宙的历史中发挥了重要作用。对于宇宙而言，"灾难"是暴胀过程；而对于"灾难"而言，我所指的是这个阶段发生得非常突然和迅速。暴胀破坏了宇宙中最初存在的那些成分，但在暴胀结束之时，它也创造了充满宇宙的很多物质。

宇宙暴胀

该理论认为，宇宙初期经历了一个爆炸性的膨胀阶段，其速度非常快，使得宇宙的尺度在极短的时间内增大了几十个数量级。

迄今为止，我所讲述的是一个标准的大爆炸理论历史，它描述了一个不断膨胀、冷却、老化的宇宙。它是非常成功的，但并非全部。**宇宙暴胀发生在标准的大爆炸演化之前。**尽管我不能告诉你在宇宙的最开始发生了什么，但我可以比较确定地说，在其演化的最早期，或许早至 10^{-36} 秒的时候，这个被称为暴胀的有趣阶段就已经发生了（见图 4-2）。在暴胀阶段，宇宙膨胀的速率远远要比它在大爆炸演化阶段的膨胀速度快得多，以至于在暴胀阶段，宇宙尺度在不断地呈指数级增加。比如，指数膨胀意味着当宇宙年龄是暴胀开始年龄 60 倍的时候，宇宙的尺度已经增加了一兆兆倍（10^{24}）以上；而如果没有暴胀的话，宇宙尺度将只增加 8 倍左右。

图 4-2

暴胀和大爆炸演化的宇宙历史，包括原子核的形成、结构开始形成、在天空留下印记的宇宙微波背景辐射，以及现代宇宙（星系和星系团已经成形）。

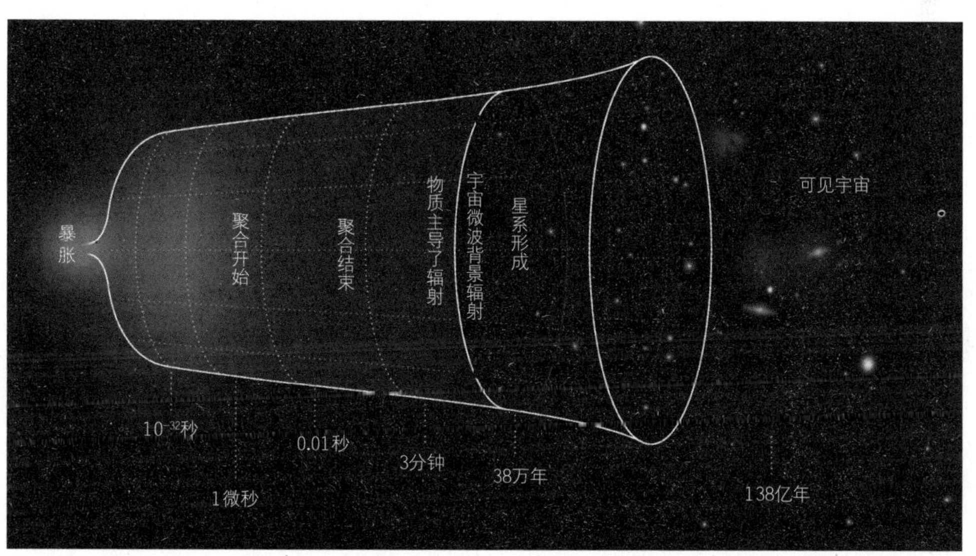

也仅仅只花了几分之一秒，暴胀就结束了，留下了一个巨大的、平滑且平坦的均匀宇宙，然后就进入到了宇宙正常演化中，而其之后的演化就如传统的大爆炸理论所预测的那样。在一定意义上，暴胀就是“爆炸”，就像刚才描述的那样，它让宇宙演化变得更为平滑和更为缓慢。暴胀稀释掉了最初的物质和辐射，因为快速的冷却使得温度降到了非常接近于零度。只有等到暴胀结束，驱动暴胀的能量转化成数量极其众多的基本粒子时，热的物质才会被重新引进来。当暴胀结束时，传统而缓慢的膨胀就开始了。从这个阶段之后，旧的大爆炸宇宙学就可以适用了。

尽管大爆炸理论很成功，但它依旧有几个悬而未决的问题，所以物理学家艾伦·古斯（Alan Guth）创立了暴胀理论。如果我们的宇宙成长于一个极度小的区域，那么为什么会包含那么多东西？为什么宇宙已经存在了那么长时间？基于引力理论，你可能会期待一个包含有这么多东西的宇宙已经膨胀成虚无，或者是已经很快坍缩。尽管它包含着巨大的物质和能量，宇宙三个无限大的空间维度是非常接近平坦的，而宇宙的进化也足够缓慢，慢到能够让我们庆祝它 138 亿年的存在。

最初，大爆炸宇宙学当中的一个主要遗漏是，没能解释宇宙为什么如此均匀。当我们现在所观察到的宇宙辐射产生时，宇宙大约只有现在尺寸的 1‰，这意味着光可以走过的距离会小很多。然而，当观测者现在看到来自不同天空区域的辐射时，辐射看起来是相同的，这就意味着温度和密度的变化非常微小。按照最初的大爆炸理论，这一点非常让人困惑。当宇宙辐射和带电物质退耦的那个时间，宇宙年龄很小，因而光没有足够的时间来穿过哪怕是天空尺寸的 1%。也就是说，如果时间倒流，你提出一个问题：存在于不同天空中的辐射，是否能够接收来自彼此的任何信号，或者发射任何信号给对方？答案是否定的。如果不同的区域从来不会相互交流，那么为什么它们看起来是一样的呢？这就好比 1 000 个陌生人住在有着不同商店的不同地方，同时阅读着不同的杂志，然而你却和他们穿着一致地走进剧院。如果你从未与他们接触过或者没有共享过信息，结果你们都穿得一样，那么这将是一个惊人的巧合。太空的均匀性更是让人吃惊，因为它的不均

退耦

即防止前后电路网络电流大小变化时，在供电电路中所形成的电流冲击对网络的正常工作产生影响。

匀性在万分之一以内。现在看来，在宇宙开始的时候，有超过10万块的区域，而且这些区域间当时没有任何的交流。

由于大爆炸理论上的这些缺陷，古斯在1980年提出的想法看起来就很有吸引力。他提出，存在一个更早的时期，在这个时期之内，宇宙的膨胀极其迅速。而在标准的大爆炸理论中，宇宙在平稳地增长。在暴胀期间,宇宙经历了一个爆炸性膨胀的阶段。根据宇宙暴胀理论，极早期的宇宙在极其短暂的一段时间之内，从一个极小的区域经过一个指数级变化增长到巨大区域。一束光线本来可以穿过的区域，在尺寸上增加了大约一兆兆倍（10^{24}）。这取决于暴胀何时开始和它持续了多长时间，光线穿过的最初区域大小为10^{-29}米，在暴胀结束后，膨胀到了至少1毫米大，比一粒沙子大一点。从一定意义上而言，在一粒沙子里，或者如果你能够测量宇宙在那个时候的可见尺寸的话，至少在沙粒这个尺寸上，就像威廉·布莱克（William Blake）让你相信的那样，你的确会发现一个宇宙。❶

暴胀宇宙的极速膨胀解释了宇宙的巨大、均匀和平直的特点。宇宙是巨大的，它在极其短的时间里呈指数级增长，变得非常大。相比于经典大爆炸理论下的慢速膨胀，一个呈指数级膨胀的宇宙覆盖了远远大很多的区域。宇宙是均匀的，在暴胀期间，急速的膨胀能够平滑掉时空结构中的不均匀性，就像拉伸衣袖来消除折痕一样。一块微小区域中的所有东西本来都是非常靠近，并且通过辐射彼此交流，因为宇宙的暴胀，这块小的区域最后膨胀变成了我们今天所看到的宇宙。

暴胀也解释了宇宙的平直性。从动力学的角度看，宇宙的平直意味着宇宙的整体密度位于临界值上，从而宇宙可以在非常长

---

❶ 这里指的是威廉·布莱克的诗作《天真的预言》中的一句诗："一沙一世界，一花一天国。"——编者注

的时间里保持这种状态。任何更大的能量密度都会导致正的空间曲率，通常一个圆球会具有这样的曲率，它会使宇宙迅速坍缩。任何小一些的密度都会导致宇宙膨胀速度非常快，结构就永远不会合并形成。从技术上讲，我讲得稍微有一点夸张。如果有一个极其微小的曲率，宇宙也还是可以持续这么长时间，但是，如果没有暴胀来判断这个值的话，曲率将会小得让你想象不到。

在暴胀情形之下，宇宙目前是如此巨大和平直，这缘于它在极早期的增长。想象一下,你可以把气球吹得像你想要的那么大。如果你把注意力集中在气球上的某一区域，当气球变得越来越大时，气球表面会变平。同样，人们原本以为地球是平的，因为他们只看到一个巨大球面上的一小块区域。同样的事情对宇宙也是一样的：当宇宙膨胀时，它就会变平；不同的是，它的膨胀超过了一兆兆倍。

宇宙的极端平直是对暴胀的主要证据。这并不让人惊讶，因为平直性问题就是暴胀理论需要解释的几个问题之一。在暴胀理论被提出时，人们认为的宇宙要比简单预期所建议的宇宙平直许多，但人类没有必要的精确度来检验暴胀理论的极端预言结果。现在，在 1% 的精确度上，宇宙已经被测量是平直的。如果这不是真的，那么暴胀将已经被排除在外了。

20 世纪 80 年代，我还是个研究生。那时候，暴胀被认为是一个有趣的想法，但是大多数的粒子物理学家都不是很重视它。从粒子物理学的角度来看，一个长期的指数级膨胀的环境似乎是非常不太可能的。事实上，它们今天还是不大可能。暴胀本来应该是解决宇宙膨胀初始条件的自然性的。但如果暴胀本身是不自然的，那么这个问题还没有得到真正解决。暴胀如何发生（包括它潜在的物理模型），仍然是一种推测。在 20 世纪 80 年代困扰我们构建模型的问题现在仍然值得关注。像斯坦福大学俄裔物理学家安德烈·林德（Andrei Linde），是第一批从事于暴胀模型的人之一，他认为暴胀肯定是对的。尽管暴胀想法的最早提出仅仅是因为没有人找到有关宇宙尺寸、平直和均匀性问题的其他答案，但暴胀却能够一下子解决这所有问题。

考虑到新近宇宙微波背景辐射的详细测量结果，大多数物理学家现在都支持暴胀。尽管我们还需要确定暴胀的理论基础，并且暴胀发生在很久以前，它还是可以产生可检验的预言结果，这使得大多数的人认为暴胀（或者非常类似暴胀的过程）发生过。最精确的观测集中在由彭齐亚斯和威尔逊所发现的 2.73 开尔文的宇宙背景辐射的细节上。美国国家航空航天局的宇宙背景探测器（COBE）测量过相同的辐射，更全面，而且其频率范围更大上，确认了它在整个天空的高度一致性。

宇宙背景探测器最为壮观的发现是，早期宇宙并不是完全均匀的，这赢得了几乎所有对暴胀持怀疑态度的人。总体而言，暴胀使整个宇宙极其均匀。但暴胀又引进了非常微小的不均匀性，从而偏离完美的均匀性。**量子力学告诉我们，暴胀结束的确切时间是不确定的，这意味着，在天空的不同区域，暴胀会在不同的时间结束。**这些微小的量子效应会在辐射上留下偏离完美均匀性的印记。尽管很小，但它们却像当你把鹅卵石扔进池塘时，在水里的扰动一样真实存在。

在过去几十年中，最令人兴奋的发现之一无疑就是宇宙背景探测器发现宇宙的量子涨落，它产生于宇宙大约还是一粒沙大小的时代，并最终成为你、我、星系和宇宙中所有结构的起源。宇宙最初的不均匀性产生于暴胀结束的时候。尽管它们开始时的尺度极小,之后却被宇宙的膨胀拉伸到了可以形成星系种子的尺度,或者可测量结构的尺度（第 5 章我会详细解释）。

一旦这些密度扰动被发现，就像知道了温度和物质密度的微小偏离一样，对它们进行详细研究也仅仅是时间问题。从 2001 年开始，以更高的精确度以及在更小的角度尺度上，威尔金森微波各向异性探测器测得了密度扰动。和南极望远镜一起，威尔金森微波各向异性探测器观测到了辐射的密度涟漪或者扰动，而这个辐射密度中包含了最开始被创造出来的复杂信息。这些测量的细节证实了宇宙的平直性，确定了暗物质的总量，并验证了早期指数膨胀的预测结果。**威尔金森微波各向异性探测器最惊人的一个结果就是，它通过实验证实了暴胀图像。**

2009 年 5 月，欧洲航天局发射了它自己的卫星——普朗克卫星，更为细致地研究了扰动。普朗克卫星的结果提高了大多数已知物理量的精度，并且帮助巩固了人类对早期宇宙的认识。**普朗克卫星最为重要的成就之一就是，它确定了一个对暴胀动力学可以作出限制的额外量,而正是暴胀动力学驱动了暴胀般的膨胀。**正如宇宙大都是均匀的，但有一些小的违反均匀性的扰动。尽管天空中的扰动振幅大多是空间独立的，但也表现出对尺度的微小依赖。对于尺度的依赖反映了宇宙在暴胀结束时能量密度的变化。在这个对暴胀动力学令人印象深刻的确认中，威尔金森微波各向异性探测器和测量精度更高的普朗克卫星测量了这个尺度依赖关系，确定了早期暴胀阶段逐渐停止，并测量了限制暴胀动力学的数值。

虽然我们的理解并不完整，但宇宙学家已经确认暴胀和之后的大爆炸是宇宙历史中的一部分。因为早期宇宙有高度的均匀性，相对比较容易研究，所以我们可以建立详细的理论。未来，方程可以被求解，数据可以很容易地被评测。

然而，在数十亿年前，当宇宙结构开始形成时，宇宙从一个相对简单的系统变为一个更为复杂的系统，所以宇宙学在解释宇宙后来的演变时，面临着更大的困难。当恒星、星系和星系团这样的结构形成以后，宇宙成分的分布变得更难预测、更难解释。

但无论如何，仍然有大量信息包含在不断演化的宇宙结构中，而这些信息最终能够被观测、模型和计算机的综合运用所揭示。正如我们将在本书后文所看到的那样，对这一结构的测量和预测将会教给我们很多东西，包括暗物质与我们这个世界的相关性。现在，让我们先来探讨一下这个结构最初是如何产生的。

星系诞生

DARK MATTER AND THE DINOSAURS

> 然而，无论如何，不管比值如何变化，只要有光的地方，就会有暗物质存在。

你或许还记得在慕尼黑我和马西莫在晚餐时的对话，马西莫是一个品牌营销专家，他反对“暗物质”这个名字。在同一个晚宴上，马西莫向我介绍了另外一个参会者马特。马特问我人类驾驭这种尚未被理解的物质的能力有多大。作为一个游戏设计者，他问这个问题是可以理解的。不久后，一位从事剧本创作的朋友又问了我同样的问题。这也不足为奇，因为她在自己的科幻小说中对此做了预测。

以上这些询问仅仅代表了一个非常美好的愿望，我把它再次归因于“暗物质”这个名字选择得不好上。在我们周围的宇宙环境中，暗物质既不是一种有威胁的物质，也不是一种取之不尽、用之不竭的战略资源。鉴于已知物质和暗物质之间的影响极其微弱，没有人可以将暗物质收集起来放在地下室或车库里。利用我们的双手和普通物质制成的工具，我们既不能制造暗物质导弹，也不能制造暗物质陷阱，因为找到暗物质非常困难，而且驾驭它又完全是另外一回事。即使我们能够找到一种方法把暗物质控制起来，它也不会以任何明显的方式影响我们，因为它只通过引力或通过一些其他力与普通物质相互作用，这些作用力因为太弱而不能被探测到，即使是非常灵敏的探测器也不行。若非存在巨大天文尺度的物体，暗物质对地球的影响将会更加难以被感知到。这也是它如此难以被找到的原因。

事实是，宇宙含有大量暗物质。弥散于宇宙四处的暗物质坍缩并且聚集在一起，创造了星系和星系团，并继而形成了恒星。

> 虽然暗物质并没有通过任何可以观测到的方式直接影响人类或实验室里的实验，但它的引力作用对宇宙结构的形成却至关重要。

因为大量暗物质聚集在这些巨大的坍缩区域中，普通物质也存在于此，因而暗物质将继续影响恒星的运动和星系的轨迹。我们将很快会看到，一种非常规类型的暗物质会坍缩得更为致密，从而会影响太阳系的轨道。尽管人类不能驾驭暗物质，但更为强大的宇宙却可以。本章将解释暗物质在宇宙演化中，以及在已知的、有限寿命的星系形成中的关键作用。

蛋与鸡

结构形成理论认为，宇宙暴胀最终形成了极度（但并非完全）枯燥而均匀的天空，恒星和星系就是从中发展而来的。本书多次提到的“结构形成的一致性图景”是一个相对较新的进展，但这个理论现在已经牢牢地扎根于宇宙学（例如以暴胀理论作为补充的大爆炸理论），以及有着更好测量的物质组成（比如暗物质）之上。这让我们能够解释，早期宇宙的炙热、无序和未分化区域，如何能够形成我们当今所看到的星系和恒星。

最初，宇宙是炙热的、致密的，并且基本上是均匀的，也就是说在太空的每一点都是一样的；它也是各向同性的，这意味着它在各个方向上都是相同的。尽管粒子之间会相互作用、出现，然后消失，但粒子的密度和行为在各个地方都是一样的。这个图像当然会非常不同于你看到的宇宙照片，也不同于当你仰望星空时看到的美丽夜空的图景。

宇宙现在不再是均匀的了。星系、星系团以及恒星挣脱了空间的膨胀，突显出它们在整个天空分布的不均匀性。**这样的结构是我们这个世界中所有事物的核心。如果没有那些致密的恒星系统，就不会有这个世界的一切。**这些恒星系统对重元素以及所有包括生命在内的神奇事物的形成，都至关重要。对生命而言，它至少要产生于一个恒星聚集的环境之中。

宇宙的可见结构产生于气体和恒星系统。这些恒星的集合有着各种尺寸和形状。双星——一个恒星绕着另外一个旋转，构成一个恒星系统，就如星系一样，不过星系是由数十万颗甚至万亿颗恒星所构成的。星系团的恒星数量又是星系的上千倍，它们也是恒星系统。

为了了解所涉及的物体类型，先来考虑一下宇宙所含物体的典型质量和大小。天文尺寸一般用秒差距或光年来衡量，天文质量通常以太阳质量来衡量，即等价于多少个太阳。星系的尺寸变化很大，小至 1 000 万太阳质量的矮星系，大至 100 万亿太阳质量的最大星系。银河系是一个相对较小也比较典型的星系，大约为 1 万亿太阳质量，即其总质量，其中包含了占主导地位的暗物质。大多数星系的直径在几千到几十万光年。星系团的质量在百万亿到千万亿太阳质量之间，典型的直径在 500 万 ~ 5 000 万光年。星系团包含了多至大约 1 000 个星系，而超星系团包含的星系数目更有星系团的 10 倍之多。

尽管这些物体至今仍存在，但早期的宇宙并不包含它们。早期的宇宙是极为致密的，恒星或星系还没有形成。对于恒星和星系而言，它们的密度要远远低于早期宇宙的密度。只有在宇宙冷却到某个温度之下，即宇宙的平均密度比最终形成天体的密度还要低时，恒星系统才有可能形成。结构形成也要等到宇宙中的物质能量比辐射能量高的时候才开始。请注意，我使用的是宇宙学中的辐射定义，它包含任何事物，包括诸如光子的粒子，也包含接近光速运动的粒子。在炙热的早期宇宙，几乎所有的事物都满足这个条件，因为温度非常之高，使得辐射在宇宙能量中占主导地位。

随着宇宙的膨胀，辐射和物质都被稀释了，它们的能量密度也同样如此。因为红移效应会降低辐射的能量，所以辐射能量将降低得更快，对于物质，在等待了 10 万年之后，终于走到聚光灯下，最终主宰了宇宙的能量。**在这个具有里程碑意义的时刻，物质超过了辐射，成为宇宙能量的主要贡献者。**

理解结构最初如何增长的一个很好的起点，大约就是从宇宙开始演化的 10 万年之后，这个时候物质开始占据主导地位。这个时间要比原初扰动开始增长的时间晚一些，但又比我们所观测到的宇宙微波背景的形成时间早一些。**对于宇宙学而言，物质主导的意义非常重大，运动速度比较慢的物质携带有比辐射少得多的压力，因此会以不同的方式影响宇宙膨胀。**当物质主导时，宇宙的膨胀速度就会发生变化。但对于结构形成更为重要的是，小而紧凑的结构可能就在当时开始增长。对于那些以光速或者接近光速运动的辐射，因为减速不够（速度仍然很快），就不会被那些弱引力束缚系统限制住。但辐射会抹平扰动，就像风会抹去沙子留在海滩上的涟漪。另外一方面，物质会减速并聚集成团——只有缓慢运动的物质才能够充分坍缩形成结构。这也是为什么宇宙学家有时说暗物质是冷的，这意味着它不是热的，并且不是以相对论速度运动的，从而与辐射表现出很大的差别。

当物质在宇宙能量密度中占主导地位之后，密度扰动的区域会诱发物质坍缩，从而形成结构增长的种子。这些密度扰动的区域中，一些区域密度稍高，另外一些区域的密度会相对较低，而这些结构是在暴胀阶段结束时形成的。这些扰动随后增长，最终经过放大，将最初的均匀宇宙转化成我们看到的差异化很大的天空。小于万分之一的微小密度变化就足以从一个几乎均匀的宇宙中创造出结构，因为宇宙是平直的，这意味着存在一个临界能量密度，刚好位于快速坍缩和快速膨胀的边界上。临界密度创造了一个最佳点，从而宇宙能够缓慢膨胀并且持续足够长的时间，使结构能够得以形成。在这个微妙确定的环境中，即使很小的密度扰动也能导致某一区域中的物质坍缩，从而结构开始形成。

当这个坍缩导致结构形成开始时，两个相互竞争的力都有贡献。引力将物质向里拉，而尽管辐射不占主导地位，但它会将物质向外推。一旦超过某个阈值，平衡就会被破坏，这个阈值被称为金斯质量（Jeans mass）。在这块区域之内，向外的辐射压不能和向内的引力相平衡，从而导致区域内的气体坍缩，物质和增长于引力势中的天体变成了形成发光星系和恒星的种子。

高密度区域会比低密度区域产生更多吸引力，从而让本来致密的区域越来越致密，并进一步消耗掉周围区域中已经很稀疏的气体。因为富含物质的区域变得更加富有，而物质贫乏的区域变得更加贫乏，所以宇宙变得更加凹凸不平。这种物质聚集会一直持续，从而产生引力束缚的天体，并以正反馈的方式持续坍缩。恒星、星系和星系团都是在这个时候产生的，它们都是起源于引力效应作用于最初的暴胀结束之时，微小的量子力学波动。

具有吸引力的势阱能够吸引物质并使其坍缩。最初产生这种势阱的大都是暗物质，而非普通物质，一是因为它与辐射没有相互作用，二是因为其总量更大。我们能看到恒星和星系，是因为它们能够发光。但实际上，最初是暗物质将可见物质吸引到这些致密区域的，从而才可能产生星系及恒星。当一块足够大的区域坍缩时，暗物质会形成一个球形晕。在这个晕内，由普通物质组成的气体会冷却，朝中心坍缩，最终碎裂形成恒星。

相比较仅仅有普通物质存在的区域，暗物质的存在会让这些区域坍缩得更快，因为更大的物质总能量密度会让物质比辐射更快地占据主导地位。除此之外，暗物质之所以很重要还有另外一个原因，即电磁辐射在开始时，会阻止普通物质在大约 1% 星系大小的尺度上形成结构。只有搭上暗物质这个便车，宇宙中星系大小的天体和恒星的种子才会有时间形成。**如果没有暗物质导致的坍缩，就不会有目前恒星的星族和分布。**

因此，是暗物质开启了坍缩，从而形成了结构。不仅是因为它更多，更是因为暗物质不受光的影响，所以电磁辐射不能将它们像普通物质一样驱散。暗物质从而建立了物质分布中的原初扰动，在物质和辐射退耦之后，普通物质会根据原初扰动作出反应。暗物质有效地给了普通物质一个很好的开始，为星系和恒星系统的形成铺平了道路。因为暗物质不与辐射作用，即使当普通物质不能坍缩时，它依然可以坍缩，形成基板，把质子和电子带到坍缩区域中来。

暗物质和普通物质同时坍缩成可见天体，比如星系和恒星，这对结构形成非常重要，同样对观测也很重要。尽管我们只能够直接看到普通物质，但我们非常确信暗物质和普通物质存在于同一个星系中。由于普通物质依赖暗物质的原初扰动来产生形成结构的种子，所以普通物质多数情况下位于包含大量暗物质的结构中。因此，从某种意义上来说，“在路灯下寻找暗物质”的说法是恰当的。

暗物质在今天仍然发挥着重要作用。它不仅对吸引力的大小有贡献，防止恒星飞走，同时也把一些被超新星喷发出去的物质吸引回星系里。暗物质有助于把重元素保留在星系中，而这些重元素对于恒星的进一步形成和生命的出现都很关键。

尽管物理学家可以在理论的基础上预测早期的结构形成，但目前没有观测者可以目睹最初结构形成过程中宇宙相变的细节。望远镜探测到的光，有时甚至能够让我们看到数十亿年前形成的最早星系，但通常都是最近发射出来的。另外一方面，可观察的宇宙微波背景辐射来自宇宙还是充满辐射的那个时间，坍缩的引力束缚的天体尚未形成。背景辐射把早期密度波动的痕迹印在了38 万年之后的宇宙进化中，但等到恒星和星系存在并产生可观测的光，又过去了大约 5 亿年。

在再合并之后（此时中性原子形成，微波背景辐射产生）和发光天体出现之前的中间一段时间，是一个非常黑暗的时代，目前的观测仪器无法对其进行观测。天体没有光发出，是因为恒星尚未形成。在早期，微波背景辐射会与无处不在的带电物质相互作用，但从此时起微波背景辐射也不再会照亮天空。这是用传统望远镜观测不到的（见图 5-1），但这正是宇宙的原初之“汤”转化为丰富和复杂的宇宙最初结构的时代，这些最初的复杂结构演化成了我们现在所看到的一切。

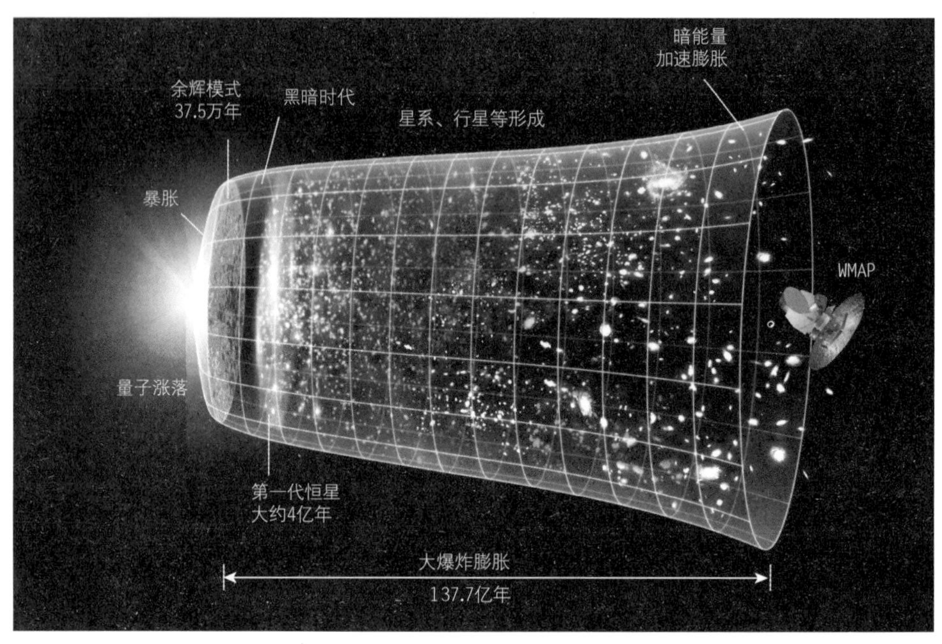

图 5-1

在我们能够看到宇宙微波背景辐射之后，一个黑暗时代随之而来，结构开始形成，第一代恒星出现和爆发，星系和其他结构也随之形成，暗能量逐步主宰宇宙膨胀。（感谢 NASA 提供图片）

哈佛大学天体物理学家阿维·勒布（Avi Loeb）做了一个类比，目前的技术无法观察到最早恒星的形成，就如同我们不能目睹一只小鸡如何最初从鸡蛋中孵出来一般。一个鸡蛋包含了像汤一样的糊状结构。让一只母鸡孵蛋的话，从鸡蛋中就会孵化出一只小鸡，并最终成长为一只发育成熟的鸡。从破碎的鸡蛋中，除了蛋黄和蛋白，别无他物，但它们包含了可以孵出小鸡的“种子”。这个转变发生在蛋壳之内，如果不借助特殊工具，没有人可以看到内部究竟发生了什么。

我们需要新技术来探索最早的结构形成。没有人能看到宇宙进化时的黑暗时期，尽管已有一些理论提议。然而，就像一个鸡蛋，密度扰动包含了后续结构的种子。但是，不像“是鸡生蛋，还是蛋生鸡”的窘境，对于宇宙进化我们知道谁先谁后。

等级结构

上述结构形成的图景包含了大量与坍缩相关的物理知识，它是建立在各自的扰动过程之上的，每一个扰动都成为一个星系的种子，而每一个星系都会独立演化。进一步的研究表明，巨型恒星最先形成，但它们或是很快以超新星爆发掉，将第一代重元素释放到宇宙中，或是成了黑洞。这些重元素在宇宙之后的发展中扮演着重要角色。也只有在金属（天文学家称这些重元素为金属）存在之后，更小的恒星（比如太阳）才能够在一些更冷更致密的区域形成，我们现在所能看到的结构才能够被产生。

但在恒星形成之前，星系就已经产生。事实上，星系是最先出现的复杂结构。每一个星系看起来都自成一体，但是，就像我们很快看到的，它们又都是联系在一起的，所以星系在很多方面都是宇宙的基石。一旦形成，星系可以合并成更大的结构，比如星系团。在足够的坍缩之后，恒星会在最密集的区域之内形成。我们今天所见结构的形成是开始于星系的。

然而，这个星系单独形成的图景是简化了的模型。在现实中，就如这个图景让你相信的一样，星系并不是孤岛。与星系的碰撞和合并对于它们的发展也至关重要。星系的形成是有等级的，较小的星系首先形成，更大的结构在之后形成。甚至那些似乎是孤立的星系其实也是被更大的暗晕所包围，而这些暗晕与其他星系的暗物质晕是接触在一起的。因为星系占据了一个相对比较大的空间比，大约为 1‰，所以星系比恒星要碰撞得更为频繁，而恒星所占的体积比差不多为千万万亿分之一。通过合并以及其他引力相互作用，星系持续地互相影响着。星系持续吸引气体、恒星和暗物质进入，从而进一步演化。

有了这个更深层次的知识，让我们重新审视在结构形成过程中发生了什么。为了更好地理解这个过程，“富人更富、穷人更穷”的比喻非常贴切。就像当今世界的社会状况一样，穷人不仅变得更穷，也会变得越来越多。事实上，在一些激烈的争论中，我有时会听到有关人性的灾难性预言，富人将会被挤到很小的区域里，随着越来越多贫穷阶层的增加，富人会被挤到城市的最边缘。在这种并不是很受欢迎的情形中，富人将居住在城镇的郊区，就像当我访问位于南非德班地区时，在白人居住的郊区看到的一样。邻近的城镇也将会经历类似的现象。一旦过分向外延伸，邻近城镇会相互影响，在相交的区域只留下富人。这些富有的、被隔离的人群可能会在商业和安全系统方面投资，但所有这些快速发展都会被留在某些节点当中，而这些节点是社会不同特权阶层相互交汇而形成的。

虽然这并不是一个很有吸引力的社会图景，但这和宇宙结构形成的演化方式非常相似。稀薄地区的膨胀比宇宙整体要迅速得多，而稠密地区扩大得更慢一些。结果是，稀薄区域把稠密区域挤到了一边，使得它们存在于从开始就一直膨胀的低密度区域的边缘区域。弥散区域中的气体被耗尽，最终演变成空洞，这些低密度区域就像牧羊人驱赶羊群一样，把物质驱赶到高密度区域，从而使自己的体积有所增长。

当这样的高密度区域相交时，高密度区域的纤维状结构就会形成，其吸引力会把剩余的大量物质吸引过来。越来越多的物质被限制在一个宇宙网上，这个宇宙网是由很薄但是致密的片状结构和围绕着片状结构的空洞区域构成的。宇宙网因此也变成了一个由纤维状结构组成的网络，在这个网络中，最致密的物质位于

等级模型

在宇宙结构形成的演化过程中，物质的聚合方式。宇宙物质先是形成高密度纤维状结构，之后是形成宇宙网，其中，最致密的物质位于纤维相交的节点上。这些节点成为形成星系的基础。这一过程不断从小尺度到大尺度重复着，也即产生自下而上的等级模型。

纤维相交的节点上。所以这一过程并不是一个简单的球形坍缩，物质会先沿着片坍缩成纤维状，而纤维相交形成节点（见图 5-2）。然后这些节点成为形成星系的种子。这一过程随着时间持续进行着。小尺度结构形成后，这个模式在不断增大的尺度上继续重复。这就产生了自下而上的等级模型，在这个模型中，小的结构比大的结构更早形成，也就意味着小的星系先形成。

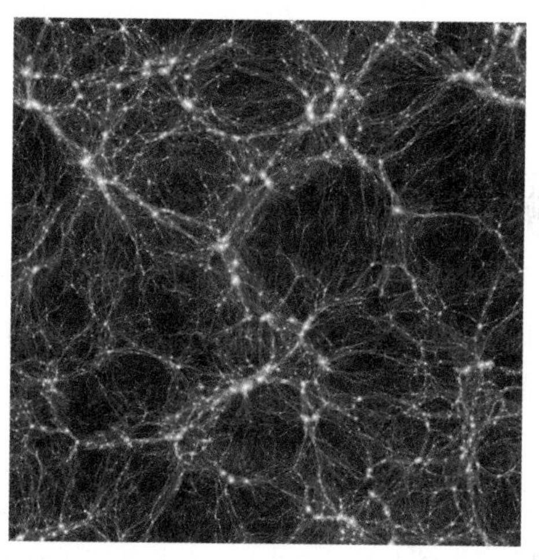

图 5-2

由物质构成的宇宙网的模拟图。暗物质构成的纤维状结构相交形成节点，而这些纤维状结构又包含了暗的、相对空的空洞区域。非常亮的区域是星系团所在的地方，位于节点上。这是贝内迪克特·迪默（Bened-ikt Diemer）和菲利普·曼斯菲尔德（Philip Mansfield）通过一个厚为 18Mpc、边长为 179Mpc 的数值模拟切片，利用了克勒（Kaehler）、哈恩（Hahn）和阿贝尔（Abel）在 2012 年研究出来的可视化算法，制作出来的暗物质密度投影图像。

数值模拟在最大尺度上证实了这些预言，暗物质正确地解释了宇宙中结构的密度和形状。较小尺度上的差异可能会对这一理论的进一步改进提供线索，但我们将把这些不完全确定的预言、观测和模型留到以后讨论。有些模型或许可以解释它们。

因为普通物质和暗物质同步坍缩，来自星系的辐射会追踪暗物质较多的区域。就像世界各地的灯光绘制出了各个城市所在的位置一样，宇宙中最亮的区域展示了星系中最为密集的区域，具有最多数量的恒星。辐射的强弱反映了整体的质量密度，就像世界上的光地图反映了人口密度一样。

然而要记住，就像光分布一样，与真实人口分布相比，我们所看到的部分可能会有变化。暗物质和发光物质之间的比值依赖于星系的类型，例如矮星系、正常星系或星系团。**无论如何，不管比值如何变化，只要有光的地方，就会有暗物质存在。**对于验证结构形成理论而言，这是一个很有价值的观测工具。

银河系，我们的保护伞

在结束这一章以及本书第一部分之前，现在让我们转向我们最为熟知的星系——银河系，以及我们最为喜欢的恒星——太阳，看一下普通物质在它们中的分布和影响。我们的星系因为具有乳白色的光带而被命名为“银河系”，这个光带在晴朗干燥的夜晚清晰可见。而我们所看到的光是银河平面上的众多暗星的光。

银河系位于一个被称为本星系群（Local Group）的星系群中。这是一个引力束缚的星系系统，它的密度要比宇宙的平均密度高。银河系和仙女座星系主导了这个星系群的质量，但也有几十个小星系属于这个群，绝大多数是这两个大星系的卫星。本星系群的引力束缚作用能够防止因为宇宙膨胀而导致的银河系和仙女座星系彼此远离。它们的距离实际上是在收缩的，在大约40亿年之后，它们将会碰撞并且合并。

银河系有一个由气体和恒星构成的盘，直径大约13万光年，在垂直方向上大约有2 000光年，这个平地状的结构使其具有了独特的形状。银河系盘包含了很多恒星和被称为星际介质（interstellar medium）的物质。星际气体由氢原子构成的气体和小的固体尘埃颗粒组成，它的总质量大约为恒星总质量的1/10。现实中，在银河系的中心附近聚集着银河系大多数恒星，但我们并没有真的看到更亮的光聚集于此，这是因为星际尘埃挡住了光。然而，天文学家在红外波段看到了星系中心，这是因为尘埃没有吸收这种频率较低的光。银河系的中心也包含着一个大约为400万太阳质量的黑洞，有时也被称为人马座A*。

中心黑洞和暗物质是完全不同的东西。然而，暗物质确实存在于一个巨大的球形晕中，直径大约是65万光年。就尺寸和质量而言，银河系中的最大组成部分，是一个重约一万亿太阳质量的近球形结构，它包括银盘区域。就像所有星系一样，暗物质首先凝聚，然后吸引可见的普通物质（见图5-3）。

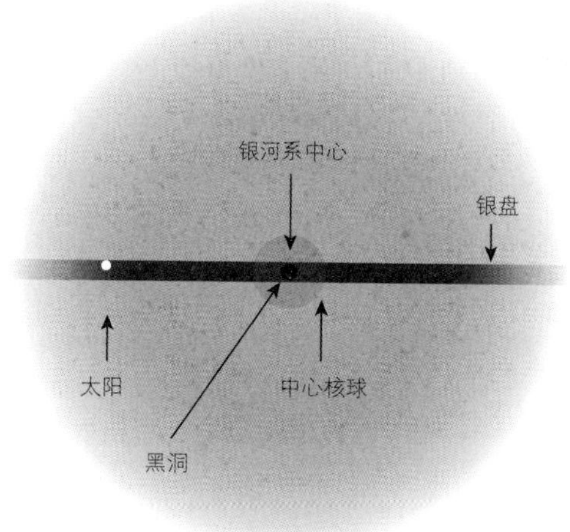

图5-3

银河系和它的中心核球、黑洞以及围绕在其周围的暗物质晕。太阳的位置也做了标记。

我还没有描述盘形成的过程与形成的原因，以及为什么这对“暗物质盘”这一提法以及小行星天体很重要（后文我将详细论述）。普通物质很有趣，因为与暗物质相比，它在星系中有着非常不同的分布。暗物质形成了一个弥散的球形晕，而普通物质可以坍缩成一个盘，比如银河系平面上熟悉的恒星盘。

普通物质与电磁辐射的相互作用导致了这一坍缩。**普通物质和暗物质的一个重要区别是，普通物质可以产生辐射。**如果没有导致冷却的辐射，普通物质将继续和暗物质一样保持弥散状态。

实际上，因为普通物质的能量只有暗物质的 1/5 左右，它的致密程度会比暗物质更低。然而，普通物质与光子的相互作用使得能量能够耗散掉，从而冷却，以致它能坍缩成为一个更集中的区域，也就是一个盘。通过光子辐射导致的能量损失很类似于蒸发的过程，水的汽化能够从你的皮肤上带走热能。但与辐射能量的物质不同，当你出汗并体温回归正常时，你是不会坍缩的。然而，因为普通物质会释放能量，气体会坍缩，聚集在一个较小的塌陷区域中，在这块区域中，它的密度比暗物质密度要高。

普通物质位于一个圆盘而不是一个小球体内，是因为物质的净旋转，而转动是从气体云中继承而来，气体云是从它们形成之初获得角动量（转动能量）。冷却降低了一个方向的抵抗力，但在另外两个方向上的坍缩是不允许的，或者至少因为所包含气体的旋转导致的离心力减缓了坍缩。如果没有摩擦力或者其他力作用其上，在圆轨道上运动的一块大理石将会永远保持转动。类似地，一旦物质开始旋转，它将会保持角动量，直到一些力矩作用其上，或者角动量随着能量一起被耗散掉。

由于角动量守恒，气体区域在径向（由旋转所定义）不能像在竖直方向上一样有效地坍缩。虽然物质在平行于旋转轴的方向上或许会坍缩，但它不会在径向坍缩，除非角动量通过某种方式被移除。这种差异性的坍缩导致了银河系的相对扁平的盘状结构，我们才会看到它伸展着穿过天空。上述原因也是导致大多数旋涡星系产生盘状结构的主因。

太阳和太阳系

尽管暗物质在银河系的净质量中占主导地位，但集中在银盘上的普通物质主导了在银河系盘面上的各种物理过程。普通物质在结构形成开始的作用很有限，但因为其高密度以及核力和电磁力的相互作用，所以普通物质对于很多包括恒星形成的重要物理过程，都至关重要。

恒星是以核聚变为燃料，炙热、致密、被引力束缚的气体球，在星系的气体致密区域形成。当气体围绕星系中心旋转的时候，它就会碎裂成一些更为致密的团块，这些团块会进一步坍缩。在晕中，那些坍缩到非常高密度的气体就会形成恒星。

其中的一个气体球——太阳，就是诞生于45.6亿年前，它当时是一个充满活力的系统，引力、气体压、磁场和角动量在其中都起着作用。包含几乎和太阳系一样古老物质的陨石已经被发现，而且许多博物馆都有展品。太阳的位置非常靠近银盘的中间平面，位于距离中心大约27 000光年的地方，在径向上至少要比银河系中3/4的恒星要远。

像银河系中的千亿颗恒星一样，太阳以每秒220公里的速度绕银河系转动。按照这种速度，它需要大约2.4亿年才能完成一圈。由于银河系的盘面不到100亿岁，在这段时间内，其中的恒星转了不到50圈。对于系统而言，这些时间足够让系统均匀化，表现出一些稳定的特点。但实际上，并不需要这么长时间。

过去几十年中，很多科学知识都得到了快速发展，太阳系和它的形成就是其中之一。像大多数恒星一样，太阳和太阳系出现了一大团分子云气体，太阳周围的天体运动很快，碰撞发生得很频繁。大约在10万年之后，系统坍缩形成一个原恒星（protostar，这时核聚变还没有发生）和一个原行星盘（protostar disfz，这个盘最终会演变成太阳系内的行星和天体）。大约在5 000万年之后，气体氢开始发生聚核反应，我们认为这就是太阳的开始。太阳吞噬了绝大多数的星云质量，但剩余的一些物质将会保留在太阳周围的盘上，这个盘最终会形成行星和太阳系天体，比如彗星和小行星。一旦太阳产生的能量能够阻止引力收缩，太阳系就诞生了。

真正使我和我的合作者们感到惊讶的是，分子和重元素在冷却气体中发挥着关键作用，从而足以形成大多数恒星。重元素不仅仅对核燃烧很重要，它们对通过散射让物质冷却到某一温度也至关重要，这时，燃烧甚至变成了一种选择。形成类似太阳大小的恒星需要极端冷的温度，大约几十开尔文，过高温度的气体永远不会变得足够致密，所以无法点燃核燃烧。而另外一个神奇的关联存在于基本物理过程和宇宙的本质之间：如果没有重元素和普通物质经历的分子冷却，产生太阳的气体永远不会冷却下来。

在我开始新研究之后（与我之前的粒子物理学研究相比，新研究更多的是集中在对天文系统的细节研究上），我才真正理解了宇宙动态系统的美丽和一致性。星系形成、恒星产生、产生于这些恒星的重元素，以及恒星喷发出来的气体，对恒星的进一步形成都有贡献。尽管在人类时间尺度上看起来一切似乎都是静态的，但宇宙和其中的一切都从未真正平静过。不仅恒星是不断演化的，而且星系也是如此。

本书第二部分将集中在太阳系，并讨论小行星、彗星，它们的影响，以及生命的出现和消失。我们将会看到，在与人类直接相关的环境中，同样的作用和变化模式也是成立的。

DARK MATTER AND THE DINOSAURS

第二部分

活跃的太阳系

THE ASTOUNDING INTERCONNECTEDNESS OF THE UNIVERSE

流星体、流星和陨石

DARK MATTER AND THE DINOSAURS

天空中出现的壮丽光亮，源自太空中飞过的尘埃或卵石，浪漫而神秘。

当我在科罗拉多州大章克辛附近的沙漠观光时，有人借给我一副夜视眼镜，这让我非常高兴。这种特别设计的眼镜非常强大，能使光增强很多倍，通常对人眼来说太暗的东西也可以被看到，因此美国法律禁止将它们出口。军方用这些眼镜找寻敌军，而山民则用它们来寻找夜行动物。

我对那些功用没有兴趣，我只想利用它来观察天空，希望看到一些不用辅助手段永远也注意不到的暗弱天体。在晴朗的夜空中，最吸引我的就是在大气中频繁出现的流星。在仅仅几分钟的时间里，有大概 5~10 颗流星在我的视野里飞驰而过。我很幸运，因为我看向天空的时候正好有一场流星雨，闪光经过视野的频率比平时更多。然而，即使没有流星雨来增强频率，微小的沙粒也总是在大气层中持续燃烧。

这些尘埃粒子造成的流星让人特别激动。天空中出现的壮丽光亮，源自太空中飞过的尘埃或卵石，浪漫而神秘。当然，前提是它们不会冲到地面——没人愿意被高速坠落的石头砸中，且我们也肯定不希望有大石头砸中地球。幸运的是，虽然在极少数情况下一些大个头会击中或靠近地球而造成伤害，但大多数靠近地球的物体并不值得担忧。每天有上百万的小流星体，携带大约有50 吨的天外物质进入地球的大气层，然而我们并没有受到什么明显影响。

第一部分以暗物质和整个宇宙为重点，只在最后简略介绍了银河系和太阳系；第二部分将集中讲述太阳系，尤其是可能与暗物质盘的存在相关的东西。这一部分将探索能够到达地球或者地球附近的天体，以及已经对地球生物造成关键影响的天文现象。本章讨论行星、小行星、流星、流星体、陨石以及各种容易混淆、不断变化的天文术语。第 7 章将转向另一种地球束缚轨道天体——彗星，及其“前身”所处的太阳系的更远地带。

模糊的边界

我和我的合作者大多是理论物理学家，这意味着我们研究的是基本粒子（即组成物质的基本成分）的性质。而天文学家主要研究天空中最大的物体，他们考察这些东西是什么，以及它们是如何由基本物质合并而成，并演化成今日之貌。众所周知，粒子物理学家总是在创造一些新奇的术语，或者用人名来命名尚未被发现的、有些纯粹是假想的对象，比如“夸克”“希格斯玻色子”“轴子”。和大多数天文学名字相比（它们经常被粒子物理学家笑话），我们的命名系统就显得非常有条理。天文学命名要考虑历史背景，而不是基于已知科学的解释说明。现在的天文学命名惯例和计量单位是非常晦涩并且不直观的。那些术语通常和事物发现时的已知知识或者仅仅是猜测的东西相关，而与人们目前对事物的理解无关。

例如，你可能以为星族 I 指的是宇宙中的第一代恒星，但星族 I 被用于指代一种稍后形成的恒星，星族 II 被用于指代另外一种。而当一种短暂存在的最早期形成的恒星被提出时，它们被叫作星族 III。另一个同样令人混淆的例子是“行星状星云”这个称呼，它是红巨星演化的最终阶段，与行星一点关系都没有。这个让人困惑的名字起源于 18 世纪末期，天文学家威廉·赫舍尔（William Herschel）在望远镜里第一次看到这类天体的时候，误认为是行星[1]，所以将其命名为行星状星云。

天体物理中有一些让人困惑不已的术语。人类在长达几个世纪的时间里一直进行天文学观测，并依据当时的观测得到结论，同时给出命名。而要在很久以后，能够正确解释这些术语本质的理论才会出现。只在极少数情况下，在一开始就有人理解了全部图像，但通常都是在一段时间之后才出现的。因为没有更好的理解，命名不可能建立在正确有条理的原则之上。

对行星、小行星和流星的术语命名也不例外。最初的分类非常宽泛，包含非常多不同类型的对象。只有从新天体的发现表明最初的命名不恰当之后，人们才意识到这个问题。虽然如此，最初的命名通常都会保留下来，不过具体的定义会随着时间发生改变。我总是对更改名字很谨慎。在商业或者政治活动中，改变称谓经常被用来转移对真正问题的注意力。然而，大多数天文术语的演化反映了真实的科学进步。目前，术语所代表内容的扩大是一个令人激动的

---

❶ 赫舍尔是天王星的发现者，对于早期的观测者而言，低分辨的望远镜让这些星云看起来和行星很像。——译者注

现象，反映了我们对太阳系的理解取得的重大进步。

行星的等级世界

最开始，“行星”这个术语是被广泛应用的。当古希腊人第一次发明这个词时,他们并不清楚天空中大多数物体之间的区别。当时的科学家需要更加精密的测量工具，才有可能了解到天空中看上去一样光亮的点是不一样的。有一件事情希腊天文学家可以观测到，那就是有些天体是在运动的，因此他们造出了一个单独的词“asters planetai”（游走的恒星）来称呼它们。但是最初的定义不仅包括行星，还包括太阳和月亮。

后续的发现要求使用更精确的术语。虽然起初含义广泛，但随着时间推移，“行星”这个术语变得越来越严格。它的意思一开始是指肉眼可见的五大行星（不包括地球，在以地球为中心的模型中地球算不上行星），后来也包括其他由望远镜发现的行星。

现在我们知道，行星是在太阳诞生之后形成的。尘埃颗粒不断地积聚当时与之碰撞的大量物质，然后增长到与今天差不多的状态。这一过程大概需要几百万年、几千万年的时间。从天文学的角度看，这只是短暂的一瞬间。

行星的成分和状态取决于它的温度。对于小行星和彗星来说温度同样重要。你可以想象到，对于靠近太阳的行星，吸积到此行星上的物质，比吸积到离太阳更远的行星上的物质温度高得多。较高的温度使得水和甲烷处在气体状态，这个范围延伸到 4 倍日地距离的地方。因此最初在这里几乎没有这类物质凝结。此外，太阳发射出带电粒子，把其附近区域中的氢和氦冲走。因此，只有结实的物质，比如铁、镍、铝以及硅酸盐，这些在这样的高温下也不会融化的物质，才能凝结到内侧的行星上去。

正是这些物质组成了靠近太阳的 4 颗类地行星——水星、金星、地球和火星。这些元素相对罕见，因此这些靠近中心的行星需要一定时间长大。它们能达到今天的体积，碰撞和并合必不可少，但是和靠外的行星相比，它们的体积仍然很小（见图 6-1）。

图 6-1

4 个靠近太阳的岩石组成的行星，以及 4 个靠外的体积较大的气态行星，相对大小如图所示。小行星带和柯伊伯带也在图中标出了。下方的图例给出了行星的名字以及它们在太阳系中的相对位置。

远离太阳的地方，在火星和木星的轨道之间有一个边界。在这个边界之外，水和甲烷这样易挥发的化合物冻结成晶体。这个外部区域的行星的增长更为高效，因为和构成类地行星的物质相比，构成它们的物质的丰度要大得多。这其中包括了氢，当行星足够快速地形成的时候，能够大量积聚氢。这 4 个气态巨行星（包括木星、土星、天王星和海王星）的总质量是太阳系质量（不包括太阳本身的质量）的 99%。而木星，这个最接近物质能否积聚的分界线的行星，又占了其中的大部分。

在过去的 20 多年里，在太阳系的外部区域，发现了更多类行星物体，更不用说那些围绕在其他恒星轨道上的物体了。行星不再是一个简单的类别。这其中的成员彼此之间差异巨大，小的可以比月亮还小，大的几乎可以达到恒星核燃烧的尺寸。此前发生过多次对定义的修订。比如，谷神星（Ceres）被发现之后在长达 50 年时间里都被认为是行星，然后被重新归类为一个小行星。然而，不久之前的一次讨论引发了很多人的关注。

你也许记得当时的新闻故事，关于冥王星是否继续有资格作为一个行星。天文学家们现在仍在私下讨论这个问题，有时候甚至展开投票，想要让冥王星恢复原来的身份。近期的一些发现引发了最初的讨论。辩论愈演愈烈，但争论并非完全出乎意料，因为自从 20 世纪 20 年代，当冥王星首次被发现之时，人们就觉得它有些怪异。冥王星的轨道比其他行星的轨道偏心率更大，也就是轨道被拉长得更多。而它的轨道倾角（相对于太阳系平面的角度）比其他行星大得多。与太阳系里的其他距离太阳较远的行星（那些被称作气态和冰态的行星）相比，冥王星非常小。在行星王国里，它明显是个异类。

然而，70 年后，有几个类似的天体在附近轨道被发现，表明古怪的冥王星其实并没有那么特别，本来对于它是行星的身份而言，也没有必要非要把它单独挑出来。对于改变冥王星分类的理由，简而言之，类似于制定许多随意的规则时所采用的理由一样："如果我们让你加入，那么我们不得不让所有其他人也加入。"这是个偷懒的理由，为了避免更加微妙的分类而设定，不过它很难令人满意或者具有说服力。但是和冥王星大小以及轨道都相似的天体也被发现了。如果冥王星继续作为行星，那么另一个相似的在 2005 年被发现的叫作阋神星（Eris）的天体也应该是行星。还有好几个其他天体也很有可能如此。阋神星尤其麻烦，测量发现它比冥王星还要重 27 个百分点。之后有了更多类似的发现，某个人（或者某个组织）将不得不规定行星身份质量的下限。但是如果把冥王星降级，问题就可以解决了。这就是国际天文学联合会（IAU）2006 年在布拉格大会上作出的决定。他们利用了人们在此类情形下的通常做法：他们改变了准入规则。

所以，现在行星的定义为，由于自身引力成为圆球，并且“清扫了邻近区域”，在其附近不存在围绕太阳运动的更小天体的物体。这意味着，对于像冥王星和阋神星一样的天体，是附近有独立轨道的一些天体构成的天体带的一部分，所以它们就不再属于行星了。而像水星和木星这样的天体，近似球形，并且在它们的轨道上是孤立的，虽然互相之间差异巨大，它们仍是合格的行星。

这意味着，虽然我们大多数人都出生在一个太阳系有九大行星的时代，但现在，只有八大行星了。你也许会觉得这很让人沮丧，但这可能比不上美国在 1984 年进入大学的人所经历的。因为 1984 年 7 月 17 日法律上的一个改变，他们从合法饮酒的年龄被降级为未达法定饮酒年龄[1]。2006 年，当国际天文学联合会改变行星准入门槛的时候，冥王星被降级了。

有趣的是，最初对于阋神星和冥王星的相对大小的估计，后来被证明是个误导。虽然阋神星被认为比冥王星大，但误差非常大，天文学家不得不等待更详细的观测结果来核实这个说法。2015 年 7 月，“新视野”号（New Horizons）宇宙飞船近距离飞越冥王星，拍下了壮观的图像，得到更加详细的信息，结果表明其实冥王星的体积更大。如果从一开始就没有这个不确定性，也

---

[1] 1984 年，美国联邦法律规定，21 岁是饮酒的最小年龄。而在此之前，各个州的饮酒最小年龄各不相同。——译者注

许冥王星现在依然位于大行星的精英之列。

作为安慰奖，在“行星”被重新定义的同一个会议上，国际天文学联合会发明了术语“矮行星”（dwarf planet），来称呼和冥王星一样掉入小行星和行星裂缝之间的天体。冥王星成为这个新创建俱乐部的首位成员，也是模范代表。“矮行星”这个特殊的名字一直都有争议。不像矮恒星其实就是恒星，矮行星并不是行星。这个名字的产生是由于最开始区分就并不清楚。其他被提议的名字更荒谬，比如“微行星”（planetoid）、“子行星”（subplanet）。

和行星一样，矮行星围绕太阳运动，而不是像月亮一样绕着另一个行星运动。矮行星和小行星也不一样，小行星只是形状任意的岩石。按照定义，矮行星比小行星大，必须质量足够大，能够在其自身引力作用下成为近似的圆球形。但矮行星和真正的行星不一样，它们没有独立的轨道。很多其他天体也在附近有绕转。就是因为这个不孤立因素，它们没有清空近邻区域，从而被排除在行星身份之外。一位天体物理学同事开玩笑说，**行星就像资深的教授，把附近的轨道都清空了；矮行星更像博士后，独立工作，但是他们的办公室挨着研究生；研究生就像小行星一样，还没有成型。**

目前，矮行星的成员还有限。冥王星和谷神星是唯一被确认的矮行星，它们是小行星带上最大的，但又是已知矮行星中最小的天体。谷神星是内太阳系的唯一一个矮行星。在遥远的区域，妊神星（Haumea）、鸟神星（Makemake）和阋神星也被官方认定为矮行星，因为它们足够大，同时它们几乎可以肯定是圆的，虽然它们的形状还需要进一步进行可靠观测。其他的候选者也可能满足要求，比如神秘的塞德娜（Sedna），我们只有在完成更好的探测之后才能确定。然而，很多天文学家认为更多，也许数量多达 100 个或者 200 个的矮行星还存在于遥远的柯伊伯带中（这点我们稍后会讲到）。柯伊伯带很可能是上述物体起源的地方，也非常可能是有待发现的更多类似种类的源头。

小行星，太阳系最资深的漂流者

与“行星”和“矮行星”不同，“小行星”这个专业名词的定义仍然模糊，只是在口头上这样称呼它，天文学界还从未正式地定义它。直到 19 世纪中叶，“小行星”和“行星”这两个词还是可以交替使用的，并且通常认为是同义词。今天我们用“小行星”这个词的时候，通常指的是比流星体大，但是比行星小的物体，它在太阳系内圈，直径从几十米到几公里不等。《纽约客》杂志撰稿人乔纳森 · 布利策（Jonathan Blitzer）曾经对它们这样描述：“小行星是太阳系最资深的漂流者，有着岩石般的身体，围绕着太阳运转，从太阳系形成之时被遗留。其太小不能成为行星，但又并非小到可以被遗忘，它们能够揭示出很多关于宇宙原初历史的事情。”

与矮行星不同，小行星的形状通常是不规则的（见图 6-2）。因为观测到的小行星旋转速率的上限很低，让科学家们认为，大部分小行星并不是结合紧密的天体，仅仅是岩石碎屑的聚集物。如果旋转速度更快，碎石块就会飞散。探测器已经到访过一些小行星，以及小行星卫星的观测都支持这一推测，证明小行星的密度较低。

小行星的数目非常多，也许有几十亿个，而它们的成分千差万别。它们中的大部分，要么是 S 型的，由普通硅酸盐岩石组成，大部分在火星附近发现；要么是 C 型的，富含碳元素，距离上更靠近木星。当人们研究太阳系中生命的起源时，特别注意了后一种小行星，因为碳元素对于生命至关重要。有趣的是，对于陨石所做的实验研究发现，一些小行星含有微量的氨基酸，由此使得它们更加受关注。下一章我们会看到，彗星也是如此，让它们成为另一个考虑生命起源时的重要主题（稍后我会讲述）。对生命而言，水很重要。一些小行星包含水，而彗星中普遍含有更多的水。主要由铁和镍组成的金属小行星上也有水。尽管至少有一个相对仔细研究的小行星，它有一个镍铁核以及一个玄武岩的壳层，但还是比较罕见的，只占小行星总数的百分之几。

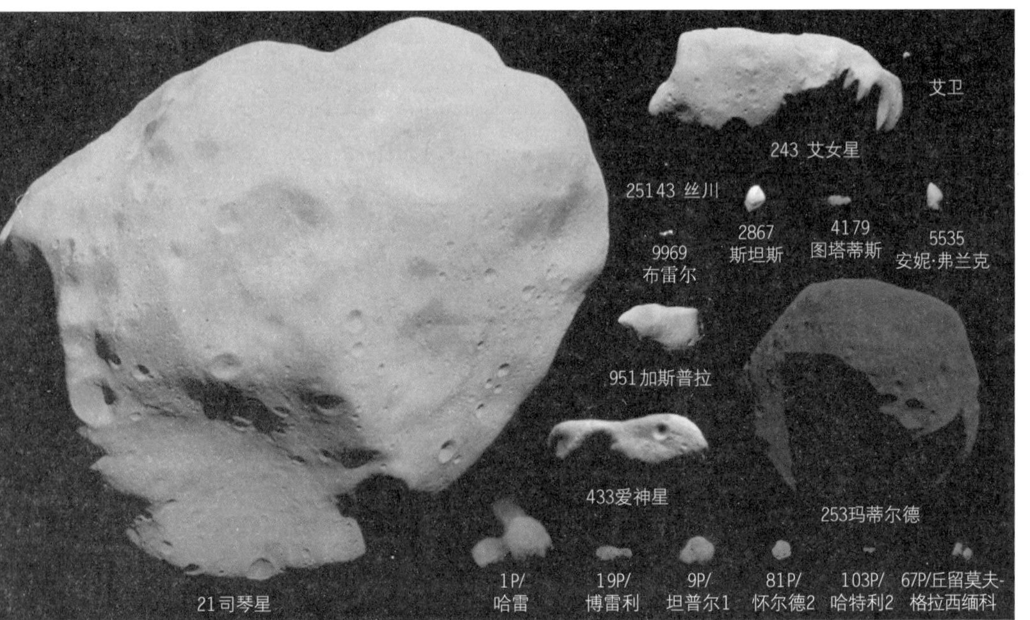

图 6-2 截止到 2014 年 8 月，被探测器访问过的小行星和彗星的图像。它们的直径从几百米到 100 公里不等。（图像由艾米丽·拉克达沃拉 [Emily Lakdawalla] 合成。数据来自 NASA/JPL/JHUAPL/UMD/JAXA/ESA/OSIRIS 团队 / 俄罗斯科学院 / 中国国家航天局。图像由艾米丽·拉克达沃拉、丹尼尔·马查歇克 [Daniel Machacek]、特德·斯特里克 [Ted Stryk]、戈登·乌加尔科维奇 [Gordan Ugarkovic] 处理）

和行星不一样，小行星极少是孤立的。它们在太阳系中特定的区域做轨道运动，和附近许多其他的小行星一起绕转。大多数小行星位于小行星带。这一区域从火星一直延伸到包含木星轨道的位置，涵盖了从岩石类行星区域外边缘一直到遥远的气态行星（见图 6-3）。小行星带延展宽度大约为 2 天文单位[1]至 4 天文单位，距离太阳大约 2.5 亿公里 ~6 亿公里远。在主带之外，另一类小行星——特洛伊（Trojans）族小行星，被一个更大的行星或者一个行星的卫星束缚，保证了其稳定性。

[1] 天文单位（AU），即日地平均距离。

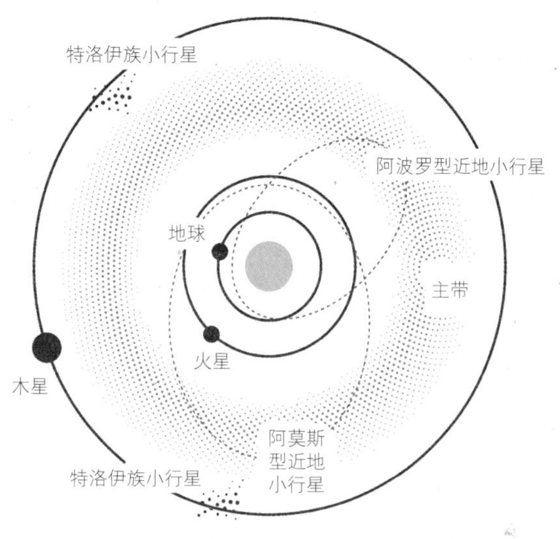

图 6-3

火星和木星之间的主小行星带以及特洛伊族小行星，这是一个阿波罗型小行星和一个阿莫斯型小行星的例子。

小行星的分布

自 21 世纪以来，天文学家开始了解早期太阳系的行星迁移。关于小行星带形成的科学研究取得了很多进展。现在我们知道，在行星开始形成之后的几百万年时间中，由太阳发射出的带电粒子，把盘上剩余的大部分气体和尘埃都吹走了。行星的形成就此终止，然而太阳系的形成仍在继续。在此时间之后，行星会迁移，有时是破坏性的，把剩余的物体全都弹到太阳系外，或者把较小的物体移到周围。在过去几十年里，行星科学中很重要的一项研究进展是，理解并认识到这种行星迁移对太阳系形成的作用。气态行星迁移得最显著，并且影响了小行星和彗星的形成。内部的行星也会向内迁移，但幅度很小，因此很可能起的作用也比较小。很有可能，当几个外部的行星向外迁移，而木星同时向内迁移的时候，大量小行星被抛到了太阳系内圈，开始了被称为晚期重大的撞击事件，它发生在大约 40 亿年以前（太阳系形成之后的大约 5 亿年）。月球和水星上大量由这些冲撞造成的陨石坑为这一事件提供了证据。

天文学家认为小行星是原行星盘（行星形成之前存在的盘）的遗迹。小行星带最初可能有远大于今天的质量，而大部分质量在太阳系充满活力的早期丢失掉了。在它们并合之前，木星将很多原本在这个区域的物体散射开来。这也许解释了这个区域行星缺失的原因，因为丢失了太多的物质。虽然这里有几十万个直径大于 1 000 米的物体，但这些物体今天的总质量也只有月亮的 1/25，而谷神星自己的质量就占据了其中的 1/3。把谷神星和另外 3 个质量最大的小行星加起来，就占了这些物体总质量的 1/2，剩下的则由上千万个小质量物体构成。除了几十万个或者 100 万个直径大于 1 000 米的小行星之外，还有更多更小的小行星。虽然很难被识别，它们的数目在小规模地迅速增加。所遵循的经验规律是：尺寸小 1/10，物体的数目大约增加 100 倍。

在把星子（planetesimal）从小行星带弹射出去的过程中，木星可能也把一些携带水的天体扔向了地球。虽然我们对地球上水的起源所知甚少，由于最初水比较容易在太阳系的外部冷的区域积聚到足够数量，这些木星在早期也许对地球获得丰富的水供给起到了一定的作用。有趣的是，在早期撞击时期结束“不久之后”（在地质学的尺度上），大约是 38 亿年以前，生命开始出现。幸运的是，从那时到今天，虽然小型撞击偶尔还是会发生，但小行星和彗星早已没有早期那么危险了。

和行星一样，最初发现的小行星被分配了各种符号。到 1855 年，这些符号达到 20 个的时候，它们的名字还带有神话色彩，而近期的发现则被分配了一些别出心裁的名字，包括流行文化偶像，比如“詹姆士·邦德”“柴郡猫”，甚至还有发现者亲戚的名字。看着这些代表单个小行星的符号，让我感觉像在看一块象形文字的匾牌（见表 6-1）。正如我的合作者所说，这些名字非常像那些“曾被称作普林斯（Prince）的艺人”的名字，原名非常难读。这个比喻特别恰当，因为像普林斯一样，这些天体现在有更容易发音的名字。

表 6-1　　不同小行星及表示符号

小行星	符号		年份
1 谷神星	[符号]	谷神的镰刀，像反着的字母 C	1801
2 智神星	[符号]	智慧女神（雅典娜）的长矛	1801
3 婚神星	[符号]	天后，婚神星权杖上的一颗恒星	1804
4 灶神星	[符号]	灶神的祭坛和神圣之火	1807
5 义神星	[符号]	一个天平，或者倒置的锚，公正的象征	1845
6 韶神星	[符号]	韶华女神赫柏的杯子	1847
7 虹神星	[符号]	彩虹（彩虹女神）和一颗恒星	1847
8 花神星	[符号]	一朵花（花神）（特指英格兰玫瑰）	1847
9 颖神星	[符号]	智慧之眼和一颗恒星	1848
10 健神星	[符号]	健神星的蛇和一颗星，或者医神的蛇杖	1849

早期科学家获得发现的方式可能和古代埃及人区别不大，都是在一种神秘的状态下发现的。这并不代表古人没有努力地找寻规则。宇宙十分复杂，要弄明白宇宙所含物体的本质，时间、专注和技术都必不可少。在观测能力有限时，因为一个物体的尺寸、成分和位置的差别，很难判断一个天体是不是更暗或更亮，更大或是更小。只有随着时间推移和更好测量工具的出现，才会带来真正的科学理解。

在行星最初被发现时，没人知道有小行星。小行星和行星一样，不会发出可见光。行星、小行星和流星体只有在反射太阳光时才是明亮的。然而，找寻小行星困难得多，因为它们的尺寸要小很多，更加暗淡因，从而更难以被看到。彗星有明亮的长尾巴，流星相对比较近、比较明亮，小行星则没有这些很明显的特征。因此，在以前发现它们很困难——现在也没有容易到哪儿去。

的确，人类花了几千年的时间才意识到小行星的存在。如果没有特别灵敏的工具，发现这些暗弱天体的唯一途径就是长时间地盯着它们看，当然如果事先知道往哪里看也会有些帮助。最初的尝试依靠后一种方式。天文学家并不知道最佳的目标位置，但他们采用了一个启发式的方式，认为这样可能会帮助指导他们的研究。提丢斯 - 波得定则（Titius-Bode law）所给出的位置似乎和已知行星的位置相符合，同时能够预言其他行星的位置。1781 年，天王星在被这个定律所预言的位置被发现了，这似乎是一个很大的成功。即便如此，并没有一个真正的理论来判断此“定则”的正确性。但不管怎样，海王星的位置并没有遵从定则的预言。

尽管预言的位置很任意，但以 18 世纪的技术水平，寻找行星所采用的技术方法却相当可靠（请注意，当时还没有小行星被发现）。观测者比较不同夜晚的星空图，寻找位置发生改变的天体。近距离的行星运动很明显，而遥远的恒星看上去是不动的。利用这一方法（同时以提丢斯 - 波得定则做指导），西西里岛巴勒莫天文台的创建者和台长、天主教牧师朱塞普·皮亚齐（Giuseppe Piazzi）在 1801 年的新年第一天，在火星和木星之间发现了一个物体。数学家卡尔·高斯（Carl F. Gauss）之后计算出了这个天体到地球的距离。

现在我们知道，他们所发现的天体——谷神星，并不是一个行星，而是第一个被发现的小行星，它位于我们现在所知的火星和木星之间的小行星带上。伴随相继的几个这类发现，天文学家威廉·赫歇尔爵士（Sir William Herschel）提议用一个单独的名词“小行星”来描述它们。这个名字源自希腊词语“asteroeidēs”，意为“恒星形状的”，因为和行星相比，它们更像一个点状物。谷神星，现在我们知道它近于球形，直径大约为 1 000 公里，甚至比其他小行星更特别，它后来被证明是第一个被发现的矮行星。

人类最初对小行星所知甚少，直到科技和航天项目取得一定发展，更多这类物体被更好地观测到。而这一领域的研究人员所作出的出色进展令人惊叹。和发现小行星一样令人兴奋，观测和探索它们更加有趣。正在进行的航天计划已经设计了好几个近期的任务，都和这一目的相关。当近距离的图像首次揭示出小行星的不规则形态时，这些更加直接的探索将极大地改进早在 20 世纪 70 年代开始但没有细节的观测结果。

过去，其他值得关注的小行星任务之一是包括近地小行星探测计划“会合 - 苏梅克号”（NEAR Shoemaker），它是第一个小行星探测仪。2001 年，它给第一个靠近地球的小行星爱神星拍了照片，甚至登陆了上去。日本的“隼鸟号”（Hayabusa）项目在 2010 年带回了石质小行星样本。而近期，日本的科学家发射了更加野心勃勃的“隼鸟 2 号”，它将登陆一个小行星，并部署三个探测车，任务结束时它将会收集到更多样本。美国国家航空航天局将要发射源光谱释义资源安全风化层辨认探测器（OSIRIS-Rex），它应该会带回一些小行星的碳质样本。❶

在近期新闻中更加出名的是欧洲的罗塞塔（Rosetta）探测器。它先是飞过了直径大约为 100 公里的鲁特西亚和直径大约为 4.6 公里的斯坦斯两个小行星，并且获得了它们的详细信息。之后更为出名的事件是罗塞塔探测器与彗星会合。美国国家航空航天局的黎明号（Dawn）探测器最近也有消息。它已经访问了灶神星（Vesta），并且现在已经到达了矮行星谷神星。

计划在未来对小行星进行雄心勃勃的开采行动现在也在考虑当中，虽然这不一定是最经济的路线，但很有可能也会使相当多的小行星被发现。目前正在进行中的以小行星偏转为设计目标的探测器，例如美国国家航空航天局正在发展的小行星转向任务（ARM），也可能会获得同样的发现。目前的美国太空项目以小行星为重点：小行星与行星相比，没有那么有趣，但是通常更容易到达，而且它们很可能告诉我们更多关于太阳系的新信息。

流星体、流星和陨石

下面我们将从小行星转向更小的天体——流星体（meteroid）。对流星体的研究是以听起来有些尴尬的术语“meteoritics”

❶ 此探测器已经于 2016 年 9 月 8 日发射，按计划，将在 2018 年抵达小行星贝努，在 2023 年返回样本。——译者注

（陨星学，而不是“meteorology”［气象学］，meteoritics 意指对陨石的研究），后者是一个听起来更合理的名字。这个源于希腊语“meteoreon”（在高空中）和“logos”（知识），在天文学采用它之前，气象研究已经使用它了。古代希腊人认为对天气的研究符合“meteorology”一词，即对天空中物体的研究。

对于流星体的标准定义，直到 1961 年才由国际天文学联合会确定：在行星际空间运动的固态物体，尺寸比小行星小很多，同时又比一个原子大很多。虽然与“气象学”相比，从天文学角度来看更加合适，但这个定义仍然不是很具体。1995 年，两位科学家建议将尺寸限制在 100 微米 ~10 米之间。但当直径小于 10 米的小行星被发现时，陨石协会的科学家们建议将尺寸范围改为 10 微米 ~1 米之间，1 米大约是观测到的小行星的最小尺寸。但这一改变建议一直没有被官方采纳。在本书中我将“流星体”来指代天空中那些中等尺寸的物体，但对于尺寸更小的物体，我将用更加精确的名字“微流星体”或者“宇宙尘埃”来指代它们。

流星体

在行星际空间运动的固态物体，尺寸比小行星小很多，同时又比一个原子大很多。

和小行星一样，流星体的本质千差万别，这源于它们在太阳系中差别巨大的起源。有些是雪球一样的物体，密度只有冰的 1/4；有些是致密的、富含镍和铁的岩石；有些碳含量很丰富。

虽然口语中使用的“流星”经常包含了创造它的流星体或者微流星体，对这个词的正确使用对应着这个术语的希腊语词根，其意为“悬浮在空气中”，并且仅指代我们在天空中看到的东西。流星是当流星体或者微流星体进入地球大气层时，所产生的肉眼可见的一道光。虽然定义如此，不过大多数人，甚至记者，在讲到流星掉向地球时都并不准确，就像 1979 年的电影《流星》（*Meteor*）的名字一样[1]，但公平地说，它有它的娱乐重要性。

[1] 电影讲述了即将撞上地球的小行星。——译者注

有趣的是，“流星”这个词的早期定义和天气相关，最初包含所有的大气现象，比如冰雹或者台风。风被称作“空气流星”；雨、雪以及冰雹被称作“水流星”；光的现象，比如彩虹和极光被称作“光流星”；而闪电以及我们现在所说的流星被称作“火流星”。这些术语是古时候的遗迹，那时没人知道那些东西都有多高，也不知道天气特征和天文学特征的缘起有着非常大的区别。“气象学”作为专有名词也许并不完全是误导，因为天气的确与地球在太阳系中的位置相关，当然和最初想象的非常不同。幸运的是，尽管“气象学家”早期对“流星”有误解，不过这个词后来再没有这样被误用过。

人们很容易看见流星，因为引起这个现象的物体进入大气层后被加热，会产生让人眼看得到的光的物质，而且流星体的运动速度很快，产生的光呈弧形。虽然很多流星随机发生，但是流星雨的发生却更加规律，产生于地球经过彗星的碎片。当然在太阳光没有掩盖流星时，流星在晚上更容易被看到。这里没有哲学思维实验中所讨论的森林里树木倒下的困局[1]。流星的存在并不依赖于观测者实际的观察，而且原则上它所产生的一道道光，必须要在可见光范围之内才能够被看到。

大多数流星产生于尘埃大小或者石子尺寸的物体。每天有数百万个这类物体进入地球的大气层。因为大多数流星体在海拔50公里的高空破碎，流星通常发生在海平面以上75~100公里叫作中间层的地方。尽管精确的速度依赖于物体的具体性质，以及相对于地球的角度，但总体来说，其速度在每秒几十公里这个量级上。流星的轨道能帮助识别产生它的流星体来自哪里，而流星发出的可见光的谱线，以及它对射电信号的影响，都能帮助科学

[1] 如果森林里的一棵树倒下，但是附近没人听到它倒下，那么它究竟是发出声音了还是没有？作者此处想借此说明观察和现实之间的关系。——译者注

家确定流星体的成分。

能够穿过大气层并且击中地球的流星体称为陨石。陨石是地外物体击中地球之后，分解、融化并且部分蒸发之后留在地球上的石块。陨石又是另外一个确凿的提示，表明地球本质上是宇宙环境的一部分。如果幸运的话，你能在流星体撞击点的附近找到一颗陨石，但你更可能会在实验室、博物馆或者那些足够痴迷的、幸运的或者富人的房子里看到它们。梵蒂冈天文台博物馆有着相当棒的收藏，与史密森美国自然历史博物馆一样，后者有着最大的收藏量。一位三星上将曾告诉我，美国国防部也有不少很棒的各种陨石。他们的收藏与导弹防御相关联，但遗憾的是，他们关于流星体撞击的数据仍然保密。那些能够接触到的陨石研究已经告诉了我们很多有关太阳系以及其起源的事情。

陨石也能源于彗星，彗星是太阳系外圈的物体（我将在下一章详述）。太阳系内圈和外圈的物体是非常不一样的，只有在木星轨道以内的物体才能被叫作小行星或者次行星（minor planets）。次行星和小行星不同，它的名字听上去有些轻视的意味，但却是官方术语。彗星和小行星的区别看上去很明显，比如彗星有明显的尾巴，但二者之间的区别要细微得多。彗星通常有着更加拉长的轨道，但一些小行星也有着相似的椭圆轨道，也许是因为它们最初就是彗星。此外，含水的小行星并不一定与在太阳系外部形成的彗星的种群不同。小行星的多样成分也表明，被归类为小行星的种群和被归类为彗星的种群是有一些重叠的。

由于小行星和彗星的区别过于模糊，因此在 2006 年，国际天文学联合会定义了一个专有名词“太阳系小天体”（small Solar System body），这个定义同时包含两者，但不包含矮行星。矮行星本来也可以包含在太阳系小天体中，但由于它们的尺寸更大、形状更圆，也表明引力越强，越有可能成为固态物体，因而国际天文学联合会没有将矮行星归到太阳系小行星类别里，而是用它们自己的名字区分开来。总的说来，国际天文学联合会更喜欢用“太阳系小天体”这个术语，而不是“次行星”，因为小行星带中的有些物体带有彗核的特征。一个包含了小行星和彗星两个类别的名称，虽然提供了较少的信息，但避免了错误 。即便如此，小行星大体上要更加岩石化一些，而彗星通常包含更多的易挥发物质，因此大多数天文学家还是坚持它们之间的差别。

当我在本书其余部分提到撞击地球的大物体时，这些复杂的命名让我陷入两难。在天空中就烧尽的小物体是流星体或者微流星体。更大的物体，源自小行星或者彗星，偶尔可以到达地球或者只到达大气层。但我们只有在观察了轨迹，知道了它的起源之后，才能知道到底是哪一种。我们需要一个能够同时指代二者的词语。严格说来，“太阳系小天体”这个烦琐的词汇符合了这个要求，但这个术语极少被用于描述来自天空飞入地球大气层的物体（尤其那些接近或者击中地球的物体）。看一下很多新闻中的标题，你会发现人们更经常使用“流星”“流星体”，甚至“陨石”这些名词，严格说来，如果物体的直径大于一米，这些词都是错的。现在似乎还没有一个通用的并且足够明确的口语词汇（虽然“撞击天体”和“火流星”有时会被使用），在本书中，当提到从地球以外进入大气层或者击中地球的物体时，我将把这类物体叫作“流星体”（这些物体是最没有攻击性的一类）。这可以算是对术语的轻微滥用，因为这个词通常仅指代尺寸较小的物体，但联系上下文你就会明白我的意思。

彗星短暂而壮丽的一生

DARK MATTER AND THE DINOSAURS

> 耶稣诞生像中的光的余辉毫无疑问是一颗彗星，并很有可能是哈雷彗星。

如果你有机会前往意大利城市帕多瓦，一定要参观一下斯科洛文尼教堂（Scrovegni Chapel）。这个从 14 世纪早期完好保存到现在的瑰宝里，收藏了由文艺复兴早期的艺术家乔托（Giotto）所画的一组宏伟壁画。在那里，有我最喜欢的、也是我所有物理学同事都珍爱的一幅壁画，那就是《博士来拜》（*The Adoration of the Magi*，见图 7-1）。这幅画描绘了一颗耀眼的彗星掠过耶稣诞生时的场景。也许，正如艺术史学家罗伯特·奥尔森（Roberta Olson）所说，彗星取代的是大卫王之星（Star of David）这个人们更为熟悉的构图元素。而就在这幅画完成的几年之前，人们就曾目睹了这个异常明亮的壮丽天体。独立于寓言的意图之外，耶稣诞生像中的光的余辉毫无疑问是一颗彗星，并很有可能是哈雷彗星，在地球上那一块区域的任何人都应该会看到。1301 年 9

月和 10 月，巨大的彗尾扩散在天空中很大的范围内，形成一幅壮观的景象，尤其是在那样一个还没有电灯的时代。

图 7-1

乔托绘制的《博士来拜》，耶稣诞生像之上有一颗彗星。

我想，在 14 世纪早期，意大利人向天空凝视并欣赏到的天体奇观，也同样让今天的我们惊叹。古希腊和古代中国文明的证据表明，至少在意大利人开始观测的两千年前，人们就已经在观测和欣赏彗星了。亚里士多德甚至试图探究彗星的本质，并将其解释为上层大气中的一种现象，干燥、炎热的物质会在那里燃烧。

自古希腊时代以来，我们对彗星的研究已经取得了很大进展。基于数学模型和更好的观测数据，最新研究告诉我们，彗星是冷的，没有任何东西在燃烧。一旦足够接近太阳，它们所包含的挥发性物质将很容易转化为蒸气或者液态水。

在前文，我们已经探索了来自太阳系的小行星及其本质，接下来让我们转向彗星。彗星源于被称为散盘（scattered disk）的遥远区域，跨越了柯伊伯带和位于太阳系外部区域的奥尔特云。彗星也存在于其他恒星系，但这里我们的重点将放在那些我们了解最多、源于太阳系的彗星。

长发彗星的内核

尽管我们现在知道，彗星来自遥远的太空区域，只有极少数彗星能够沿着接近地球的轨道运动，然而第谷·布拉赫（Tycho Brache）早在 16 世纪就得出结论：彗星位于地球大气层以外。这是早期科学理解上的一个重要里程碑。第谷整合了不同地方观察者的观测结果，得到了 1577 年大彗星的视差，从而确定了彗星到地球的距离至少是月地距离的 4 倍。实际距离肯定是被低估了，但在当时对于彗星的研究来说这是一个巨大的飞跃。

当牛顿意识到彗星沿着倾斜轨道运动时，他得到了另外一个重要的推论。用他的引力平方反比定律，也就是说对于距离两倍远的天体，引力的强度变为原来的 1/4，牛顿证明了天空中的物体必须遵循椭圆、抛物线或双曲线轨道。当牛顿用一个抛物线拟合 1680 年大彗星的路径点时，抛物线完美地把所有观测数据点都连接了起来。这表明，人们一直看到并且相信是不同种类的物体，实际上沿着一个单一轨道运动，是同一个物体的足迹。尽管彗星的轨迹实际上是一个拉长的椭圆，但路径的形状与抛物线非常接近，因此牛顿对于单一运动物体的推论仍然正确。

在早期时候，被发现的第一批彗星以出现年份被命名。但到了 20 世纪初，命名的惯例有所改变，改为以预言轨道的人的名字命名。例如，德国天文学家约翰·恩克（Johann F. Encke）、业余天文学家威廉·冯·比拉（Wilhelm von Biela），两位都有以其名字命名的彗星。

虽然早在20世纪之前就被辨认出来，哈雷彗星也是以对其轨道有着最好理解、预言了其回归的人的名字命名的。1705年，运用牛顿定律并考虑了木星和土星的扰动，作为牛顿的朋友以及出版商，埃德蒙·哈雷预测，一颗已经在1378年、1456年、1531年、1607年、1682年出现过的彗星，会在1758—1759年之间再次出现。哈雷第一个提出了彗星的周期运动，而且他是正确的。三位法国数学家做了更加精确的计算，预测的日期精确到了1759年的一个月内。今天我们可以做类似的计算：到2061年，人类才能再次一睹哈雷彗星的归来之貌。

到20世纪后期，彗星的命名惯例再次改变：以发现者的名字命名。然而，当彗星的发现成为基于先进观测工具的集体努力时，彗星就以观测仪器的名字来命名。目前被发现的彗星大约有5 000颗，但对彗星总数的合理估计认为，它至少是这个数目的1 000倍，真实的数目也可能会更多，或许高达一万亿。

了解彗星的性质和成分需要对物质的状态有所了解。物质的相态包括固体、液体和气体，对于水而言就是冰、水和水蒸汽。每一个相态下，原子的排列方式不同。固体冰的结构最有规律，而气态水蒸气最随机。当相变发生，液体转换成气体（当水沸腾时），或固体转变成液体（当冰块融化时），物质成分并不会发生改变，因为所有的原子和分子都没有发生变化。但这种物质的性质变得非常不同。物质的形态取决于它的温度和成分。对于任何特定的物体，温度和成分决定了它的沸点和熔点。

听说最近有人试图利用物质的不同状态，把一瓶水带过机场的安全检查，我觉得非常有趣。他把水冻成冰，并认为他瓶子里的固态冰没有违抗任何液体禁令。不过，交通安全管理局的人并不这么认为。如果那位管理局的人学过物理学，他可能会说服这位乘客，只有那些在标准温度和压力下呈固态的物质是允许的。然而，我敢肯定他不会这么说[1]。

[1] 请注意，温度和压力都会起作用，因为熔点和沸点在不同压力下是不同的。任何曾试图在海拔 2 400 米的地方煮面条的人都知道这一点。

熔点和沸点是所有结构的关键，因为它们确定了材料所处的状态。一些元素，例如氢和氦，具有极低的沸点和熔点。例如，氦在绝对零度以上 4 度就变成液体。行星科学家称不论物质实际处于什么状态，熔点低于 100 开尔文的这些元素为气体。而那些具有低熔点，但并非如气体熔点那样低的物质，再一次被行星科学家称为冰。当然物质是否真的是冰也同样取决于实际的温度。这就是为什么木星和土星被称为气态巨行星，而天王星和海王星有时被称为冰态巨行星。在这两种情况中，它们的内部实际上都是热的、稠密的流体。

气体（在行星科学家所使用的意义上）是挥发物的一种，是具有低沸点的元素和化合物，例如氮、氢、二氧化碳、氨、甲烷、二氧化硫和水，这些物质可能存在于行星里或者大气里。具有低熔点的材料将更容易变成气体。你也许见过由冷液氮制成的冰激凌（不少餐厅和快餐车上都会卖这种冰激凌，不过我不太喜欢它们的口味）。如果你看到过任何这种例了，你会注意到，氮原子在常温下是如何很容易地以气体状态逃逸。

月球含有很少的低挥发性物质，主要是由硅酸盐组成，还有少量氢、氮或碳。彗星含有丰富的挥发物，从而形成了明显的尾巴。彗星起源于远远超出木星轨道的太阳系外部区域。那里，水和甲烷仍然处于寒冷和冰冻状态。在这些远离太阳的非常寒冷的区域，冰不能转变为气态，冰依然是冰。只有当彗星经过内太阳系时，它们接收到更多太阳热量时，彗星里挥发性的物质蒸发，和灰尘一起，在彗核的周围形成一个被叫作彗发（coma）的大气。

这一圈大气比彗核大很多，跨越数千甚至数百万公里，有时甚至会增长到太阳的大小。较大尺寸的尘埃颗粒会留在彗发中，而较轻的尘埃则被太阳的辐射和带电粒子的辐射推送至彗星尾部。彗星包括彗发、它围绕着的彗核以及吹散的尾巴。

流星雨是由彗星在其身后留下的固态碎片形成的，它也是彗星的壮观证据。在一颗彗星穿越过地球轨道之后，一些被抛出的物质会出现地球的轨道上。然后地球会定期经过这些碎片，从而创造出非常壮观的周期性流星雨。斯威夫特 - 塔特尔（Swift-Tuttle）彗星的碎片是英仙座流星雨的起源，发生在每年 8 月初。我曾无意间在美国阿斯彭某个晴朗的夜空看到过，阿斯彭有一个经常举办暑期研讨班的物理中心。另一个例子是猎户座流星雨，发生在每年 10 月，是由哈雷彗星散落的碎片产生的。

流星雨

在一颗彗星穿越过地球轨道之后，一些被抛出的物质会出现地球的轨道上。然后，地球会定期经过这些碎片，从而创造出非常壮观的周期性流星雨。

彗星是我们可以用肉眼看到的最壮观的天文现象之一。大部分彗星都是非常暗的，但那些诸如哈雷彗星一样不用望远镜都可以看到的明亮彗星，也许会时不时地（比如 10 年内）经过地球附近。彗星围绕太阳运动，它的明亮离子尾巴和分离的尘埃尾巴通常会指向不同的方向。这些明亮的尘埃和气体的痕迹是彗星名字的由来，这个源自希腊的词语意思为“留着长头发”。尘埃彗尾一般遵循彗星的路径，而离子彗尾指向远离太阳的方向。当太阳的紫外辐射撞击彗发的时候形成离子彗尾，将电子从一些原子中撕离。这些电离粒子在所谓的磁层中会形成磁场。

太阳风在彗星的这种外观中起着重要作用。太阳辐射会产生光子，让地球上的我们感受到热和光。而太阳发出的带电粒子，也就是电子和质子，构成了太阳风。20 世纪 50 年代，德国科学家路德维希 · 比尔曼（Ludwig Biermann）以及另一名独立进行研究的德国人保罗 · 阿纳特（Paul Ahnert），进行了仔细观测，发现一个彗星的明亮离子彗尾始终指向远离太阳的方向。比尔曼当时就提出，是太阳产生的粒子“推动”了彗尾，使其指向那个方向。用比喻来说，是太阳风把离子彗尾“吹”到了那里。通过对这个过程的研究,科学家们学到了有关彗星和太阳两者的知识，并让我对这个神秘名字的由来豁然开朗。

彗尾能够扩展数千万公里。彗核的大小当然要小得多，但和典型的小行星相比较还是相当大的。彗核没有足够的引力使它们变成圆形，因此其形状很不规则，整体的尺寸从几百米到几十公里不等。这有可能是观察偏差，因为更大的更容易被发现，但是应用足够灵敏的设备寻找更小彗星的搜寻工作，到目前为止还是没有什么进展。

就可见度而言，彗星有彗发和彗尾是一件很好的事情。因为彗核的反射率非常低，这使得它极难被看到。观看那些不发光的物体（比如你和我）最常用的方法就是通过反射光。举一个著名的例子，哈雷彗星核的反射率大约只有 1/25，这和沥青或木炭的反射率差不多，而后两者十分暗淡。其实彗核反射得更少。事实上彗星表面似乎是太阳系中最暗的[1]。易挥发、较轻的化合物在太阳的热量消失之后，留下的是颜色更深、更大的有机化合物。这个暗的物质吸收光线，从而加热冰状物，挥发出去的气体就形成了彗尾。木炭和彗星之间反射率的相似并非巧合，因为焦油沥青也是由石油中大的有机分子构成的 。现在，想象在天空中数十亿公里远的地方有一大块沥青。如果不付出大量努力把它们搜寻出来，那么这些很暗的天体无疑将会默默无闻地消失掉。

彗星在太阳系外部区域的时候，很暗并且是冰冻的，光学辐射是极其微弱的。在彗星接近太阳之前，观察它们的唯一方法是通过它们发出的红外光。当它们进入内太阳系时，彗发和彗尾形成，使得彗星较为容易被看到。灰尘会反射阳光，离子会使气体发光，从而产生我们更容易观察到的亮光。即便如此，大多数彗

[1] 这里的“暗”指通常意义上的是否吸收光，而非“暗物质”的“暗”。

星都只有用望远镜才能看到。

和彗星本身相比，彗星的具体化学成分更难被观测出来。地球上发现的陨石给我们提供了一些线索，这些陨石会运送彗星上的一些实体物质到地球上。科学家们也已经注意到彗星有各种颜色，并且观察了它们的一些谱线。利用这些稀有线索，科学家们得到的结论是:彗核由水冰、灰尘、卵石状岩石和包括二氧化碳、一氧化碳、甲烷和氨的冷冻气体组成。彗核表面看起来是岩石状的，而冰藏在地表以下一点的地方。

虽然牛顿那个时代的天文观测条件很有限，他还是在 17 世纪就非常准确地解释了彗星。虽然牛顿误认为彗星是紧凑、坚实的固体，但他认识到彗星的尾巴是已经被太阳加热的稀薄蒸汽流。在认识彗星的成分方面，哲学家伊曼努尔·康德在 1755 年做了一项更好的工作。他推测，彗星的彗尾是由易挥发性物质蒸发而形成的。在 20 世纪 50 年代，哈佛大学天文系的弗雷德·惠普尔（Fred Whipple）曾发现过 6 颗彗星，辨认出彗星中的主要成分为冰，而灰尘和岩石是次要的组成成分，从而产生了“脏雪球”模型（dirty snowball），他也因此而出名。虽然到目前为止，我们并不完全清楚彗星的组成，但我们的认识不断在更新。

对于彗星而言，一个更加让人感兴趣的特点是，它包含有机化合物，例如甲醇、氰化氢、甲醛、乙醇和乙烷，以及长链碳氢化合物和氨基酸（氨基酸是生命的前身）。甚至地球上陨石中被发现含有的 DNA 和 RNA 成分，据推测也可能来自小行星或者彗星。那些携带水和氨基酸并且定期撞击地球的天体，值得我们关注。

彗星迷人的结构和与生命的可能关联，使其成为许多太空任务的目标。第一个研究彗星的空间探测器飞过慧尾以及彗核的表面，收集并分析了灰尘颗粒，也拍了照片，但是距离太远且分辨率不够高，因此不能提供很详细的信息。1985 年，美国国家航空航天局的国际彗星探险者任务在得到欧洲的一些资助之后重新定向，成为第一个接近彗尾的空间探测器，不过是在距离 3 000 公里的地方。不久之后，由俄罗斯发射的两次维加（Vega）太空飞行任务、日本的彗星号（Suisei）探测器任务，以及欧洲的乔托号（正是以《博士来拜》的作者乔托之名命名）宇宙飞船共同组成的哈雷舰队（Halley Armada），试图更好地研究彗核和彗发。值得注意的是，乔托超越了所有其他任务，该飞船接近了哈雷彗星的核心，距离不到 600 公里。

更近的一些试图直接探索彗星及其构成的任务，结果也很好。2004 年初，星尘号（Stardust）空间探测器收集并分析了来自怀尔德 2 号彗星的彗发尘埃颗粒，并于 2006 年把样本送回地球进行研究。样本显示，彗星并非主要由星际间普通物质组成，这和对形成于遥远奥尔特云的物体的预期不同。彗星主要由来自太阳系内被加热的物质组成。科学家发现彗星含有铁和硫化铜，而如果没有液态水，这些是无法形成的。这意味着，彗星的温度最初比较温暖，也即形成于接近太阳的地方。这一结果进一步表明，彗星和小行星的成分并非总是像科学家原本预想的那样不同。

Deep Imapct[1] 不仅是一部电影的名字，也是一个太空探测器的名字。在 2005 年它发送了一个撞击器，希望进入到坦普尔 1 号彗星的内部。此探测器的设计目的就是研究彗星的内部，并拍

[1] 英文电影 *Deep Impact* 的中文名字被翻译成了《天地大冲撞》。——译者注

摄撞击坑，虽然撞击产生的尘埃云使图像有一些模糊。探测器发现了结晶物质，而结晶物质需要在比彗星目前的温度更极端的温度下才能形成。这表明，要么这些物质是从内太阳系区域进入彗星的,要么是因为彗星最初形成的区域离它现在所处位置很遥远。

最近的彗星探测更加令人兴奋。欧洲航天局有一个非常出色的进展。他们于2004年发射了名为罗塞塔的探测器。这个飞船围绕67P / 丘留莫夫 - 格拉西缅科彗星运行。随后他们又将一个名为“菲莱”（Philae）的直接探测器降落在此彗星表面，目的是近距离研究彗核的组成和内部区域。2014年11月，菲莱号发生了“大事件”：它的确着陆了，但并不如计划般顺利，而是在反弹了几次之后，降落到了一个不太稳定的位置。这一事件，毫无疑问是紧张刺激的，但已经完成了相当一部分科学目标。虽然打钻任务没有成功，对于菲莱号探测器而言，即使降落在了计划之外的位置，也缺少准备就绪的附着机制，但它还是比以往任何时候都更详细地研究了彗星的形状和大气。

罗塞塔现在围绕彗星运行，随着彗星进入内太阳系，探测器将继续绕转 。这整个任务已经是一个颇为壮观的成就。考虑到它的发射是在莱特兄弟第一架飞机首飞之后的100年内发生的，因此更加令人印象深刻。

短周期和长周期彗星

即使有了很大的进展，但除了更好地确定了它们的构成成分，有关彗星的许多有趣问题依然没有得到解答。所以天文学家想更深入了解彗星的轨道以及彗星形成的方式。我们并不指望得到一个统一的解释，因为证据表明彗星的种类区别很大。根据绕太阳一周所需要的旅行时间，彗星分为短周期和长周期两种类型。区分短周期和长周期的分界线被定为 200 年，但总的说来周期从几年到几百万年不等。

彗星起源于海王星之外，而这些海外天体（指位于海王星轨道之外的天体）的聚集地位于距离太阳不等的不同轨道带上。其中靠里的区域产生了短周期彗星，即柯伊伯带和散盘；靠外的区域是假设的奥尔特云，产生长周期彗星。天体物理学家提出还有一个额外区域，这个区域位于散盘和奥尔特云之间，即分离天体（detached objects，但在这里我们不会着重讨论它）。

在很大程度上，对彗星起源的内部区域和外部区域的分类，与彗星的轨道周期有些重叠。我们最常看到的彗星是短周期彗星，如哈雷彗星。它们在一定的周期内回归，并常被人看到。短周期彗星来自靠近地球的区域，而长周期彗星主要是从遥远的地方到达地球。我们偶尔也会看到长周期彗星，但只有当它们进入内太阳系的时候才会被看到，这可能是由遥远的奥尔特云受到扰动而引起的。太阳的引力对这些彗星的束缚力很弱。因此，即使是小的扰动也能够使物体偏离它们的轨道，向内并朝太阳飞来。甚至是类似哈雷的短周期彗星，也有可能最初是从一个更遥远的长周期轨道被踢出，成为内太阳系中的一个运行周期较短的彗星。

短周期彗星可分为两个子类：轨道周期大于 20 年的哈雷族彗星，以及轨道周期较短的木星族彗星。在短周期轨道上可能也有一些小行星或者休眠彗星或者死彗星，但极少有小行星的轨道周期大于 20 年。长周期彗星的轨道椭率更大，意味着与短周期相比，它们的轨道被拉得更长。这是有道理的，因为彗星只有在太阳附近的时候才能被我们看到。尽管短周期彗星在相对靠近太阳附近的区域绕转，而那些既能被看到又有很长周期的彗星就应该有如下轨道：轨道向内延伸靠近太阳，但之后又远远向外延伸，形成很长的路径，从而旅行一圈需要很长的时间。长周期彗星的轨道似乎也更接近黄道面（黄道面是行星运动的平面），并且都在朝同一个大方向绕行。

一旦进入内太阳系，这些物体的命运将取决于可能的进一步扰动。木星是已知的相对最大的本地微扰源，因为它的质量是所有其他行星总质量的两倍多。所以内太阳系的新彗星就可能会进入一个新的轨道运行，或者它们只出现一次，之后就会被踢出太阳系或与行星发生碰撞。一个例子是苏梅克 - 列维（Shoemaker-Levy）彗星，在 1994 年，这颗彗星撞毁在木星上的事件非常出名，场面也是非常壮观。

柯伊伯带和散盘

现在让我们考虑这样的区域，它们包含了冰冷的小太阳系天体。如果这些小天体受到扰动进入内太阳系，就将变成彗星。我们的第一个主题将是柯伊伯带（见图 7-2）。它本身并不是短周期彗星的储备地（散盘才是），但是它是散盘的一个重要标志。

对我来说，柯伊伯带最有趣的地方是，早在 20 世纪 40 年代和 50 年代它就被预言存在，但直到最近才被发现。1992 年，天文学家决定必须修正我们之前对太阳系的理解，以加快对柯伊伯带的探索。而在当时，很多人都学过有关太阳系的知识，并且认为它们有着坚实的基础。即使你从来没有听说过柯伊伯带，但你可能熟悉其中的几个天体，它包括三个矮行星，其中就有以前被认为是行星的冥王星。虽然离柯伊伯带很远，海王星的卫星海卫一崔顿(Triton)和土星的卫星菲比(Phoebe)的大小和成分也表明，它们曾经也是在这个区域内形成的，之后被经过的行星拉离。

一个天文单位大约是 1.5 亿公里，是地球和太阳之间的大致距离。柯伊伯带的位置与太阳的距离比日地距离远 30 多倍，大约为 30~55 天文单位。它含有大量的小行星，其中大部分是位于柯伊伯带上，也就是距离太阳大约 42~48 天文单位。在垂直方向上，这个区域延伸在黄道面之外大约 10° 之内，虽然平均位置仅具有几度的倾角。其厚度使得它更加像甜甜圈的形状，而不是带形。即便如此，它那颇有误导性的名字还是被保留了下来。

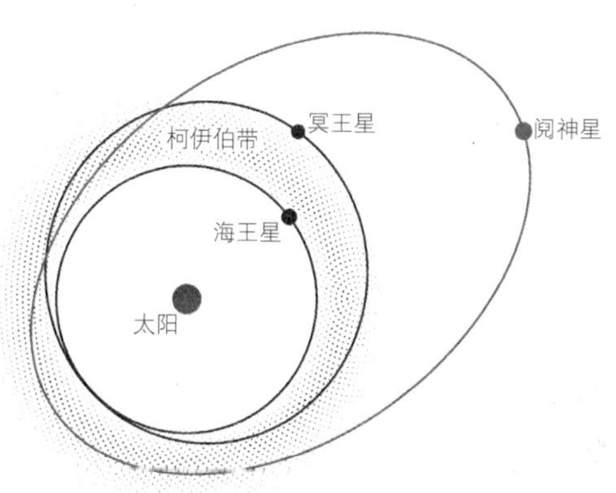

图 7-2

柯伊伯带，位于海王星之外，包含作为其最大天体的冥王星。散盘位于柯伊伯带稍微向外，包含质量更重的天体阋神星。

说柯伊伯带的名字有误导性还有另外一个原因。之前对柯伊伯带性质的猜测有很多并且十分多样化，因此，到底是谁对这个概念的提出功劳最大，我们并不十分清楚。在 20 世纪 20 年代它被发现之后不久，许多天文学家都怀疑冥王星并不孤单。早在 1930 年，科学家们就引入了各种有关海外天体的假说，但天文学家肯尼斯 · 埃奇沃斯（Kenneth Edgeworth）在这方面可能最应该受到赞誉。1943 年，他认为，在早期太阳系海王星以外区域的物质过于稀疏，无法形成行星，因而会形成一组较小的物体。

他继续推测，有时这些对象的其中一个会进入内太阳系，成为一颗彗星。

科学家们现在所青睐的情形非常类似于埃奇沃斯所提出来的理论。初期太阳的盘凝结成比行星更小的物体，有时也被称为星子。杰拉德·柯伊伯（Gerard Kuiper，柯伊伯带因他而得名）在相对较晚的时候，也就是在 1951 年，提出了他的假设。另外，柯伊伯的答案当时也并不是完全正确。他认为，柯伊伯带是一个短暂的结构，到今天应该已经消失了，这是因为他认为冥王星要比我们现在所知道的实际大小要大，并因此能够像其他行星一样清空它附近的区域。由于冥王星其实比柯伊伯所预期的小很多，所以这个现象并没有发生。因此，那些位于冥王星所在区域的许多其他天体和柯伊伯带的确存活下来了。

埃奇沃斯的功劳与柯伊伯一起通过“埃奇沃斯 - 柯伊伯带”的命名被认可，但这个名字太长了，人们常用其简称。就像“瑞典国家银行纪念阿尔弗雷德·诺贝尔经济科学奖”常被称为“诺贝尔经济学奖”，因为全称太复杂了。可能你很少听到这个天文学术语的全称，虽然它恰当地承认了埃奇沃斯的贡献。

根据埃奇沃斯和柯伊伯的建议，科学家意识到，彗星本身能够给我们提供柯伊伯带存在的线索。20 世纪 70 年代发现了太多的短周期彗星，无法全部用奥尔特云（奥尔特云是很多距离遥远彗星的储备库，我们稍后讨论）来解释。短周期彗星出现在太阳系的平面附近，而不是像奥尔特云的彗星一样，围绕太阳呈球状分布。在此结果的基础上，天文学家胡里奥·费尔南德斯（Julio Fernandez）认为，彗星可能由位于一个带状区域来解释，这个区域就是我们现在知道的柯伊伯带所在地。

尽管有所有这些猜测，但发现它还是要求观测灵敏度达到必要的精度。因为要找到小的、远的、又不发光的天体非常不易，直到1992年和1993年年初，柯伊伯带内才首次发现除了冥王星之外的天体。珍妮·刘(Jane Luu)和大卫·朱维特（David Jewitt）开始他们的研究时，朱维特还是麻省理工学院的教授，而珍妮·刘还是个学生。他们在亚利桑那州基特峰国家天文台(KPNO)和智利托洛洛山美洲际天文台（CTIO）进行了探测。在朱维特搬到夏威夷大学之后，他们可以使用学校的一台直径为2.24米的望远镜继续研究。这个望远镜位于休眠火山莫纳克亚山(Mauna Kea)的山顶，这里是一个美丽的景点，有着非常晴朗的天空(如果你来夏威夷的大岛上，这里非常值得游览)。在5年的寻找之后，他们发现了两个柯伊伯带天体，第一个在1992年夏天发现，另一个在次年年初。从那时起，许多其他类似天体被发现，尽管它们几乎可以肯定仅仅代表所有存在天体的非常小的一部分。我们现在知道，柯伊伯带包含千余“居民”，它们被称为柯伊伯带天体（KBOs)。但是计算认为，那里可能有多达10万个直径大于100公里的天体。

尽管冥王星失去了行星的地位，它仍然很特殊，这就是为什么它早于柯伊伯带中其他天体被发现。根据我们现在了解的其附近物体的质量，冥王星比后来大家所预期的要大。[1] 这一个天体似乎占据柯伊伯带的总质量的百分之几，并且极有可能是那里同类天体中最大的一个。事实上，柯伊伯带的总质量比较低，这对它起源的研究也是一个有趣线索。尽管估算的质量范围是地球质

[1] 当然比柯伊伯最初所预期的还是要小很多。——译者注

量的 4% ~ 10%，然而太阳系的形成模型给出的柯伊伯带的质量大约是地球质量的 30 倍。如果它的质量一直这么低，那么直径大于 100 公里的物体就不会加入进去的，这就和冥王星的存在是矛盾的。这告诉我们超过 99% 的预测的质量，现在都已经不在那里了。要么柯伊伯带天体形成于距离太阳更近的其他的地方，要么有什么东西让大部分质量疏散到其他地方去了。

和冥王星具有相似轨道的许多其他天体被称为冥族小天体（plutinos），它们位于距离太阳略小于 40 天文单位的地方，其高度偏心轨道意味着它们的距离随轨道变化。冥族小天体是共振柯伊伯带天体，其运行轨道相对于海王星有一个固定的比例。例如冥族小天体，在海王星绕太阳运行三圈的时间里可以绕太阳运行两圈。这一固定比例防止天体过于靠近海王星，因此它们能逃脱海王星更强的引力场，否则它们将被踢出该区域。有趣的是，国际天文学联合会要求冥族小天体要像冥王星一样，也必须以地狱诸神的名字命名。我们知道至少存在 1 000 个这样的天体。不过，鉴于目前人类有限的观测巡天能力，科学家认为真实存在的应该更多。

然而，柯伊伯带占主导地位的类群并不包括冥族小天体，而是属于经典柯伊伯带天体。通过观测巡天已经发现很多这样的天体。Pan-STARRS 巡天项目现在所有的时间都用于搜寻太阳系内明显移动的任何物体，很可能会找到更多。经典柯伊伯带中的天体具有稳定轨道，不会被海王星扰动——即使没有共振轨道以使它保持在一个固定远的距离。这些颜色偏红的经典天体的相当一部分都有很圆的轨道。第二大种类轨道更偏心并且更倾斜，最大达到约 30°，但这类天体数目少得多。这使得柯伊伯带内剩余一些相对空旷的不稳定区域，只包含近期才进入的一些天体。

曾经位于柯伊伯带内的天体，有可能是很多我们观察到的彗星的前身，或者至少与这些彗星有关。因此，它们的成分基本上和彗星一样就并不令人惊讶了。它们大部分由冰状物质构成，包含甲烷、氨和水。物质以冰态而不是气体存在是由于柯伊伯带的位置以及由位置导致的低温（大约 50 开尔文，这比水的冰点要低 200℃）导致的。新视野号探测器将收集到许多有关冥王星和柯伊伯带的信息。在科学家完成这些数据分析之后，我们就应该能够知道得更多。

柯伊伯带内的轨道是稳定的，因此彗星不是源自于那里。柯伊伯带的永久居民不会向太阳靠近。相反，短周期彗星是从散盘产生的，散盘是一个相对空旷的包含冰状的小行星的区域，与柯伊伯带重叠，但是延伸得更远，距离太阳一直到 100 天文单位或者更远的地方。散盘包含的天体的轨道会受海王星扰动而变得不稳定。散盘天体与柯伊伯带天体的差别在于，前者天体具有更大的偏心率、更大的位置范围，以及更大的倾角，最高达到约 30°。同时，散盘天体也更不稳定。散盘天体具有中等到高的偏心率，这意味着它们的轨道是拉伸的形状，而不是圆形。它们的偏心率非常高，即使那些最大轨道非常远离海王星的天体，当它们的轨道足够接近海王星时，就会受到其引力场的影响。这就是为什么海王星的影响有时能将散盘天体发送到内太阳系里面。在那里，这些天体被加热，释放出气体和尘埃，从而被识别为彗星。

阋神星，作为已知的大小与冥王星相当的一个小行星，位于柯伊伯带之外的散盘中，并且是被人类识别出的第一个散盘天体。

为了找到它，在莫纳克亚山上天文学家使用了电荷耦合器件（CCD，数码相机所用技术的高级版本），以及更好的计算机处理方法。这些技术使得更加遥远的天体也能够被观察到，并促成了阋神星在 1996 年被发现。几年后天文学家又发现三个散盘天体。另外一个散盘天体，毫无诗意地被命名为 1995 TL8（48639），它是在 1995 年被发现的，但在之后才被分类为散盘天体的。自那之后又有几百个散盘天体被发现。它们的总数可能和柯伊伯带天体数量相当，但因为距离更远，观察它们更为困难。”

柯伊伯带天体和散盘天体包含类似的化合物。像其他类海王星天体一样，散盘天体密度很低，并主要由类似水和甲烷的冰冻易挥发物组成。许多人认为，柯伊伯带天体和散盘天体产生于同一区域。但由于引力的相互作用，主要是与海王星的作用，将其中一些天体送到柯伊伯带稳定轨道。还有一些向内进入被称为半人马的天体区域。这一区域位于木星和海王星的轨道之间。剩余的天体则由引力相互作用，发送到散盘的不稳定轨道上去。

几乎可以肯定的是，柯伊伯带和散盘的大部分结构取决于靠外行星的引力作用。在某个时刻，木星看来是向内并朝向太阳系的中心漂移，而土星、天王星和海王星则向外移动。木星和土星利用彼此来稳定自己的轨道。木星围绕太阳的速度正好是土星的两倍。但是，这两个行星使天王星和海王星变得不稳定，使它们进入不同的轨道。海王星的轨道偏心率更大，在更远的地方运行。在到达其最终目的地的途中，海王星可能将很多星子散射到更偏心的轨道，并将其他许多星子散射进入更内部的轨道。后者在内部轨道上可能被木星的影响再次散射或者弹出。这会使柯伊伯带不到百分之一的天体幸存下来，而大多数已经被散射出去。

一个很有竞争性的提议是，柯伊伯带首先形成，而散盘中的天体来自柯伊伯带。在这个提议中，在许多方面与前面一个提议类似，海王星和外部行星将一些物体散射进入偏心和倾斜的轨道，要么向着内太阳系区域，要么向外进入太阳系更远的地方。然后一些从柯伊伯带向外散射的物体就变成散盘天体。另一些可能成为半人马天体。这能解决一个谜题，半人马天体有着不稳定的轨道，并只能在它们的领地停留几百万年。但它是如何能存在到今天的呢？柯伊伯带可能为它们提供了补充。彗星，也同样只有有限的（但光荣的）生命。太阳的热量逐渐侵蚀它们，使它们易于挥发的表面不断蒸发。如果没有新天体的持续加入，我们周围的彗星将不复存在。

奥尔特云

散盘是短周期彗星的储备库，而奥尔特云则是长周期彗星的假定源头，是一个巨大的球状分布的由冰冷微行星构成的“云”，也许包含一万亿小的行星（见图 7-3）。奥尔特云是以荷兰天文学家简 · 奥尔特的名字命名的。有几个重要成就都是他的功劳，至少有两个物理专有名词带有他的名字。奥尔特一个最著名的成就是在 1932 年建立的一种方法，可以测量星系中的物质总量，包括暗物质的质量。

奥尔特的另一个重要工作成就是对现在被称为奥尔特云的推断。20 世纪 30 年代，天文学家恩斯特 · 奥匹克（Ernst J. Öpik）首次提出这样一个作为长周期彗星起源的云的存在。到 1950 年，奥尔特根据理论和观测的双重证据，推测出这样一个由许多远距天体组成的球形云的存在。首先，他观测到来自各个方向的长周期彗星有着非常大的轨道，这表明彗星的起源地要比柯伊伯带远得多。奥尔特进一步认识到，如果彗星一直在其目前的轨道上，它们的轨道不可能存在足够长的时间，以致到今天还能被观测到。因为彗星的轨道是不稳定的，所以行星的扰动会导致它们最终与太阳或某颗行星碰撞，或者被完全送出太阳系。此外，在彗星消失之前不可能永远持续扩散气体，彗星因为太多次靠近太阳飞过，就会失去活力，不再产生气体。奥尔特的假设是，我们现在所说的奥尔特云补充了新鲜彗星的供应，因此今天仍然可以观察到这些新的彗星。

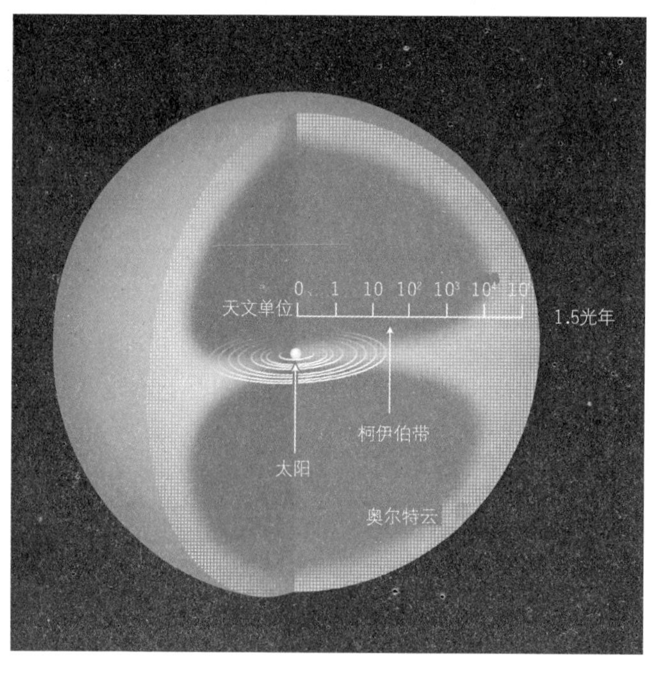

图 7-3

太阳系遥远区域的奥尔特云位于行星和柯伊伯带的领地之外，延伸范围在 1 000~50 000 天文单位之间。

到奥尔特云的可能距离是非常远的。目地距离为 1 个天文单位。海王星，作为最遥远的行星，到太阳的距离是 30 天文单位。天文学家认为，奥尔特云与太阳的距离或许从接近 1 000 天文单位延伸直到超过 50 000 天文单位，比我们迄今考虑过的任何天体都要远很多。奥尔特云离太阳的距离，达到了太阳到与其距离最近的恒星——比邻星（Proxima Centauri）的相当一部分，后者大约是 27 万天文单位（4.2 光年）。从奥尔特云发出的光几乎需要一年时间才能到达地球。

在太阳系遥远边缘的物体有着微弱的引力束缚能，这能够解释为什么它们很容易受小引力的扰动影响，从而导致我们可以观察到彗星。轻轻的扰动就可以将它们推出原来的轨道，进入内太阳系，从而产生长周期彗星。当某个行星进一步改变了它们向内的轨迹，对这些弱束缚物体的扰动就可能导致产生短周期彗星。所以奥尔特云可能是造成所有长周期彗星的原因，如最近观察到的海尔 - 波普彗星（Hale-Bopp）。奥尔特云甚至也是造成一些短周期彗星的原因，哈雷彗星也许是其中之一。此外，尽管大多数木星族短周期彗星可能来自散盘，但其中一些彗星含有的碳和氮同位素的比值，类似于那些来自奥尔特云中的长周期彗星，这表明那里也是一个起源地。最后，甚至更具有破坏性的可能性是，在奥尔特云中受扰动的天体可以进入内太阳系，并和某个行星碰撞，也许是地球，从而形成了彗星撞击。稍后我会再讨论这个有趣的可能性。

长周期彗星提供了奥尔特云“居民”的性质线索。与其他彗星一样，它们含有水、甲烷、乙烷和一氧化碳。但奥尔特云中的某些成分可能是岩石质的，在成分上更类似于小行星。虽然被称为“云”，彗星的储备地似乎也有结构，包括一个甜甜圈似的环形内部区域（有时也称为希尔斯云，这是出于对杰克·希尔斯 [Jack Hills] 的尊重，他在 1981 年提出了这个单独的内部区域），以及一个由彗核构成的球形外部区域，它延伸到非常远的地方。

尽管尺寸巨大，外奥尔特云的总质量可能仅仅是地球质量的 5 倍。然而，它最有可能包含了数十亿个直径大约为 200 公里的天体，以及上万亿个直径大于 1 000 米的天体。模型表明，奥尔特云的内部区域一直延伸至大约 2 万天文单位，可能包含了比这个数目更多倍的物体。这个内云可能为外奥尔特云提供了天体来源，以补偿弱束缚的外奥尔特云的损失。如果没有内云，整个奥尔特云也无法存活下来。

由于奥尔特云过于遥远，我们无法去现场查看这些冰冷的天体。观察太阳系遥远边界的小天体非常困难，因为它们反射的光极少。奥尔特云距离太阳比柯伊伯带远 1 000 倍，对于像奥尔特云这样距离极远的物体，目前的观测条件不可能看到。所以奥尔特云仍然是一个假想，因为没有人观测得到它的结构，或者它所包含的物体。尽管如此，奥尔特云还是被认为是太阳系的一个相当确定的组成部分。来自天空各个方向的长周期彗星的轨迹令人信服地证明了它的存在，以及彗星在这个遥远地区的起源。

奥尔特云可能是从原行星盘产生的。原行星盘最终导致了太阳系许多结构的出现。彗星碰撞、银河潮汐，以及与其他恒星的相互作用，都可能对奥尔特云的形成作出了贡献，尤其是在过去当这些相互作用被认为更加频繁时。在宇宙充满活力的早期，在接近太阳的地方形成的物体可能受到气态巨行星的影响从而向外移动，并创造了奥尔特云，或者奥尔特云中的物体族群可能是从散盘里的不稳定物体形成的。

当然，我们目前还不知道所有答案，但最新的观测工作和理论研究，让我们获得了更多有关太阳系外边缘的知识。也许我们不应该感到惊讶，因为那将是一个迷人的、充满活力的地方。

飞出太阳系，哪里才是边际

DARK MATTER AND THE DINOSAURS

> 如果穆罕默德不走向大山，那么大山就会来到穆罕默德面前。

1977年，美国国家航空航天局发射了旅行者1号（Voyager I）太空探测器，用来执行一个为期4年的土星和木星探测计划。几十年过去了，它以惊人的持久力和稳定性飞行了超过125个天文单位的距离（在这个距离上，即使是光信号也需要大半天的时间才能传到地球），而且还在继续航行。旅行者1号太空飞船以及它所得到的测量成果，是以前所有航天器都未曾有过的。虽然它那基于八声道磁带的数据收集系统一路上经常出错，它的摄像头也已经不能正常工作，其设备内存的大小只是现在普通智能手机的百万分之一，但这个太空飞船却仍然可以运行，而且它是人造天体中飞离地球和太阳最远的一个。

旅行者1号虽然已经退役，却忽然又在2013年成为新闻热点，因为美国国家航空航天局宣布，旅行者1号于2012年8月

25 日进入了星际空间。当新闻报道说旅行者 1 号已经到达了太阳系的边界时，引起了科学界内外很多人的激烈讨论。Twitter 上的争论尤其激烈和有趣：为旅行者 1 号飞出太阳系而欢欣雀跃的推文以及愤怒地斥责人们不该再这么说的推文交相出现。我花了一些时间才发现，人们并不是在反对有关旅行者 1 号的新闻，而是在质疑这条新闻的准确性。到底哪里才是太阳系的边界呢？

例如，我们现在已经探索到了奥尔特云，这是一个合理的太阳系边界候选者，但是旅行者 1 号和其他太空飞船却从未到达过如此远的地方。既然暗物质与流星雨的联系依赖于奥尔特云及其附近的区域，那就让我们先简单地讨论一下，旅行者 1 号飞出太阳系到底是什么意思。哪里是太阳系的边界？为什么它的边界如此难定义？

旅行者 1 号飞出太阳系了吗

太阳系只占了整个可见宇宙的很小一部分，但它也是非常非常大的。据最可靠的测量结果来看，它包含了奥尔特云，而奥尔特云至少延伸到 5 万倍日地距离（即 5 万天文单位）的地方，也就是比 1 光年的距离还要远。为了更确切地认识这个距离有多远，让我们想象一下目前最先进的宇宙飞船飞到太阳系外边缘需要多长时间。宇宙飞船飞行的速度和地球绕太阳运转的速度差不多，也就是说它在一年里飞过的距离大约就是地球绕太阳一周的轨道长度。这样算的话，宇宙飞船将需要大约八九千年的时间才能飞行 5 万天文单位，也就是到离太阳系最近的恒星 1/5 的路程。但是太阳系到底有多少个天文单位大呢？

目前占主导地位的有两个定义，而它们给出了不同的答案，而且第二个定义给出的结果非常模糊。在第一个定义中，太阳系就是以太阳的引力为主导的区域，其他恒星的引力在这一区域范围可以忽略。从这个定义来看,旅行者 1 号现在还在太阳系里面。确实，因为奥尔特云一直被认为是太阳系的一部分，而旅行者 1 号现在还没有进入奥尔特云，并且根据现在的估计，它要至少再过 300 年才能到达奥尔特云，然后再过 3 万年才能穿过去。所以根据这个定义，旅行者 1 号已经不在太阳系里了这个说法就很难被接受。

然而，我们并不清楚太阳引力的“势力范围”，因此第一个定义其实也比较模糊。所以我们有了第二个定义：星际空间的起点就是太阳风所携带的磁场的终点 —— 大约 150 亿公里远，或者说 100 个天文单位远。在这么远的距离上，无线电波也需要大约一天的时间才能到达我们。但是这比奥尔特云要近一些。

我们在第 9 章介绍过太阳风，它由太阳发出的带电粒子（也就是电子和质子）组成。这些粒子携带着磁场以每秒 400 公里的速度流向星际空间。星际空间的定义就是恒星之间的区域，而这些区域并不是真空的。它包含有冷的氢气体、尘埃、电离的气体，以及一些从爆炸了的恒星或者除太阳以外的恒星吹出的恒星风带来的其他物质。最终，太阳风和这些星际介质相遇。在它们相遇的区域造成一个空腔，我们叫它为日球层（heliosphere），而这两个区域的边界我们称其为日球顶层（heliopause）。因为太阳系的运动，这个边界并不是球形的，而是泪滴形的。

有些科学家认为，日球顶层就是太阳系和星际空间的边界。那么如果旅行者 1 号碰到的来自太阳系内的带电粒子越来越少，而来自太阳系外的带电粒子越来越多的话，就说明旅行者 1 号已经到了日球层的边界进入了外太空。这两种不同来源的粒子是可以区分的，因为它们具有不同的能量。高能的带电粒子起源于太阳系外的超新星所辐射出的宇宙射线。2012 年 8 月，旅行者 1 号的数据表明，它碰到的这种高能粒子的数目突然增加，而同时低能量的粒子探测数目也有显著减少。既然这些低能粒子是来自太阳的，而较高能的粒子来自星际介质，那么关于这两种粒子的探测数据都表明旅行者 1 号已经离开了日球层。

然而，最初关于日球顶层的定义还有另外一个限制条件，那就是磁场的强度和方向也应该变得和日球层外面的一样。这个定义其实是随时间变化的，它依赖于太阳的“天气”—— 即在给定时刻太阳风的行为。结果是，虽然测到的带电粒子数据满足了飞出太阳系的条件，但是并不能满足更严格的磁场限制条件：旅行者 1 号并没有发现磁场有变化。

所以，虽然在 2012 年 8 月 25 日旅行者 1 号周围等离子体环境出现了变化，但是直到 2013 年 3 月，关于旅行者 1 号是否已经进入了星际空间的问题仍然饱受争议。尽管如此，美国国家航空航天局在 2013 年 9 月 12 日还是宣布它进入了星际空间。科学家们认为，磁场的改变其实并不是必要条件。他们决定用一个并不十分强的限制条件，也就是电子密度增强近 100 倍，这种情况在日球层外是应该碰得到的。

所以根据第一种以太阳引力为基础的定义，旅行者 1 号还处在太阳系内，而且在很长一段时间内它仍然会在太阳系里面。然而，根据第二种修正定义，旅行者 1 号已经进入了星际空间。关于旅行者 1 号是否已经离开了太阳系的问题，似乎取决于你使用哪一种定义。

还有一个有趣的补充信息：旅行者 1 号携带了一个镀金磁盘唱片，唱片中包含了给外星人看的有关人类社会的各种信息——如果外星人恰好能够捡到这个唱片的话。唱片中有吉米·卡特（Jimmy Carter，也就是当时的美国总统）用英语说的问候语，还有用 49 种其他语言说的问候语，鲸鱼的声音，以及查克·贝里（Chuck Berry）创作的经典曲目《*Johnny B. Goode*》（查克·贝里当时甚至还去了发射现场）。这种外星人在几百年后还可以播放我们的录音的想法还是挺让我吃惊的，因为这种事情并不太可能发生：外星人的个头会不会和我们差不多，他们有没有必要的播放设备——要知道，这种设备对在地球上的大部分人来说都是不容易找到的。而且，是不是也要考虑一下翻译的问题，或者他们能听到的音域和人类也许不一样的问题。不过提前多想一些也没什么坏处。这个唱片至少有一个好结果。它是这张唱片的创意导演安·德鲁彦（Ann Druyan）与天文学家、天体物理学家卡尔·萨根（Carl Sagan）合作的原因。即便外星人很可能并不能理解这张唱片，但它至少成就了一个美好的爱情故事[1]。

现在，我先将外星人的故事放在一边，并将话题转到我们更加确定的那个来自外太空的撞击上，也就是流星撞击地球或者冲入大气层的事件。**如果穆罕默德不走向大山，那么大山就会来到穆罕默德面前**[2]。也就是说，虽然没有人能在近期到奥尔特云中去，但那些来自奥尔特云的类太阳系小天体确实偶尔会飞向地球。

[2] 原句改编自“如果大山不走向穆罕默德，穆罕默德就会走向大山”。这里意指“如果我们去不了小行星上，那么小行星将会造访地球”。

[1] 安·德鲁彦与卡尔·萨根因此而喜结连理。——译者注

危险地活着

DARK MATTER AND THE DINOSAURS

> 如果我们眼睁睁地看着一个天体在危险的近地轨道上运行几年，却没有能力改变人类命运的话，那么我们都会觉得自己是个大傻瓜。

某天，我趁着哈佛大学的春日假期去了趟科罗拉多看朋友，并在那里做了些工作，顺便滑了滑雪。洛基山是一个非常适合人们坐下来思考的地方，那里的夜晚和白天一样绚烂，似乎充满灵性。在晴朗而干燥的夜晚，天空被灿烂的星光照亮，不时会有一颗流星划过长空。这些流星就是很久以前在地球轨迹上解体的小天体。一天晚上，我和朋友站在我住的房子外面，惊奇地看着这美丽非凡的天空，天空中满是各种发光星体。在我看到了两颗流星之后，我和朋友又同时发现了一颗持续数秒的大流星。

虽然我是个物理学家，但我在看到这种壮观的景象时也常会停止思考，只享受眼前的美景。但这一次，我仔细思考了一下那个大流星是什么物体以及它的轨迹意味着什么。这颗流星——一个 45 亿年长的故事的高潮部分，只闪耀了几秒钟的时间，却也意味着这颗明亮的流星大约滑行了 50 公里 ~100 公里后才气化并消失的。这颗流星距离我们的高度也差不多是这个距离，所以我们看到它在天空中的轨迹是一个大的圆弧。流星不只具有美丽的外表，而且我们还可以理解它的一些本质。当我说这颗像尘埃或者石子大小的物体迅速划过苍穹的样子看起来非常美妙时，我那个不是物理学家的朋友感到非常惊讶，他说他本来以为这个物体的直径都快 2 000 米那么长了。

我们的对话很快从安静地享受美丽的夜空转到了思考一个直径约 2 000 米长的大物体猛冲向地球时所能造成的损害。这么一个危险的大家伙撞向地球的概率是很小的，而它撞向有人的区域并造成很大伤害的概率就更小了。虽然如此，从月球表面来推测（地球上存留下来的陨石坑太少了，我们无法据此精确估算），在地球的生命过程中，有几百万个直径大小从 1 000 米 ~1 000 公里的物体曾经撞击过地球。但是大部分撞击都发生在几十亿年前一个叫作后期重轰炸（Late Heavy Bombardment）的时期。虽然被称作“后期重轰炸期”，但是这个时期其实是在太阳系刚刚形成后不久还没有演化成稳定状态的时期。

大流星撞击地球的频率自从重轰炸时期过后就已经很低了，而这是生命存活的必要条件。即便 2013 年 2 月被行车记录仪拍下来，并在 Youtube 上疯狂传播的在西伯利亚发生的撞击——点亮了半边天的车里雅宾斯克（Chelyabinsk）流星，直径也不过只有 20 米左右。最近唯一一个可以和我朋友想象的那种大撞击相似的事件发生在 1994 年，当时约 2 000 米大小的苏梅克 - 列维彗星碎块撞向木星。最初的彗星要更大一些，在它碎成小块之前有几公里大。这次撞击之后，我们可以观测到木星表面上有个大约和地球同尺寸的黑云，这就是约 2 000 米大的碎块所能造成的损害。20 米是很大，但是直径将近 2 000 米又完全是另外一回事。

流星带来的并不全是毁灭。很多散落在地球上的流星和微流星也带来了不少好东西。陨石——流星在地球上残留的碎块，可能是形成生命所必须的氨基酸以及生命存活必须的水的来源。毫无疑问，我们在矿场里挖出来的大部分金属也都来自地外撞击。我们甚至也可以这么认为：如果不是流星撞击（我将在第 12 章详细讲述）毁灭了地球上的恐龙的话，哺乳动物不会迅速统治地球，人类也不会出现——当然，也有人认为这并不一定是个好事。

6 600 万年前的物种大灭绝只是将地球生命与太阳系其他部分联系起来的其中一个故事。这本书是关于抽象物质的，比如我所研究的暗物质，但是它也涉及地球与其周围宇宙环境的关系。下面我将开始讲述我们知道的一些撞击过地球的流星、彗星，以及它们在地球上留下的疤痕。我也会谈及在未来有可能撞到地球的物体，以及我们如何阻止这些破坏性的不速之客。

当陨石飞向地球

像来自太空的物体撞击地球这种奇怪现象听起来有些不可思议，确实，科学界最初是几乎不承认这类说法的。虽然古人相信外太空的物体会到达地球表面——即便是现代，一些村庄里的人也这么认为，但直到 19 世纪，受到良好教育的人也会对此表示怀疑。有些没上过学的牧羊人看到过有东西从天空坠落，但这些见证者没有可信度，因为很多和他们背景相似的人也曾经报告过一些想象出来的场景。即便科学家最后承认会有东西掉落到地球上，但他们最初不相信这些石头是从太空来的。他们倾向于地球来源说，比如在火山爆发中喷出的东西再重新掉落到地球上。

> 1794年6月在锡耶纳学院发生的一次偶然的陨石飞落事件，才让外太空的陨石理论开始慢慢成立。当时很多受过教育的意大利人和英国游客都在现场见证了这起事件。这个戏剧性的场景始于一朵喷着烟雾和火花的高高的黑云，这黑云慢慢地移动着，伴随着红色的闪电，随后就下起了石头雨。当时在锡耶纳的阿比·索尔丹尼（Abbe A. Soldani）觉得这些掉落的物质非常有意思，于是他收集了目击者们的描述，并且寄了一份掉落物质的样本给一位在那不勒斯的化学家古列尔摩·汤姆森（Guglielmo Thomson，真名为威廉·汤姆森，曾因为和他的小男仆发生了不轨行为而羞愧地逃离牛津大学）。

汤姆森经过仔细研究发现，这块物体是来自地球之外的。这比当时盛传的来自月亮或是雷电击中的尘埃的解释要合理得多，也比另一种认为其来自当时正处于活动期的维苏威火山（Vesuvius）的说法也更合理一些。维苏威火山在事发之前18小时碰巧刚好有一次喷发，所以将它当作天降石头的来源也情有可原。然而，维苏威火山距事发地320多公里，并且方向也不对，所以这种解释行不通。

化学家爱德华·霍华德（Edward Howard）在法国贵族科学家寇穆特（Jacques-Louis, Comte de Bournon，他在法国大革命时期被驱逐到了伦敦）的帮助下，最终推断出这些石头来自流星。霍华德和寇穆特分析了一块落在印度贝那勒斯（Benares）附近的陨石。他们发现，镍元素在这块陨石中的含量比在地球表面以及高压下形成的石头状物质中要高很多。汤姆森、霍华德以及寇穆特所做的化学分析正是德国科学家恩斯特·克拉德尼（Ernst F. F. Chladni）曾经建议的，他曾经想用这种分析，来证实他的猜想：这些物体撞击地球的速度太快了，因而和其他解释都不相符。其实锡耶纳的陨石雨只发生在克拉德尼的书《论铁的起源》（*On the Origin of Ironmasses*）发表两个月之后，而这本书最初所受到的评论都是负面的，直到柏林的报纸最终在两年后开始报道锡耶纳陨石雨的时候才有所改观。

在英格兰更广为传播的是英格兰皇家学会会员爱德华·金（Edward King）在事发当年所写的一本小书。金的书总结了锡耶纳事件以及克拉德尼书里的内容。1795 年 12 月 13 日，当一个重达 25 千克的石头落在约克郡的伍尔德村（Wold Cottage）时，陨石理论在英格兰被确立了下来。随着刚从炼金术中分离出来不久的化学方法越来越为人们所称道，再加上这么多一手的证据，陨石最终在 19 世纪被人们承认。自那之后，更多被承认的地外天体落到了地球上。

更近期的“拜访”事件

流星和陨石绝对是博人眼球的新闻标题。虽然人们会很热衷于追捧这些壮观的事件，但是我们不应该忘记：我们现在所生活的太阳系是处于平衡态的，也就是说基本不会有非常剧烈的分裂瓦解事件发生。几乎所有的流星都非常小，因而它们在地球大气层顶端就会将其固态物质蒸发殆尽。大一些的天体则很少到达地球。但小天体确实会来拜访我们，而且它们无时无刻不在造访。大多数时候进入大气层的是一些微流星体，这些小颗粒太小了甚至都烧不起来。虽然和微流星体比起来少了很多，毫米级的天体闯入地球的频率也很高——大约每 30 秒一个，而它们会被烧掉并且不会造成什么大影响。两三厘米大小的天体会在大气层中然烧掉一部分，因此它们残留的碎块可能会落到地面，但是这些碎块太小了，也不会造成很大影响。

但每过几千年，就会出现一个由大天体在大气层底端引起的爆炸现象。历史上有记录的最大规模的这种爆炸 1908 年发生在俄国通古斯（Tunguska）。即便在没有表面接触的情况下，大气层中的大爆炸也可以在地球上造成可观的影响。造成这次大爆炸的那颗小行星或者彗星——我们无法确切知道是哪个，在西伯利亚森林中的通古斯河附近的天空中爆炸。这颗将近 50 米大小的火流星，一个来自太空并在大气层中瓦解的天体相当于 10 兆吨 ~15 兆吨 TNT 炸药，是广岛原子弹爆炸能量的 1 000 多倍，不过比现今爆炸的最大的核弹能量要小一些。这次爆炸摧毁了 2 000 平方公里的森林，产生的冲击波相当于里氏 5.0 级地震。值得注意的是，在原爆点上的树都得以保持直立，而它们周围的树却都被压倒了。这些仍然保持直立的树木所占区域的大小，以及人们并没有发现陨石坑，表明这颗天体很可能是在距离地面 6 公里 ~10 公里的空中爆炸分解的。

我们对于风险的估算一直在变，部分是因为对通古斯天体的大小估算一直在变—— 估算的大小从 30 米 ~70 米不等。在这个大小区间内的天体撞上地球的频率大概是几百年一次到两千年一次。即便如此，大部分击中或者接近地球的流星们都比较接近无人区，因为人口密集的区域和地球的总面积相比，毕竟是少数。

通古斯流星也不例外。它在西伯利亚一个未开发地区的上空爆炸，离此最近的一个贸易点在 70 公里之外，而离最近的村庄尼志讷 - 卡勒林斯科（Nizhne-Karelinsk）就更远了。即便如此，冲击波还是足够将这个并不近的村庄里的窗户击碎，将行人冲倒。村民们都被迫转身以避开这天空中足以致盲的强闪。科学家们在爆炸发生 20 年后回到这里，发现一些当地牧民受到了噪声和冲击波的伤害，其中有两人还在这次事件中丧生。而它对动物界的影响是毁灭性的，爆炸导致的大火烧死了大约 1 000 头驯鹿。

通古斯事件甚至影响到了更大的区域。在距离事发地点方圆相当于整个法国面积的区域内，都可以听到爆炸的声音，而且全球气压也因此受到了影响。爆炸产生的震波环绕了地球三次。之前还发生过一次规模更大的、也是我们研究得更好的希克苏鲁伯大撞击（Chicxulub impact，也就是毁灭恐龙的那次撞击事件）。这类事件产生了很多破坏性后果：狂风肆虐、野火蔓延、气候骤变，以及大气层中一半的臭氧消失。

由于这颗流星是在一个偏远无人区爆炸的，并且当时通信不发达，因此大部分人直到几十年后的一次调查揭示了它的全部影响范围之后，才注意到这个巨大的冲击波。通古斯非常遥远，而且当时正处于第一次世界大战和俄国革命期间，因此这次事件就更难被人知晓了。如果这次小行星撞击仅仅提前或者拖后一小时，那么它将可能碰到一个大的人口聚集区，那样的话，大气层里的爆炸或者海洋产生的海啸很可能造成几千人丧生。如果这些变成现实，那么这次撞击将不仅会改变地球表面的自然环境，还会改变 20 世纪的历史——之后的政治和科学发展将是完全不同的走势。

在通古斯大爆炸之后的 100 年里，还发生过几起虽然较小却仍有新闻价值的天外来客造访地球的事件。虽然记录并不完整，但是 1930 年在巴西亚马孙河上空爆炸的一颗火流星应该是其中较大的一个。它释放出的净能量比通古斯事件要小，估计大约为通古斯事件的 1/100~1/2。即便如此，这颗流星的质量也在 1 000 吨以上，甚至可能重达 25 000 吨——大约是 10 万吨 TNT

当量。我们对流星撞地球的概率估计不是很确定，但 10 米 ~30 米的物体撞击地球的概率大约是 10 年一次到几百个世纪一次。我们对撞击概率的估计强烈依赖于天体的精确大小。大小上变化两倍可能会导致撞击概率变化高达 10 倍。

两年之后，一颗和亚马孙河上空的那颗差不多大的火流星在西班牙上空 15 公里处爆炸，释放出的能量大约是 20 万吨 TNT 当量。在接下来的 50 多年里又发生相当于多次火流星爆炸，但它们都不如巴西的这颗大（我不在这里一一列举了）。一个值得注意的例子是 1979 年发生在南大西洋和印度洋之间的维拉事件。维拉事件是根据发现它的美国维拉号防御卫星命名的。虽然最初大家以为它很可能是流星，但现在都认为它是地球上的一次核爆炸。

当然，一些探测器也探测到过真的火流星。美国国防部的红外探测器和能源部的可见光探测器于 1994 年 2 月 1 日探测到了，在太平洋马歇尔群岛附近的一个 5 米 ~15 米宽的流星信号。在距离事发地点几百公里处的密克罗尼西亚科斯雷岛（Kosrae）海岸附近的两个渔民也看到了这次爆炸。另一个更近期的 10 米级天体爆炸于 2002 年发生在希腊和利比亚之间的地中海上空，释放出的能量大约是 2.5 万吨 TNT 当量。当然更近期的一个事件于 2009 年 10 月 8 号发生在印度尼西亚的波讷（Bone）。这颗很可能是产生于一个直径 10 米的天体，释放出的能量高达 5 万吨 TNT 当量。

偏离轨道的彗星或者小行星都有可能变成流星。遥远彗星的轨迹很难预测，但是足够大的小行星在远未到达地球之前就可以被探测到。2008 年撞在苏丹的一个小行星就是一个很好的例子。2008 年 10 月 6 日，科学家们通过计算发现他们刚刚发现的这颗小行星第二天早晨就会撞上地球。而且它确实撞上来了。这次碰撞并不严重，而且附近也没有人居住。但是它确实显示出有些碰撞是可以预测的——即便我们能提前多久知道发生时间与探测灵敏度有关，而探测灵敏度又与撞击天体的大小和速度有关。

最近一次有新闻价值的事件是发生在 2013 年 2 月 15 日的车里雅宾斯克流星。这次事件不仅有很多现场照片，而且很多人都对它有很深的印象。这颗火流星在俄罗斯乌拉尔区域南部的上空爆炸，产生的能量大约是 50 万吨 TNT 当量。大部分能量被大气层吸收掉了，但是部分能量随着一个冲击波在几分钟后击中了地球表面。这次事件是由一个直径 15 米 ~20 米大的小行星引发的，它大约有 1.3 万吨重，估计下降的速度是 18 公里 / 秒，这个速度是声速的 60 倍。人们不仅看到了这次爆炸，也感受到了它传来的热浪。

大约有 1 500 人因此受伤，但大部分都是因为次级效应造成的，比如被击碎的玻璃划伤。受伤的人基本都是跑去窗边看那耀眼闪光的人。闪光的传播速度是光速，因此人们首先通过光发现了这次奇异事件。不幸的是——这也是很好的恐怖片素材，天空中的光先将人们吸引到了危险的地方，然后冲击波撞击，从而造成了很大伤害。

在这个流星撞上地球的时候，新闻曾报道说有另一个小行星正在接近地球。而这颗车里雅宾斯克流星并没有被提前探测到。新闻报道中的那个 30 米的天体，在 16 小时后到达最接近地球的地方，但后来并没有进入地球大气层。很多人曾推测这两颗小行星可能拥有共同的起源，但是后来的研究表明并非如此。

近地天体，最经常的撞击

就像 2013 年 2 月那个预测会撞地球的小行星一样，很多非常靠近地球却最终没有撞到地球的天体吸引了人们的大量注意力。另一些天体确实飞到了地球上，但是这些撞上来的天体中，绝大多数都是无害的。即便如此，之前的撞击已经影响了地球上的地貌和生态，而且以后很可能也还会造成影响。随着人们对小行星的理解日益增进，对其潜在危害（很可能有些夸大）的认知不断提高，搜寻有可能穿过地球轨道的小行星的任务会被人们重视起来。

最经常的撞击——虽然并不一定是最大的，来自近地天体（NEOs），这些非常靠近地球的物体，它们与太阳的最近距离不超过日地距离的 30%。大约有一万个近地小行星（NEAs）以及少数彗星满足这个条件。一些跟踪范围内的大流星也算是近地天体——严格来讲，一些绕太阳转的宇宙飞船也算是其中一种。

近地小行星可以分成很多类（见图 9-1）。进入地球势力范围，和地球靠得很近，但是和地球轨道没有相交的一类天体叫阿莫斯（Amors）—— 以 1932 年飞近地球达 160 万公里（0.11 天文单位）的小行星名字命名。它们虽然现在并不会穿过地球的轨道，但是对地球也有潜在的威胁：木星或者火星对它们造成的扰动有可能增加其轨道的偏心率，因此最终它们还是有可能穿过地球轨道。阿波罗（Appollos）也是以一个小行星的名字命名的，这是一类在径向方向穿过地球轨道，但轨道面却在地球椭圆轨道（太阳在天球上的轨迹就标示着地球的轨道）之上或者之下的天体，它们一般也不会与地球轨道相交。然而它们的轨道会随着时间变化，于是也有可能偏离到危险区域以内。另一类天体被称作阿特恩（Atens），和阿波罗相似，它们和阿波罗的不同之处在于其轨道区域比地球的还小。阿特恩天体也是以一个这种小行星的名字命名的。最后一类近地小行星叫阿提拉斯（Atiras），这种小行星的轨道完全在地球轨道圈以内。它们很难被找到，因此已知的只有那么几个。

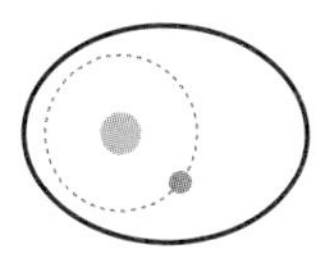

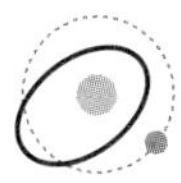

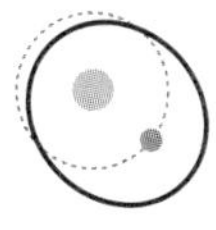

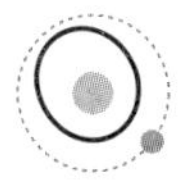

图 9-1

4类近地小行星。阿莫斯型小行星的轨道处于地球和火星之间。阿波罗型小行星和阿特恩型小行星的轨道会穿过地球轨道，但是在一部分轨道时间内有可能向外延展。阿波罗型小行星的轨道的半长轴大于地球轨道的半长轴，而阿特恩型小行星的则比地球的要小。阿提拉斯型小行星的轨道完全在地球轨道圈以内。

近地小行星在地质时间尺度和宇宙学时间尺度上并不一直存在。它们只能存在几百万年，在那之后就会被扔到太阳系之外，或者与太阳或太阳系内的一颗行星相撞。也就是说，我们需要源源不断的新的小行星来填满地球附近的轨道。而这些小行星的来源很可能是受到木星扰动的小行星带。

大部分近地小行星都是石质小行星，不过也有很多碳质小行星。只有阿莫斯型小行星会超过 10 公里宽，而它们在现阶段并不会穿过地球轨道。但是有很多阿波罗型小行星的大小超过了 5 公里，这足以造成很大破坏——如果它的轨道不幸与地球相交的话。最大一个近地小行星有 32 公里宽，名字叫作嘎尼米德（Ganymed），这是特洛伊王子的德语拼法，在英语中为“Ganymede”。嘎尼米第是木星的一个卫星，是完全不同的天体，但它是同类（也就是太阳系里的卫星）里最大的一个。

近地小行星还包含有另外一个研究领域，是在最近50年内成熟起来的。早些时候，基本没有人认真考虑过外来天体撞地球的问题。而现在，世界各地都有人在尽力收集近地小行星的信息并跟踪其轨迹。即便在前段时间，我在访问加纳利群岛参观特那利菲（Tenerife）望远镜的时候，发现他们的研究所所长带领着12个学生也在利用望远镜数据寻找近地小行星。这个又小又老的望远镜并不是当前最先进的，但是这帮兴趣盎然的学生以及他们对搜寻方法的热爱，都给我留下了很深的印象。

如今更先进的望远镜利用电荷耦合器件（charge-coupled devices，CCD）来搜寻小行星。CCD是一种利用半导体将光子转化成电子的装置，它可以将光子碰到的地方用电信号标识出来。自动读出系统也提高了小行星的发现速率。哈佛大学史密森天体物理中心的国际天文学联合会小天体中心的网站http://www.minorplanetcenter.net/会及时报道被发现的小行星、彗星以及近地天体的最新数目。

由于众所周知的原因，离地球轨道最近的轨道受到了最多的注意。美国和欧盟为了更好地搜寻这种小行星，合作建立了一个叫太空卫士（Spaceguard）的公司——为了纪念亚瑟·克拉克（Arthur C. Clarke）的科幻小说《与拉玛相会》（*Rendezvous with Rama*）。太空卫士的第一个任务由1992年的美国国会报告决定，即在10年内搜寻并分类归档大小在1000米以上的离地球最近的天体。1000米已经很大了，比能造成危害的最小天体还要大。之所以选择这个尺度是因为1000米大的天体更容易被找到，而且这种大小足以造成全球性的破坏。幸运的是，在我们所知的1000米大小的天体中，大部分都处在火星和木星之间的小行星带上。在它们改变轨道变成近地天体之前，是不可能对地球造成威胁的。

在仔细综合了观测数据、投影轨道以及计算机模拟之后，天文学家到2009年时几乎按时地完成了太空卫士所设定的目标——搜寻到了大部分1 000米大小级别的近地天体。最新的结果显示，大约有940个近地小行星的尺度是1 000米甚至更大。一个由美国国家科学院召集的委员会认为，即便考虑各种误差，这个数字也是相当准确的，总数应该在1100以内。这些搜寻工作还认证了10万个小行星以及大约1万个小于1 000米的近地小行星。

大部分作为太空卫士搜寻目标的大型近地小行星来自小行星带的内边缘和中心地带。美国国家科学院的委员会认为，其中大约20%的近地小行星离地球的距离少于0.05个天文单位。他们将这些危险天体称作“有潜在危险的近地天体”。他们同时认为，所有这些天体都不会在一个世纪内对地球造成威胁，这当然是个好消息。这个结果其实也不太令人吃惊，因为1 000米大小的天体撞击地球的概率本来预期就不会超过几十万年一次。

实际上，只有一个已知的近地天体可能会在不久的将来击中地球并造成破坏。但是它撞上来的概率只有0.3%，而且这在2880年之前也不可能发生。即使考虑了所有的误差之后，我们基本上还是非常安全的，至少现在看来是这样。有些天文学家提出对另一个小行星的担忧。这颗小行星被冠以一个魔鬼的名字——阿波菲斯（Apophis）[1]，有300米宽。天文学家预测，它在2029年最接近地球的时候不会与地球相撞，但是有可能会在

[1] 阿波菲斯，埃及神话中的灾难和破坏之神，是破坏、混沌、黑暗的化身，因此作者在此称为“魔鬼”。——编者注

2036年或者2037年返回并撞上地球。这是一种被称作“重力锁眼”（gravitational keyhole）的机制，在这种机制作用下，这颗小行星可能会被引导至地球。然而，进一步的计算表明，这只是一场虚惊。阿波菲斯和别的已知天体在可预见的未来都不会撞到我们。

在大松一口气之前，我们需要记住，还有很多较小的天体也会造访地球。虽然它们比太空卫士所关注的公里级别的天体要小，也不会造成那么大的破坏，但它们造访的频率却更高。所以美国国会在2005年延长了太空卫士项目的期限，并鼓励它去跟踪、归档以及描述至少90%的大小在140米以上的、具有潜在危险的近地天体。科学家们几乎肯定不会发现什么对地球带来灾难性影响的目标，但是做这么一个星表仍然还是很值得的。

我们应该担心吗

很明显，小行星有时候会飞得离地球很近。小行星与地球的相撞毫无疑问会发生，但是相撞的频率和强度一直是个有争论的话题。是否会有东西在我们关心的时间尺度上撞到地球并造成破坏？人们并没有完全确定的答案。

我们应该担心吗？这与时间尺度、花费、我们的焦虑阈值、社会认知，以及我们自以为的控制能力都有关系。本书主要关心在百万年甚至十亿年的时间尺度上发生的事情。我在后文会描述我研究过的一个模型，它可用来解释具有300万～350万年周期性的大的（大约几公里大小）流星撞击。这些时间尺度不在人类的担心范围之内，人们有更加紧迫的其他事情需要担忧。

虽然接下来的话题有些偏离了本书的主题，但是在讨论了很多流星撞击地球的内容之后，不介绍一下科学家们关于它们对世界潜在影响的结论也是说不过去的。这个话题在新闻和谈话中出现过很多次，所以我们在这讨论一下最新的估计也无妨。这与政府部门也是相关的，特别是当他们考虑小行星的探测和使小行星轨道偏转时很重要。

根据美国国会2008年颁布的《强化财政预算法案》(*Consolidated Appropriation Act*)，美国国家航空航天局请美国国家科学院的国家研究理事会（NRC）来研究近地天体。研究目的并不是要回答抽象的撞击问题，而是为了评估偏离轨道的小行星造成的威胁，以及是否可以实施某些措施来减轻这种威胁。

参与这项研究的科学家们将注意力放在了较小的近地天体上，这些近地天体撞击地球的概率更高，而且是有可能被转向的。在短周期轨道上的彗星与小行星的轨道相似，因此它们也可以用相似的方法被探测到。而长周期的彗星基本上不可能提前看到，它们也不太可能在地球的轨道平面上——它们来自各个方向，因此探测这种彗星更加困难。无论如何，虽然一些最近观测到的事件可能来源于彗星，但是彗星是很少到达地球附近的。我们也基本上不可能提前足够长的时间发现长周期彗星并作出有效反应，即便以后我们的技术发展到可以使小行星轨道偏折的地步，也无法做到。现在人们基本上也没有办法来做一个完整的危险的长周期彗星列表，所以现今的巡天项目只关心小行星和短周期彗星。

长周期彗星，至少是那些来自太阳系外缘的彗星，是我们之后所关心的目标。来自太阳系外缘的天体相比于内太阳系的天体所受的引力束缚要弱得多，因此，引力或者其他什么造成的扰动会更容易将它们移出原来的轨道，并送到内太阳系或者踢出太阳系。虽然这并不是美国国家科学院减灾研究的课题，但它们仍然可以作为科学研究的目标。

科学家的结论

2010 年，美国国家科学院在一篇题为《保卫地球：近地天体巡天以及危险应对策略》（*Defending Planet Earth: Near-Earth Object Surveys and Hazard Mitigation Strategies*）的文件中发布了他们关于小行星及其所造成的威胁的研究结果。我将展示一些此文件中非常有意思的结论，以及其中的一些总结性图表，最后我会简单解释这些结论和图表的意义。

当你看到这些数字的时候，请记得乘上人口众多的城市区域的低密集度百分比——全球城市绘制计划（GUMP）对此给出的估计值大约是 3%。虽然人们不愿看到任何破坏，但对城市区域的破坏是最恐怖的。城市所占区域的低密集度百分比告诉我们，小天体撞击人口密集区并造成严重破坏的概率是它们造访地球概率的 1/30。例如，如果一个 5~10 米的物体撞击地球的概率是 100 年一次的话，那么它撞到城市的概率大约是 3 000 年一次。

同时需要注意，基本上在所有的估算方面都存在误差，科学家们在最好的情况下也只能将误差降到 10 倍以内。很多新闻中提到的遥远天体的威胁从未实现过的原因之一就是，即便对某些特定种类特定大小的天体来讲，轨道测量上的一个微小误差都将大大改变对它撞击地球概率的计算结果。即便是对已知巨大天体所能造成的影响和破坏，我们也不是完全清楚。虽然这些数字有如此大的误差，美国国家科学院的研究结果还是很可信、很有用的。接下来，让我们暂且容忍一下那些不确定性，先来看看 2010 年这些神奇的统计结果吧。

我最喜欢的一张表是表 9-1。根据这些结果，每年由于小行星造成的死亡人数为平均 91 人。虽然小行星造成的死亡人数远比大部分灾难造成的死亡人数要少——其死亡率大约和轮椅相关的致命事故率相当（表中没有列出），表中的数字 91 仍高得不可思议。在各方面误差都相当大的情况下，这个数字也精确得有些可笑。显然，小行星造成的 91 条人命并非每年都有。实际上，我们在历史记录中只能找到很少几起此类死亡事件。表 9-1 中给出的高数字很有迷惑性，因为它包含了预测中的大量撞击事件，而这种事件很少发生。图 9-2 可能对我们的理解更有帮助。

表 9-1　　世界范围内多种原因下年平均死亡人数预测

原因	预计年死亡人数（人）
鲨鱼袭击	3~7
小行星撞击	91
地震	3.6 万
疟疾	100 万
交通事故	120 万
空气污染	200 万
艾滋病	210 万
烟草	500 万

注：这是美国国家科学院给出的关于全球各种致命事件每年造成的平均死亡人数的统计。统计结果是基于数据、模型以及推测得出的。

从图 9-2 中可以看出，表 9-1 中提到的死亡人数大部分都来自较大天体的撞击，即图 9-2 中 1~10 公里之间的那个高峰，而这种大天体撞击据预测是极少发生的，堪称小行星撞击事件中的“凤毛麟角”。如果我们只关注小于 10 米的小行星，那么每年的死亡人数就都在个位数以下，而这仍然是个不小的数字。那么，不同大小的天体撞击地球的概率分布到底是多少呢？让我们来看图 9-3（这张图信息有些多，我会慢慢解释）。图 9-3 很好地总结了我们现有的知识。

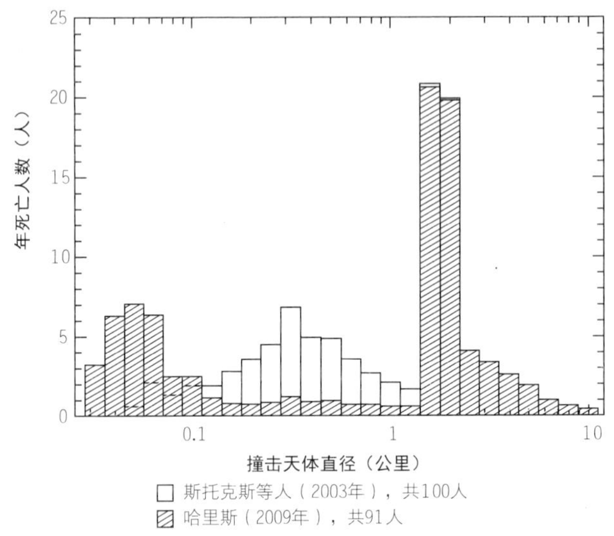

图 9-2

美国国家科学院给出的由于小行星造成的年平均致死亡人数。数据是根据太空卫士一个完整度为 85% 的巡天项目得出的。该图利用了 2009 年的近地天体大小分布数据，并包含了新的海啸和空中爆炸所造成的威胁。2003 年的估算结果也显示在图中，以便比较。

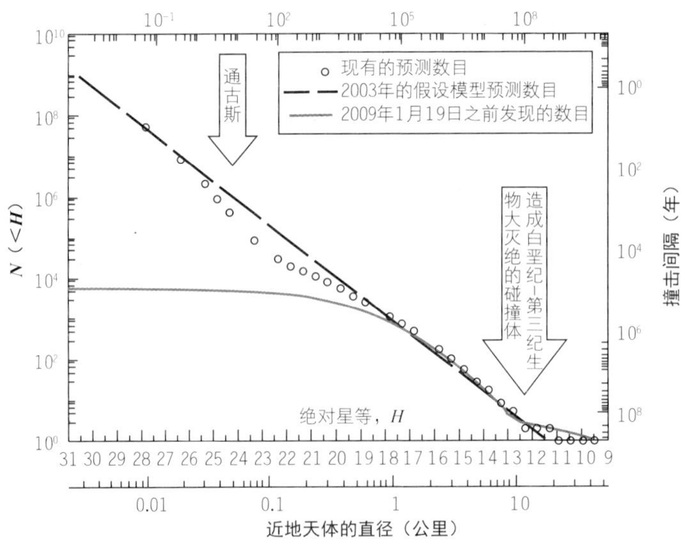

图 9-3

撞击的数目（左侧纵坐标）和大致的撞击间隔时间（右侧纵坐标）与近地天体的直径的关系。上面的坐标给出了假设天体在撞击时的速度是每秒 20 公里的情况下，所能释放出的能量（以 TNT 当量为单位）。下面的横坐标上同时标出了天体的星等：虚线是 2003 年的估算，圆圈是新的估算结果，实线表示 2009 年以前发现的小行星数目。

图 9-3 虽然不太容易读懂但确实包含了很多信息。图中标度都是对数尺度，意味着天体大小的变化对应的时间尺度变化可能比你想象的要大得多。比如，10 米大的天体可能每 10 年造访地

球一次，而 25 米大的天体可能每 200 年才会撞击地球一次。这也就意味着，测量值的微小变化可能会对预测值造成很大的改变。

图 9-3 中上边框的标度显示一个给定大小的天体在每秒 20 公里的速度下所能释放的能量，单位是兆吨。比如，一个 25 米大的天体能释放出的能量是 1 兆吨。图 9-3 还能告诉我们不同大小的天体的数目会有多少，以及它们有多亮——这关系到探测以及追踪它们的难易程度。虽然较小的小行星数量非常多，但是它们非常小也非常暗，使得此类小行星更难被探测到。

举例来说，一个 500 米大小的天体撞击地球的频率估计为 10 万年一次，1 000 米大的天体大约为 50 万年一次，而一个 5 000 米大小的天体要 2 000 万年一次。图 9-3 也同时告诉我们，一个可以灭绝恐龙的大约 10 公里大的天体撞击大约 1 000 万年 ~ 1 亿年才会发生一次。

如果你只对撞击的频率感兴趣，那么图 9-4 将给你更清晰的答案。注意，图 9-4 中的纵坐标上面年数最小、下面年数最大，因此大撞击发生的频率远小于小撞击。注意，纵坐标是以指数形式增长的，例如，10^0 是 1，10^1 是 10，10^2 是 100。

最后，为了解释不同大小的天体所能造成的危害，我需要再展示最后一张来自美国国家科学院研究报告中的表格（见表 9-2）。表 9-2 告诉我们，一个直径几公里的物体会影响整个地球。大流星撞击比自然灾害要少见得多，因此它们并不会造成迫在眉睫的威胁。但是一旦发生，它们所释放出的能量和严重程度将是毁灭性的。表 9-2 也显示了，比如，一个 300 米的物理撞击地球的频率可能是几十万年一次。这种撞击会使大气中硫的成分提高到喀拉喀托火山（Krakatau）周围物质成分的程度，这样会破坏地球上很多地方的生命或者农作物。当然，这种灾难具体所能造成的破坏依赖于天体的大小和所撞击的地点。

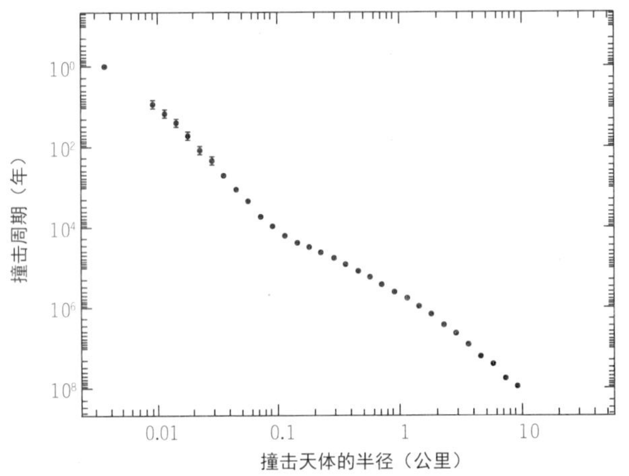

图 9-4

不同大小（直径 3 米～9 000 米）的近地天体撞击地球的平均时间间隔。

表 9-2　不同大小近地天体的平均撞击间隔和撞击能量的估算值

事件类型	直径	撞击能量（兆吨）	撞击间隔（年）
空中爆炸	25 米	1	200
地方性影响	50 米	10	2 000
地区性影响	140 米	300	3 万
大陆性影响	300 米	2 000	10 万
全球性灾害下限	600 米	20 000	20 万
可能的全球性灾害	1 000 米	100 000	70 万
全球性灾变上限	5 000 米	1 000 万	3 000 万
大规模物种灭绝	10 000 米	1 亿	1 亿

注：需要注意的是，这些值取决于撞击天体的速度以及物理化学特性。

保护地球，让小行星转向

那么，我们对此该做何种结论呢？首先，所有这些天体都在同一个空间中沿一定的轨道运行，这是一件非常令人着迷的事情。我们认为地球是特别的，当然我们会想要保护它。但是在更大的图景上来看，地球只是内太阳系的一颗普通行星，围绕着一个普通的恒星旋转。其次，虽然我们知道周围的邻居们离我们非常近，但是这些小行星并不是人类最大的威胁。小行星撞击可能发生甚至可能造成一些破坏，但是它对人类实际上并没有眼前的威胁。

即便如此，我们也会问，如果危险的事情真的发生了，我们应该怎么办呢？如果我们眼睁睁地看着一个天体在危险的近地轨道上运行几年，却无能力改变人类的命运的话，那么我们都会觉得自己是大傻瓜。没有近在眼前的威胁并不意味着，我们可以对可能发生的流星造成的破坏漠不关心甚至放任自流。

当然有一些人已经想到了这个问题，并且提出了很多应对来自太空危险天体的提议——虽然现在还没有实际的设备。两个应对的基本措施就是摧毁它或者使其偏移轨道。仅仅摧毁并不一定是个很好的办法。如果你把一个正要撞向地球的天体炸成很多飞向同一方向的小石块，反而会增大撞击的概率。虽然每个小块的破坏力比较小，但如果有办法能把撞击数目也减少的话就更好了。

因此，将小行星偏移轨道的方法似乎更加合理。最有效的偏移方法是使飞来的天体增速或者减速，而不是侧推。地球其实是很小的，而且围绕太阳转动的速度很快，大约每秒 30 公里。根据飞来天体的方向，将它的轨道改变一下，只须让它提前或者拖后 7 分钟——这是地球在公转轨道上移动一个地球半径的时间，这样做就可以避免一次撞击而将其变成一次激动人心却无害的擦肩而过。这并不是一个很大的轨道改变。如果我们能提前足够的时间（哪怕只是几年）探测到这种危险天体，即使是速度上的一个很小改变，就足够达到目的了。

无论是摧毁或者偏移的方法都无法将我们从一个直径大于几公里的、可以造成全球性破坏的天体手里拯救出来。幸运的是，这种撞击在接下来的 100 万年里估计不会发生。如果碰上小一点的天体，原则上我们是可以自救的，最有效的偏移方法是核爆炸，它能阻止一个最大直径为 1 000 米的天体的撞击。然而，法律是不允许在太空进行核爆的，所以现在这种技术还没有被开发出来。另一种可能的方法（虽然并没有核爆那么有力）是用一个物体与飞来的小天体撞击，这样此物体的动能（也即运动的能量）就会转给小行星。如果提前量足够，特别是如果多次撞击小行星，将会使直径几百公里[1]大的天体转向。其他可以使小行星发生偏移的方法可以是太阳能板、将卫星作为引力拖船、火箭发动机等任何可能产生足够推力的物体。这种技术最终可能会对 100 米大小的天体有效，但是需要有几十年的提前量。所有这些方法（以及小行星本身）都需要更多的研究，因此现在就下定论哪种方法更有效还为时尚早。

这些提议虽然有趣也值得仔细考虑，但是现在只是关于未来的一些可能性。并没有现存的技术能实现它们。然而，有一个叫小行星撞击及偏移评估（Asteroid Impact and Deflection Assessment）的计划——其主要目标是测试动力学撞击小行星的可能性，已经做了很多相关工作了。还有另一个相关项目，叫小行星重定向任务（Asteroid Redirect Mission），它的目标是将一个小行星或者一块物体改道成绕月亮旋转，并计划派一个宇航员去造访这颗小行星。然而所有这些计划都没有实际展开建造工作。

---

[1] 译者认为，这里作者写错了，应该是几百米而非几百公里。从上文的“直径为 1 000 米的天体”等内容判断，此处也应为“几百米”。——译者注

有些人会反对在地面上建造反小行星的设备，因为这可能会在更大的意义上造成伤害。比如，有人担心这种技术会被应用到军事上而不是用来保卫地球，不过我觉得这种事情不太可能发生，因为要制成相关设备需要很长的研制时间。还有人提出：如果发现一个会与地球交会的小行星，但是如果我们没有足够长的时间或者足够先进的技术去阻止它，那么小行星的发现可能会引发心理学和社会学上的问题。这种想法让我相当吃惊，因为它看起来就像拖延战术，而这种拖延却阻止了很多有益措施的发展。

暂且不管这些无谓的担心，我们总是可以问，是否需要做提前准备？如果需要的话，什么时候开始？**这其实是一个成本和可利用资源的问题。**国际航天学会（IAA）召开了很多会议，就是为了解决这些问题并讨论最佳的战略方法。

一个曾参加过2013年在美国亚利桑那州弗拉格斯塔夫（Flagstaff）召开的行星防御会议（PDC）的同事告诉我，会议给参会者布置了一项小作业，让每个人想象一个假想的要撞向地球的小行星，然后给出自己能想到的最好的处理方案。具体的问题包括：

- 如何处理小行星的尺寸和轨道参数的不确定性，并不断地修正它们？
- 应该什么时候作出应对措施？
- 什么时候应该给总统打电话（当然因为这是在美国开的会）？
- 什么时候应该疏散区域内人员？
- 什么时候应该发射核导弹去阻止相撞？

这些问题——虽然在某种程度上在我看来非常有娱乐性，清楚地显示出：即便是熟悉相关知识且对此感兴趣的天文学家也会在如何看待及应对天外来客的问题上存在很大分歧。

希望我已经说服了你，虽然存在小行星撞击地球的潜在危险，但是这种危险并非迫在眉睫。虽然存在某个小行星撞到地球并将一个大型人口密集区夷为平地的可能性，但是这种可能性在可预见的未来是极为微小的。我身体中的“科学家部分”在尽力做着搜集和理解各种天体轨道的事情。而我身体中的“极客部分”则认为，一个可以将危险的近地天体送出地球轨道的宇宙飞船非常酷。但是，说真的，没人确切知道该如何实施。

对于社会的终极问题是：在穷尽了这么多科学和技术上的努力之后，我们该重视什么？我们学到了什么？除此之外还有什么其他益处？当你要作出某种选择的时候，你可以用一些基本事实作为考量的基础。现有数据是有帮助的，但是它们并不完备。而在制定政策方针的时候，我们需要综合考虑专家们的猜想、实际情况以及伦理道德。我认为，即便在没有任何威胁的情况下，这方面的科学问题也是很有趣的，值得投入相应资金来寻找更多的小行星并且做更多的研究。但是，只有时间才能告诉我们，这个社会以及私人企业的最终决策会是什么。

陨石坑，天外来客的“名片”

DARK MATTER AND THE DINOSAURS

撞击坑是一颗飞驰的流星体坠落到地球上之后留下的非凡“名片”。

最近一次去希腊的时候，我在那里遇到的当地人偶尔会让我觉得自愧不如：他们有着令人印象深刻的英语词汇量，有时他们用的词语是连我这个以英语为母语的人在使用的时候都会犹豫的。当有人用“eponymous”（与作品同名的）一词的时候，我又谈起这件事，我的对话搭档提醒我这个词源于希腊语。当然，英语里的很多词都源于希腊语。

“Crater”（物体坠落等造成的坑、火山口）一词就是其中之一。古希腊人虽然是葡萄酒的极大爱好者，显然也欣赏节制的美德。除非在狂欢的时候，平时葡萄酒要与3倍的水相混合，而“krater”（调酒缸）就是用来混合水和酒的容器。调酒缸有一个大大的圆形开口，形状和地球、月球上也叫这个名字的巨大张口区域有点类似。但是具有类似名字的地质特征可以横跨 200 公里，而其周边受到影响的地区甚至可以更大。

地球上的一些环形山是由火山喷发形成的，没有任何外来力量的帮助。例如，在加那利群岛的特内里费岛（Tenerife），你可以在泰德（El Teide）火山的巨大熔岩区看到几个令人难以置信的环形山。这是地球表面之下的混乱动荡偶尔冒泡出来的证据。我也是从这了解到，“caldera”（火山口）一词在西班牙语中意为“大锅”。我发现，我们对火山凹陷所使用的词语和“crater”这个词有着相似的起源。而另一方面，撞击坑[1]的形成地点比较孤立，而且更值得注意的是，它们仅由地球之外的力量造成的。

撞击坑（陨石坑）

撞击坑是飞驰的流星体坠落到地球平面时造成的坑体。理解撞击坑的形成、形状和特性，可以帮助我们确定不同大小的石块撞击地球的频率，并可以更好地理解流星体在生物灭绝中可能起到的作用。

大多数流星撞击，包括所有大的撞击，都发生在有人类可以勘察之前，更不用说有人来记录它们了。撞击坑是一颗飞驰的流星体坠落到地球上之后留下的非凡“名片”。撞击坑或凹陷以及其周围的物质，往往是唯一的证据，记录着这些意外访客到达时所造成的巨大破坏。残骸中掩埋的疤痕、岩石的类型和化学丰度，给我们提供了关于这些久远事件的最可靠的信息。

撞击坑为地球与其外围环境，即太阳系的最后关联，提供了非凡的证据。理解撞击坑的形成、形状和特性，可以帮助我们确定不同大小的石块撞击地球的频率，并可以更好地理解流星体在生物灭绝中可能起到的作用。

在这一章，我将解释这些令人惊叹的撞击坑最初形成的原因和方式，以及它们和地面上由火山造成的凹陷的区别；我还将讨论一系列对象，它们以足够强的力量击中地球，并造成持久的影响。[2]

[2] 这些天体资料已被很好地归档，并保存在地球撞击数据库（Earth Impact Data Base）中，你可以从网上查到相关信息。这些观测资料对于思考暗物质在引发流星体撞击所起的作用时至关重要。

[1] 作者在英文原文中用了不同的词语，但实际上，上下文中的“撞击坑”和“陨石坑”意义是一样的。为遵从原文，原文为“impact crater”的，仍译为了“撞击抗”。——译者注

流星的痕迹

在深入了解撞击坑的形成以及地球上撞击坑的完整列表之前，让我们花点时间再回想一下最早的那个发现，它将天外物体和地球表面联系在了一起（见图 10-1）。虽然流星陨石坑这个名字有点不准确——请记住，“流星”是指在空气中的光痕，而流星陨石坑是由流星体造成的，按照定义，流星陨石坑都是撞击坑。这个特殊的陨石坑位于亚利桑那州弗拉格斯塔夫附近。

> 按照流星命名的惯例，它的名字与附近的一个邮局相关。这个邮局是由西奥多·罗斯福在 1906 年建立的。当时他的朋友，同时也是采矿工程师和商人的丹尼尔·巴林杰（Daniel Barringer），开始调查这个神秘大坑的成分和来源。地质学家最初怀疑巴林杰的提议，但最终巴林杰证明大坑起源于一个流星体。为表彰他的贡献，人们将这个凹坑称为巴林杰陨石坑。

虽然还存在更大的撞击结构，这个陨石坑是美国规模最大的陨石坑之一。它的直径长达 1 200 米左右、深 170 米、边缘的环状轮廓高约 45 米。这个陨石大约有 5 万年的历史，你甚至可以在地球表面上看到它。你可以在美国一睹其貌，因为这个坑已经被私有化了。巴林杰家族通过巴林杰陨石坑公司拥有这个陨石坑，并向参观者收取 16 美元的门票。该所有权在 1903 年开始受到保护，当时，巴林杰和数学家、物理学家本杰明·蒂尔曼（Benjamin Tilghman）一起申明了所有权，这一申明在不久之后获得了总统的签署。而持有股份的标准钢铁公司（SIC）得到许可，拥有约 259 万平方米土地的使用权，从而可以在该区域进行开采矿产。

图 10-1

位于亚利桑那的直径超过 1 000 米的巴林杰陨石坑。（航拍图由 D. 罗迪提供）

由于是私人财产，陨石坑不能成为国家公园系统的一部分。只有联邦政府所有的土地可以作为国家纪念场所，所以巴林杰陨石坑仅仅是一个国家自然地标。其好处是，当政府关闭的时候它不会被关闭——2013 年，当地政府就倒闭了。私人所有权的另一个好处是，因为巴林杰家族对靠陨石坑获益，因此会对陨石坑多加保护，而它确实被认为是世界上保存最完好的流星撞击地点——当然，这也和陨石坑的形成年数很短有关。

与这个陨石坑相关的陨石被称为暗黑陨石（Diablo meteorite），以鬼镇坎宁迪亚布洛（Canyon Diablo，暗黑峡谷）命名，它位于同名峡谷的沿线。一些直径 50 米的流星体，几乎是由纯的铁和镍组成的，大概以每秒 13 公里的速度撞击到地面。撞击产生的能量相当于至少两个百万吨级的 TNT 炸药。这是车里雅宾斯克事件所释放能量的几倍，相当于一颗氢弹的能量。大部分初始物体被蒸发，碎片难寻。一些好不容易找到的碎片被陈列在当地的博物馆里，有的甚至在被出售。

由于缺乏足够的碎片做研究，起初人们很难确定这个大坑是由地球之外的物体而非火山爆发造成的。19 世纪，来自欧洲的移民第一次偶然发现它时，以为这是个火山口。在当时这个假设很合理，因为外星球的解释太奇怪。此外，旧金山火山区就向西 65 公里左右的地方，这一点相当有误导性。

有一个关于科学出错，后来才得以修正的富于启发性的故事。美国地质调查局首席地质学家格罗夫·吉尔伯特（Grove Gilbert）在 1891 年作出官方定论：这是一个火山。他从费城矿物经销商阿瑟·富特（Arthur Foote）那里听说了这个大坑。富特对 1887 年牧羊人在附近发现的铁很感兴趣。他辨别出了金属的外星起源，并且到现场去看了看他还能挖掘出些其他什么东西。除了铁之外，富特还发现了微小的钻石。这些在撞击的时候已经形成，但富特并不知道这个，错误地认为撞击地球的物体和月亮一样大。富特还犯了一个错，他没有将大坑和他正在调查的陨石材料联系起来。虽然他知道在地上的材料来自外星球，但在他的脑海中，附近的大坑是一个独立的现象，是由火山活动形成的。

另一方面，吉尔伯特从富特那里了解到这个大坑，他也是第一个提出大坑的起源于流星体的人之一。但是在吉尔伯特企图科学地认证他的推断时，也得出了错误的结论。由于当时没有人明白撞击坑的形态，他错误地排除了自己的撞击假设，因为在环形边缘物体的质量和大坑里丢失的物体质量不一致。另外，大坑的形状是圆形而不是椭圆形——如果撞击来自一个特定的方向，他预测撞击坑应该是椭圆的。此外，没有人发现铁含量的任何磁性差异的证据，以表明撞击物是来自外星球。由于缺乏是流星体的证据，吉尔伯特被他自己的方法误导而得出了错误的结论：大坑是火山活动而不是由撞击形成的。我将很快提到，他的方法忽视了一些撞击坑形成的微妙因素。

大坑的起源在 1905 年最终被正确确定下来。巴林杰和蒂尔曼在《费城自然科学院学报》发表了几篇优秀的论文，证明了该流星陨石坑确实来自一次外星撞击。他们的证据包括翻倒的边缘地层（有人告诉我这看上去相当壮观）;还包括沉积物中的氧化镍。然而，撞击坑周围的 30 吨氧化铁陨石碎片导致巴林杰犯下了一个昂贵的错误。巴林杰认为，剩余大部分的铁被埋在了地下，于是他花费了 27 年的时间挖掘寻找。如果真的有所发现，这将会是巴林杰的另一个财源。1894 年，他从也是位于亚利桑那州的联邦银矿赚得 1 500 万美元（相当于今天的 10 亿多美元）。

陨石比巴林杰预想的要小，大多数陨石在撞击的时候被高温烧掉蒸发了。所以，巴林杰没有挣到钱，即使在挖掘完成之后，他也没有成功说服很多人相信大坑的起源。在卸任陨石坑探采公司主席职位几个月之后，巴林杰因心脏病发作去世。巴林杰和他的公司在勘探陨石坑上损失了 60 万美元，但至少，巴林杰活了足够长的时间以维护他的假说。

由于行星科学的发展，人们最终开始更全面地了解陨石坑的形成，巴林杰的推论得到更多科学家的认同。 最后的证实发生在 1960 年。一个在科学理解撞击上的关键人物——尤金·苏梅克（Eugene Shoemaker）,在撞击坑中发现了二氧化硅的罕见形式。这种形式，只能在内含石英的岩石受到由撞击压力产生的严重冲击时才会产生。除了核爆炸——而在 5 万年以前这不太可能出现，而流星体的撞击是唯一可能的已知原因。

苏梅克仔细绘制了撞击坑的地图，展示了这个大坑和内华达州的核爆炸大坑之间的地质学相似性。他的分析使地球上的外星撞击概念合理化，成为地球科学的一个里程碑，同时吸纳了地球与其宇宙环境相互作用的显著性。

撞击坑的形成

我对攀岩的喜欢很大一部分来自调查岩石的材料、质地和密度所得到的快乐，我可以通过近距离检查岩石表面，以确定最安全和最有效的路线。但是，埋藏在岩石中的真正宝藏是它们悠久的历史。与它们表现出的板块运动的证据一起，岩石的形态和成分为地质学家提供了可以评估的信息宝库。古生物学家也从地球的嵌入化石和其地形中学到很多。

> 岩层的形成在讲述着一个又一个故事。在这一方面，一些地方尤为壮观。
>
> 不久前，我访问了西班牙毕尔巴鄂市巴斯克地区（Basque country）的大学。我很幸运，有一个研究物理学的同事告诉了我关于苏玛亚（Zumaia）附近小镇复理层地质公园的事情。地质公园是一个很不错的生态旅游地。它以露出地表的让人难以置信的石灰岩为特色。这些石灰岩代表了几百万年的地质历史。这个地方非常迷人，因为它不仅对那里的地质宝藏的利用提供了可持续的经济发展，还提供了多样化的科学活动和发现。

当我参观地质公园时，那里的科学负责人向我指出，跨度 6 000 万年的岩层沿垂直的山崖随时可见。山崖位于迷人的海岸边（见图 10-2）。他将悬崖描述为一本展开的书，每一页都在同一时间可见。K-T 分界线（白垩纪 - 第三纪分界线，现在被称为 K-Pg［白垩纪 - 古近纪］分界线，我将在稍后讲到）分离开含有化石的白色岩石层和上方没有化石的灰色岩石层。这条标志着最后一次大灭绝的线被完好地保存在巴斯克地区这个安静的地方。

图 10-2

复理层地质公园的岩石上那看得见的 6 000 万年历史。摄于西班牙苏玛亚附近的 Itzurun 海滩。（感谢乔恩·尤勒斯提拉 [Joh Urrestilla] 提供图片）

这样壮观的岩石层并不是了解过去的唯一途径。撞击坑，这些在地球表面上最显著的结构，形成了非常不同的信息源泉。尽管我们对于流星体是如何以及何时撞击的了解有限，但科学家们对于撞击坑的地质学了解了很多。大坑的形状、岩石形态和成分提供的线索有助于将撞击坑和火山口或其他圆形凹陷区分开来。而且，由于撞击坑独特外观和成分可以在很大程度上从其来源得到理解，流星体造成的地面崩塌处的凹陷和特殊的岩石类型告诉了我们很多关于最初形成陨石坑的事件信息。

如果不是已经被极不成功的军事政策败坏了，“冲击与震慑”很可能是对撞击坑的形成的最中肯描述。撞击坑是地外物体撞击地球，撞击能量足够大以至于形成了一个冲击波，冲击形成一个圆形的坑。冲击波，而不是直接的撞击，使得撞击坑保持了圆形的形状。如果是更直接的挖掘，将会生成一个有方向偏向的凹陷，反映出撞击物的最初方向，而不是看起来四处都一样的大坑。这是误导了吉尔伯特对巴林杰陨石坑分析的虚假论点。但是，撞击坑不能被简单地理解为撞击物对岩石的向下冲击推动。撞击坑是这样形成的：当撞击物以非常大的力量向下冲击地球时，被压缩的区域像活塞一样，会迅速减压以释放应力，从最初的冲击反弹，并喷射出物质。通过冲击波的半球模式的压力释放是实际创建火山口的爆炸。这个地表以下的爆炸产生了撞击坑独特的圆形形状。

形成撞击坑的物体通常撞击地面的速度是地球逃逸速度倍，也就是 11 公里 / 秒，最为典型的大约 20~25 公里 / 秒。对于较大的物体，这一速度是声速的很多倍，保证了巨大的动能被释放，因为动能不仅随质量增长，同时还会随速度的平方增长。对坚固的岩石的一次撞击，可以与一次核爆炸产生的影响相当，产生的冲击波压缩同时压缩来自太空的物体以及地球的表面。撞击释放的冲击加热它所遇到的物质，并且几乎会一直熔化并蒸发进入的流星体，如果流星体足够大，也能熔化并蒸发掉目标区域。

不断扩大的超声波产生的压力远远超过当地物质的承受强度。这催生了罕见的结晶结构，如冲击石英，这些结晶体结构只在撞击坑和核爆炸的冲击区域才会被发现（见图 10-3）。其他特征性质包括岩石上破碎的锥体，它们是锥形的结构，其顶点指向碰撞点（见图 10-4）。碎裂锥体也是一个明确的证据，再　次表明一次高压力的事件只能由撞击或核活动解释。碎裂锥有趣的地方在于，它们的大小从几毫米到几米的范围变化，从而提供了物质的宏观尺度效应。和晶体变形以及岩石熔化的证据一起，震裂锥帮助人们区分出了真正代表撞击事件的撞击坑。

还有一些具有撞击特征的岩石是在高温下形成的。这些被称为玻陨石和冲击熔融球粒等玻璃材料的物质，起源于熔岩。由于它们是在高温下（并不见得是在高压下）产生的，可以想见，它们也能起源于火山，而火山也是于大坑形成另一个主要原因。但是撞击坑通常具有不同的化学组合物，包括金属和其他物质，如镍、铂、铱和钴，这些是地球表面上罕见的。这些额外的线索帮助确证了陨石坑源于撞击。

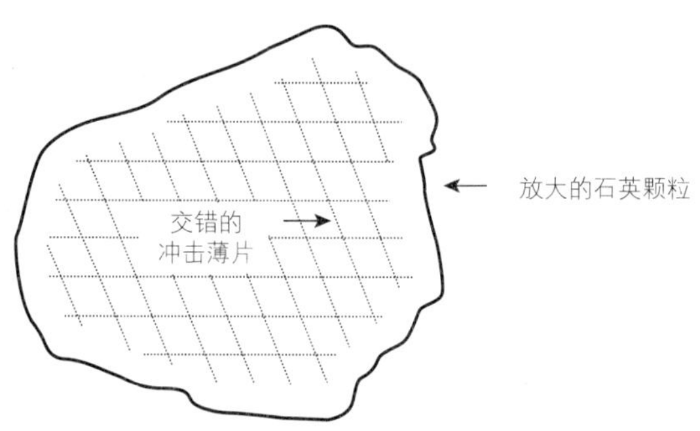

图 10-3

冲击石英中独特的交叉变形模式，表明它产生于陨石的强力撞击。

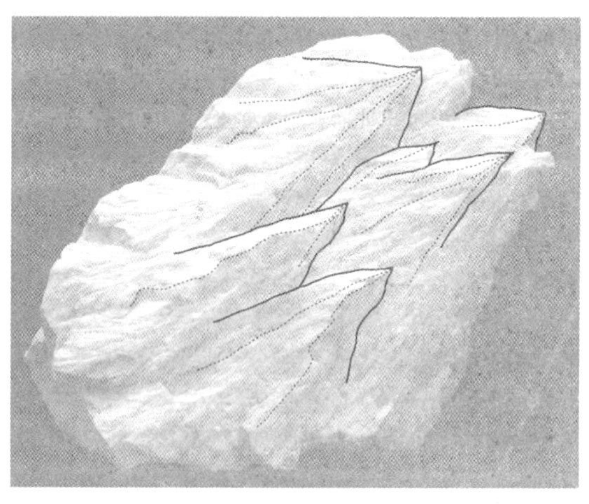

图 10-4

在同一块岩石上，多次出现了不同尺寸的、明显的锥形形状。它是岩石结构在高压条件下形成的宏观迹象。

撞击物体的化学成分也能有其他的鲜明特点。例如，特定的同位素——也就是具有相同的电荷但不同中子数目的原子，大都产生于地球之外。由于大部分原始物质都被蒸发了，因此这个方法只对剩余物质的一小部分有用。

冲击角砾岩对区分陨石坑也很有用，它由通过细粒度基岩材料连接在一起的岩石碎片组成——再一次表明了撞击将原本在那里的物体击碎了。受冲击熔化的玻璃也很有趣，它们的形成既需要高压也需要高温，其不寻常的高密度有助于识别它们。另一个显著的特征存在于撞击坑底部或中心岩层的岩脉中，它们由玻璃颗粒组成，并在撞击坑底部组合成复杂结构。

这些与众不同的冲击和熔化的特点是证实撞击事件的关键，因为它们在其他条件下无法形式。然而，找到拥有这些特点的岩石并不容易，因为它们可能深埋于岩石碎片并且可能熔化了。虽然如此，陨石比比皆是，许多自然历史博物馆都有展示。我喜欢在纽约的美国自然历史博物馆展出的 2 米多高、34 吨重的陨石阿尼吉托（Ahnighito），它是目前在展出的最大陨石。这块巨大的陨石是后来收购的，加入到博物馆自从 1869 年创立以来已收藏的陨石藏品中。

物质材料有助于识别陨石坑，而陨石坑独特的形状也能够帮助辨别。陨石坑是中心区域下陷而低于周围地面，而大多数火山口由喷发产生，所以高于周围平面。陨石坑的环状边缘也会抬升起来，这对于火山口也是不典型的。

另一种识别特征是倒置地层（inverted stratigraphy），也就是翻转的边沿地层。这是由于中心的物质被挖掘出来之后“翻转”到撞击坑外部导致的，它类似一叠大煎饼的边缘。在地球表面或在任何行星或月亮上的大致圆形的凹陷，都有着抬升的边缘和倒置的地层。这也提供了明确的证据：一个大质量的物体以巨大的速度撞击到表面上。

虽然区分陨石坑的物质大多数是在突发冲击波释放的过程中成形的，但陨石坑的形状也依赖于后续的形成历史。最初天体击中目标时，撞击天体会减速、被撞击物质会加速。撞击、压缩、减压以及冲击波的外流，都在零点几秒之内发生。一旦冲击波过去，变化就发生得较为缓慢了。被击中的加速物质——由初始的激波加速，在激波消失之后仍然继续移动，其运动速度是亚音速的。即使如此，陨石坑继续形成，其边缘上升，更多的物质被喷射出来。然而，陨石坑尚未稳定，重力会使其崩塌。对于小陨石坑，边缘落下了一点，岩屑向下冲向陨石坑的四壁，而熔化的物质侵入陨石坑更深的部分。最终的结果仍然是碗状的，看起来很像是初步形成时的样子，但是大小很可能小很多。例如，巴林杰陨石坑是其原始大小的一半。此后，角砾、熔化的和喷出的岩石填充了空洞。一个简单的陨石坑如图 10-5 所示。

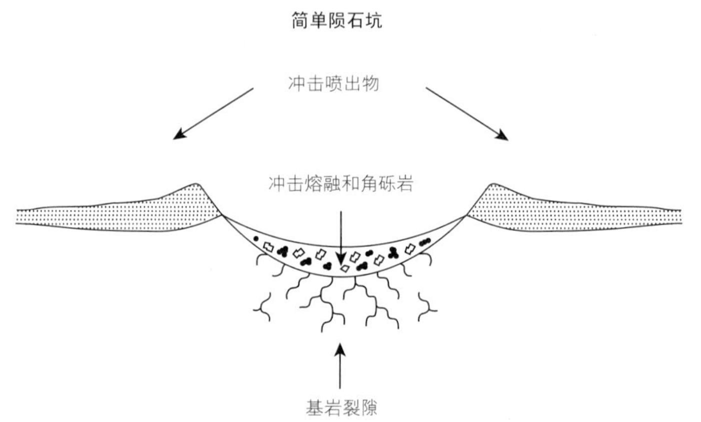

图 10-5

由撞击形成的简单陨石坑有一个被掏空的碗状中心区域。此区域被相对比较平的角砾覆盖，并有着鲜明的上升边缘。

更大的冲击不仅会改变物质的位置并喷出物质，也会使被击中的原来地面的一部分蒸发。这些熔化的物质能够覆盖空腔的内部，而汽化的物质通常会扩展出去，造出一个蘑菇云的效果。大多数粗糙的物质将在几个撞击坑半径之内降下来，但一些更细小的颗粒物质可以消散到全球范围。

当撞击体的直径大于 1 000 米时，形成的撞击坑直径将达到 20 公里或更大。在这种情况下，撞击体实质上在大气中造出了一个洞，而喷出物填充这个空洞——先向上运动，之后下降到一片较广的区域上。最热的物质能够上升至平流层以上，而汽化物质的火球可以被广泛扩散，就像由于白垩纪 - 第三纪撞击沉积，在世界各地发生的富铱黏土情况一样（我们后文将提到）。

更大的冲击形成了一个复杂的陨石坑（见图 10-6），在最初的陨石坑形成之后，坑内经过了更大的变化。坑的中央区域上升，而边缘部分坍塌，因为冲击波在地里传播的过程中，不会与不均匀的岩石相互作用，生成一种新的和冲击波传播方向相反的波，并且将冲击波“卸掉”。这个变稀薄的波将深处的物质拉到较浅的地方，在大陨石坑下面留下变薄的地层。这一切发生的速度之快令人惊讶。几公里深的大坑能在数秒内生成，而峰顶可以在几分钟内上升到几公里的高度。

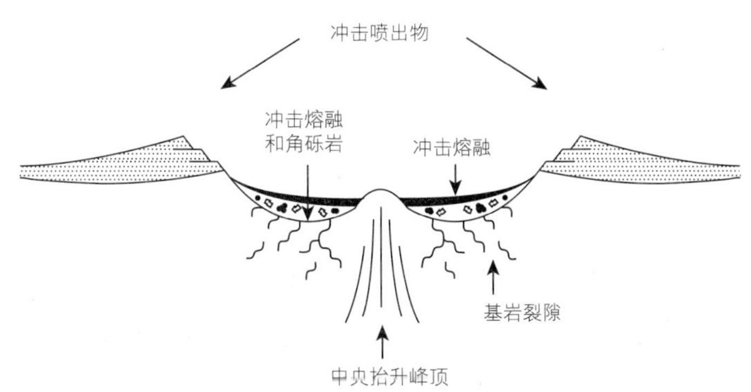

图 10-6

一个复杂的陨石坑，它和简单陨石坑一样有一个升起的边缘，但是边缘具有阶梯结构。其内部有一个隆起的区域，并且有更大量的坍塌物质。

复杂陨石坑和由小型冲击形成的简单陨石坑有着不同的外观。精确的陨石坑形状取决于坑的大小。当陨石坑的层状沉积岩直径大于 2 000 米，或者更强的火成岩或变质结晶岩的直径大于 4 000 米时，它一般具有中央隆起区、广阔的平坦坑面和阶梯状的墙壁。这是在最初的压缩、挖掘、改变和坍塌之后留下的。

当直径超过 12 公里时，在陨石坑中心可能会升起一个完整的平台或者圆环状。所有这些线索对于“挖掘”（它有双重含义）过去都是关键信息。20 世纪 80 年代，这些鲜明的特点有助于认

证和白垩纪 - 第三纪灭绝有关的尤卡坦（Yucantan）陨石坑（详见第 12 章）。

地球上的“疤痕”

在过去的半个世纪，许多陨石坑已经被发现。通过研究它们的化学成分以及陨石坑疤痕——被破坏最厉害的陨石坑仍然留有可以辨别的痕迹，我们可以填补地球的“访客”名单，而“来宾留言本”就是地球撞击数据库。

地球撞击数据库当然包含了一些你可以在互联网上找到的引人入胜的列表，如果仔细查看，你会发现包含很多造访过地球的地外天体。它们撞击过地球，并且留下了巨大的陨石坑，从而让人类可以发现并辨认出它们。但这不是撞击事件的完整列表，因为地球上很多非常古老的陨石坑被地质活动抹平了，我们现在看到的大部分陨石坑来自相对近期的，也是频率较低的撞击。

大多数撞击很可能发生在 39 亿年以前太阳系的早期阶段，当时由行星形成剩余的物质被吸引至太空，四处移动。但是，地球、火星、金星和其他更多的地质活跃天体往往随着时间的推移丢失了陨石坑的遗迹，这就是为什么地质活动被动的月亮上陨石坑更加明显的原因。

即使是最近的撞击的遗迹也大部分丢失了。虽然较小的撞击经常发生，但它们并不会留下明显的疤痕，至少不能长期留下。事实上，小陨石坑甚至比你预期的会更加少见，因为地球有着稠密的大气层。像在金星和土卫六上一样，大气层保护着我们，让我们不用遭受许多小撞击，像经常发生在水星和月亮上的那样，

那里的大气层保护不了它们。❶

较大的撞击很少发生，这对于地球生命的稳定性来说，是相当幸运的事情。每隔几十万到 100 万年，一次足够猛烈、足以产生一个直径达 20 公里宽的陨石坑的撞击可能会发生，并导致全球性的损害。然而，即使这样的概率也没有在地球撞击数据库中表现出来。如果你仔细查看，你只会发现 43 个这种陨石坑的遗迹；而在过去的 5 亿年里，只产生了 34 个；在过去 2.5 亿年内，又产生了 26 个（见表 10-1）；总数只有大约 200 个。

表 10-1　从地球撞击数据库获得的地球上已知的直径大于 20 公里、形成时间小于 2.5 亿年的陨石坑名单

陨石坑名	年龄（百万年）	直径（公里）
圣马丁（Saint Martin）	220 ± 32	40
马尼夸根（Manicouagan）	214 ± 1	85
罗什舒阿尔（Rochechouart）	201 ± 2	23
欧宝龙（Obolon’）	169 ± 7	20
普切日（Puchezh-Katunki）	167 ± 3	40
莫罗昆（Morokweng）	145.0 ± 0.8	70
戈斯峭壁（Gosses Bluff）	142.5 ± 0.8	22
雷神（Mjølnir）	142.0 ± 2.6	40
艾伯特王子（Tunnunik［Prince Albert］）	>130，<450	25
图库努卡（Tookoonoka ）	128 +/-5	55
卡斯威尔（Carswell）	115 ± 10	39
斯蒂恩河（Steen River）	91 ± 7	25
拉帕加维（Lappajärvi）	76.20 ± 0.29	23
曼森（Manson）	74.1 ± 0.1	35

❶ 水星的大气层极其稀薄且不稳定，也无法提供相应的保护。——译者注

续前表

陨石坑名	年龄（百万年）	直径（公里）
卡拉（Kara）	70.3 ± 2.2	65
希克苏鲁伯（Chicxulub）	65.17 ± 0.64	24
波泰士（Boltysh）	66 +/-0.03	150
蒙塔格奈（Montagnais）	50.50 ± 0.76	45
卡缅斯克（Kamensk）	49.0 ± 0.2	25
洛甘察（Logancha）	40 ± 20	20
霍顿（Haughton）	39	23
米斯塔斯汀湖（Mistastin）	36.4 ± 4	28
波皮盖（Popigai）	35.7 ± 0.2	90
切萨皮克湾（Chesapeake Bay）	35.3 ± 0.1	40
里斯（Ries）	15.1 ± 0.1	24
卡拉库尔（Kara-Kul）	<5	52

注:大小表示陨石坑自身从边沿到另一边沿的直径，它比受影响的冲击区域要小。

有几个因素导致了陨石坑记录的缺乏。第一个相关因素是，地球表面 70% 被海洋覆盖。这不仅因为海面下的陨石坑难于被发现，而且因为在一开始海水就能对陨石坑的形成进行干扰。此外,海洋底部的地质活动可能会消除所有实际上已经形成的疤痕，除了最近期形成的那些。海洋底部的证据每两亿年就会在很大程度上被消除，因为板块构造用一种传送带似的展开和俯冲过程改变了海底的结构，这一过程可以在这个时间尺度上覆盖任何之前存在陨石坑的证据。

即使在地面上，地质活动（例如风或水的侵蚀）也会破坏陨石坑存在的证据。这也是为什么大多数陨石坑在大陆更稳定的内部区域被发现（并且更有可能在地质活动较少的行星上保留下来，如金星）。当然，即使不像海平面以下 4 000 米的地方一样难以到达，流星体也可能在陆地上比较不易进入的地区着陆。最后,人类的活动可以通过改变地球的表面掩盖陨石坑遗迹。因此，从某些方面来说,陨石坑的名单有现在这么多已经很让人惊讶了。

一些个例大多因为是相对近期的事件（在地质时间尺度上来看），而相对有名。在过去 100 万年里，产生了两个直径 10 公里宽的陨石坑，一个在哈萨克斯坦、一个在加纳。另外两个知名陨石坑在南非和加拿大——弗里德堡（Vredefort）和萨德伯里（Sudbury）。这些陨石坑甚至比由造成了白垩纪 - 第三纪灭绝的撞击事件产生的希克苏鲁伯陨石坑更大，但是它成形的时间在更加遥远的过去，大约 20 亿年前。加拿大萨德伯里矿被创建起来是为了挖掘镍和铜，因为当产生陨石坑的巨大物体撞击并熔融壳层的时候，它们出现并沉积在了那里。在萨德伯里的撞击体并没有直接带来大部分金属，而是由于撞击熔化了一片如海洋般巨大的地壳，而被熔化的地壳花了很长时间才能结晶。这留下了足够的时间使已经存在于地壳的少量镍和铜沉降到冲击熔体池的底部。然后这些金属再进一步由热冲击熔片产生的热液活动浓缩，生成了经济上可行的可开采的矿石。

萨德伯里矿在粒子物理学界相当有名，因为那里有一个地下实验室。这里虽然仍然是一个活跃的矿藏，同时也是一个活跃的物理实验场所。萨德伯里实验室的位置在地下 2 000 米的深处，以保护里面的探测器不受宇宙射线的影响，这使得萨德伯里实验室成为研究太阳发出的中微子的理想地点。例如，它在 1999—2006 年间进行了相关研究。对于搜索暗物质，这里也是一个很好的地方，这也是目前其内部安置的几项实验的目的。

不过，大多数撞击故事并不那么美好。很快我将会提到发生在墨西哥的希克苏鲁伯撞击事件，这一撞击造成了巨大的破坏力。正是这个流星体在 6 600 万年前引发了白垩纪 - 第三纪灭绝事件。不过在讲述这个令人难以置信的故事之前，让我们首先回顾一下过去 5 亿年间导致大规模生物灭绝事件的“大故事”。这些故事将告诉我们：地球上的生命既脆弱又稳定。

灭绝，生命故事的另一面

DARK MATTER AND THE DINOSAURS

> 一些证据表明一些物种过去已经从地球上完全消失了。

达尔文的自然选择学说对生命如何进化给出了著名的解释。当有物种无法成功竞争并适应周围环境的变化，或者无法进入其他合适的栖息地以至于灭亡后，新的物种就会出现。尽管达尔文的进化论能够合理解释很多生物学现象，却不能解释我们所知道的生命的全部。这其中所缺少的最关键元素是生命的起源。

达尔文帮助我们了解到，一旦生命出现，一些生命形式是如何让位给其他形式的。尽管进化原理发挥着作用，达尔文的理论并没有解释生命最初是如何形成的。关于这一主题有许多相关文章和书籍，但是生命的起源依然是最难以解决的科学问题之一，无论这个问题是地球上生命的起源还是包含生命的宇宙的起源。关于生物进化后期阶段的理论与科学的实验给出的结果契合得很好。即使这些实验不都是实验室里的受控实验测试，至少也是能够通过研究化石记录或者丰富而古老的宇宙数据进行的检验。然而，最初状态几乎是无法实现的。倾向于理论研究的科学家们喜欢解释起源的问题，其实更合适的说法是猜测起源之前发生了什么。而一些实验导向的生物学家可能会试图复制早期太阳系形成生命的基本过程。尽管这个领域里有些新的进展，生命的起源仍然非常难以确定，至少目前来看仍是如此。

我们在本章的重点是从另一个角度阐述生命的故事。和生命的起源一样，这个角度所反映的图景并不完全包含在达尔文有关自然选择的最初理论中。但这个图景具有和生物演化后期的理论一样的优点，即可被观测验证。生命故事中的这一重要组成部分涉及生命如何应对根本性的改变，其中包括大规模的物种灭绝，即许多物种大约在同一时期灭亡，没有留下直系的后代。

达尔文理论的核心部分是渐进（gradualism）的概念，达尔文认为，变化是在许多代的时间中缓慢积累而发生的。达尔文的理论不适用于根本性的变化，当然他也没有预想过由外星入侵引起的变化。达尔文脑海中的图像基于缓慢的演变，而环境的灾难可能是非常突然的。与达尔文最初的设想相比，当前的进化理论考虑了更加快速的变化。普林斯顿的生物学家彼得和罗斯玛丽·格兰特（Rosemary Grant），跟随达尔文的脚步对加拉帕戈斯群岛（Galapagos Islands）的雀类进行了研究，并得到了一个著名的发现：生活在加拉帕戈斯群岛上的雀类的喙对降水的改变适应得很快，适应的时间如此之短，以至于格兰特他们在连续的访问中都看到了相应的改变。但是，灾难通常发生得非常快，并且同时会带来突发的严重后果，这使得许多物种无法生存下来。

恐龙的确在不断适应着周围的环境，并且作为一个种群，它们已经生存了数百万年。在其他情况下，恐龙几乎肯定会存活更长的时间。但它们无法适应之前从来没有经历过的环境条件，我们将很快看到：这样的环境改变起源于一个来自外太空的物体。

现在关于生物进化的研究让我们认识到，相对于任何形式的环境变化，除了最缓慢的环境变化，适应几乎总是一个很慢的过程。“适应”似乎只在孤立的环境中产生具有独特属性的物种。对环境变化的首选反应经常是迁徙到一个有着更合适环境的新地方，当然只有当这种环境是可以到达的情况下才行。当一个物种无法适应或迁移到一个合适的栖息地，它就没什么希望了。在迅速变化的环境中，人们会很好地考虑到这一点。尽管技术进步了，但在评估今天不断变化的环境对地缘政治可能带来的影响时，这一教训可能是值得吸取的。

与宇宙的故事类似，我们对物种灭绝的故事感兴趣，是因为这个星球上的生命和地球、太阳，甚至可能和银河系的环境之间都有联系。人们很容易忘记我们的存在与许多让生命形成以及消亡的偶发事件息息相关。本章将讨论灭绝的概念、它的起因以及五次最大规模的灭绝事件。在这五次事件中，在几百万年的时间框架内，有 1/2 ~ 3/4 的物种灭绝了（古生物学家还没有统一的定义）。本章还将讨论很可能正在进行的第六次大规模物种灭绝。

物种灭绝从两个角度将我们的星球和气象事件联系起来：天气和太空。更好地了解其中的联系是具有挑战性的，但可能依然在我们的掌握之内。这门科学对于作为一个物种的人类来说很重要，即使这些故事展现的时间尺度比大多数人考虑的要长得多。

生存和死亡

在地球的历史中，简单生命出现得比较早。地球表面上最古老的岩石中包含着生命的证据，在距今大约 35 亿年前的化石里，即地球形成之后大约 10 亿年，这个时间点上，来自太空的小行星和彗星对地球进行的轰炸刚刚结束。有氧光合作用在大约 10 亿年后出现，同时出现的还有最有可能引发物种灭绝的大气。这样的大气也导致了多细胞藻类的出现。大约 5 亿年以后才开始了“无聊的 10 亿年”，在这期间没有什么激进的演化——至少就我们所知是这样的。这段漫长而宁静的时光在寒武纪初的时候突然结束了，在大约 5.4 亿年前，复杂的生命爆发式地出现。

我们对从寒武纪的生物多样化时期到今天的这段时间内的生物进化过程的了解比较详细。这一时间段被称为显生宙（Phanerozoic eon）。化石记录包含的印记正好从这一时期初开始，这时许多硬壳类动物首先出现，并产生了一个确定的、持久的记录，大多数动物和植物的生命也随后出现了。化石所留存的地区非常广泛，包括加拿大落基山脉的伯吉斯页岩（Burgess Shale）、中国的三峡、东北西伯利亚以及纳米比亚。所有化石都包含着各类生命在地球的不同位置爆发性出现的证据，例如澳大利亚的早期伊迪卡拉（Ediacara）化石群、纳米比亚的那抹型（Nama-type）化石群、纽芬兰的阿维隆型（Avalon-type）化石群，以及一些来自俄罗斯西北部白海地区（White Sea）的化石群。后面的这些区域包含了一些已知的最早的复杂生命，它们来自紧接寒武纪的生命大爆发。

化石记录，除了告诉我们生命的分布，还提供了物种消失的信息，让我们得以洞悉不同形式的生命消失（没有留下任何后代）的时间。虽然大部分化石记录的灭绝是很久远的，但是人类对灭绝的了解却是相对较新的。19 世纪初期法国的博物学家和贵族乔治·居维叶（Georges Cuvier）意识到：一些证据表明一些物种过去已经从地球上完全消失了。在居维叶之前，当人们发现远古动物的骨头时，他们总是试图将这些骨头与现有的物种联系起来，这当然是合理的第一猜测。毕竟，虽然猛犸象、乳齿象与大象是不同的物种，但区别并没有那么大，以至于你一开始很可能会混淆它们，或者会将它们的残骸联系起来。居维叶找出了其中的区别，他证明了乳齿象和猛犸象不是任何当时存在的动物的祖先。接着，他找出了许多其他已经灭绝的物种。

尽管灭绝的想法现在已经深入人心，但是这种认为整个物种可能不可逆转地消失的想法最初遇到了很多阻力。灭绝的概念和当年主流的看法一定是非常难以调和的，至少不比今天人为造成的气候变化更容易。英国地质学家查尔斯·莱尔、达尔文和居维叶虽然都有助于推进这个想法被接受，但不一定是刻意为之，而且肯定是出于不同的角度。

居维叶和其他人的观点不同，他认为化石记录中的根本转变是全球范围的大灾难的后果。对其观点的强有力支持来自对岩石的观测，因为在化石种类急剧变化的时间点的岩石会展示出灾难性事件发生过的迹象。然而，居维叶也没有得到完整的图像。他过分执着于自己的观点，认为所有已灭绝物种的消亡都是由于灾难性事件造成的，并且他从不认为逐渐的变化也可能作出贡献。居维叶拒绝接受达尔文的进化理论，也不接受物种会在缓慢、持续的过程中灭绝。

凭心而论，即使是现在，人们在看到戏剧性变化的景观时也会感到困惑。这些景观并不总是反映塑造出它们的缓慢过程。在科罗拉多西南区的一个活动上，一位发言人在开车去会场的路上评论道，他想象的戏剧性隆起创造了路两侧那令人眼花缭乱的砂岩峭壁。我提醒他，这个过程跨越了数百万年，尽管时有时无，但这些过程并没有像他说的那么剧烈。

在居维叶提出猜想的时候，大部分科学人员则犯了相反的错误，即认为灾难性变化不会起到任何作用。如果几个世纪之前，灭绝的概念是一颗难以下咽的药丸，那么灾难性改变的想法则显得更不可思议。达尔文是理解渐进式改变的科学家之一，但忽视了对于居维叶而言最关键的观点。达尔文认为，任何与渐进论相矛盾的证据只是地质和化石记录不足的标志。虽然他接受演化，但他假设演化总是发生得很慢，无法通过各种研究观察到。达尔文在思维上跟随颇有影响力的莱尔。莱尔在 19 世纪下半叶仍然主张，所有的改变都是平稳和渐进的，所以任何支持突变论的所谓证据都是不完整数据带来的错觉，要么是由地质记录的欠缺引起，要么是由风化造成。莱尔在一定程度上又是被身为苏格兰医生、化学品制造商、农学家和地质学家的詹姆斯 · 赫顿（James Hutton）启发的，后者认为地球只是通过微小的改变在进行变化，不过在很长一段时间积累后产生了显著的影响。

这些科学家的想法对很多过程来说的确是正确的，比如生物学和地质学。雨和风慢慢蚕食山脉，而山脉本身的形成会经过数百万年的时间，是由缓慢的板块运动所引发的逐渐抬升的结果。但我们现在知道，逐步和快速变化都在塑造着地球的形态，虽然即使最剧烈的变化从人的角度来看仍然是相对缓慢的。这也是这些变化如此难以理解的原因之一。

然而事后看来，我们可以回过头来说，戏剧性变化的证据应该是显而易见的。甚至早在 19 世纪 40 年代，科学家们已经发现化石记录中的巨大空白，这表明灾难性的事件确实发生过。研究沉积岩记录的古生物学家辨认出这样的事件，因为他们注意到许多化石种类突然在岩石层上的一个边界消失了，而越过这个边界之后，新物种的证据开始出现。这并不是说证据总是十分明确的，因为许多现象可能导致沉积停止，然后再重新开始。但随着对相应的灾难性事件的辨认，以及仔细地断定年代，以确定较早和较晚的岩石层沉积的相对时间，古生物学家可以解决很多困惑。随着时间的推移，快速变化的证据逐渐强大到无法反驳。

克服不确定性

证实假设或证伪预言，是一项异常艰苦的工作，试图重建历史事件的科学家们必须艰苦地工作。即使有丰富的化石记录，但时间或空间在分辨率上的不确定性会导致非常不同的假设和结论。为了了解一些持续进行的科学辩论的原因，也为了欣赏已经克服了这些障碍的地质学家和古生物学家的智慧和有条不紊，让我们简单地了解其中的一些难题：可靠地断定灭绝是如何迅速且广泛地发生的，以及如何确定其中的根本原因。

第一个障碍是评估物种灭绝速率的困难性。在任何给定时间对地球上存在的物种进行准确地计数是很困难的，因为科学家需要找到、识别并区分每一个存在的哺乳动物、爬行动物、鱼类、昆虫和植物的类型。这同样适用于对今天存在的物种进行计数的工作，虽然原则上说这是最容易得到的。在《生命的未来》(*The Future of Life*)中，生物学家爱德华·威尔逊(E.O.Wilson)感叹，每年都出现太多关于新物种出现的发现，博物学家难以把它们都写成论文。

已被编目的现存物种的数目介于 100 万～200 万之间。对现存物种总数最好的估计在 800 万～1 000 万，但比这高达 5 倍的估计也是可能存在的。毫无疑问，**确定过去的灭绝速度比确定目前现有物种的数量更具挑战性，因为前者不仅要考虑时间上的间隔，辨识多年以前的生命，还要考虑地质事件及其影响。**毕竟，和现在相比，过去物种的数量以及它们消失的速率都更难测量。

在辨认大规模物种灭绝时，一个令人困惑的技术细节是：相关数据可以根据具体的定义有所不同。我将主要讨论物种的数目，而科学家们经常倾向于计算属的数目。通过后者，他们可能找到比较有用的分组。相关的生物种类对研究进化和灭绝都非常重要，而我对其的理解能力很大程度上得力于很久以前为高中考试所做的准备。那时我仅是靠死记硬背记住了“界-门-纲-目-科-属-种”。尽管很少再用到这方面的知识，但我永远不会忘记这些名词。这些对你而言也许并不熟悉的等级，代表着生命的特定形式是如何密切相关的。

在评估是否发生了大规模灭绝时，采取不同的分类方式会得到不同的结果。例如，考虑这样一种情况：每个属中一半以上的物种都被消灭了。但在一个给定的属中只要有一个物种存留，这个属就算幸存下来。这种情况下，按照物种计数的规定，由于超过一半的物种都被淘汰了，即灭绝事件发生了；若按照属计数的规定，灭绝并没有发生，因为属的数目没有改变。这个例子说明了物种灭绝定义的模糊性，这与用一个随机的比例来精确划分大灭绝一样模糊，例如有人说 50%，而有人说 75%。这并不是说生物大灭绝可以被忽略，只是还没有理想的方式来定义它们。

除了术语的问题，古生物学家的工作还会受到实质性问题的干扰。显然，识别和理解被打乱的化石记录是必不可少的工作。如果某些种或属在相邻的岩层中留下化石，但在其上面的岩层中没有出现，这可能是灭绝事件的信号。但化石仅能在沉积岩中被发现。住在火山或其他非沉积岩环境中的稀有物种通常不会留下任何痕迹。研究寒武纪（约 5.4 亿年前）之前的古老生命形式时的一大障碍是没有坚硬的身体成分，这使得辨认更早期的化石沉积层的工作非常具有挑战性。

更近期的记录也很复杂。即使化石的确形成了，但沉积和侵蚀速率对于理解化石的含义至关重要，而这些速率差异很大，对化石的解释可能被混淆。在陆地上，沉积是偶然发生的，侵蚀作用却是稳定存在的；在海洋环境中，沉积是稳定发生的，而侵蚀则是偶然发生的。这使得海洋中的记录比陆地上的更全面、更完整。这些因素意味着，化石记录只有部分幸存下来，然而这些记录即使存在，也可能很难被发现和辨别。古生物学家依然成功地获得了一些化石记录，因为虽然找到任何单个化石的概率很低，但鉴于在一段足够长的时期内有相当多物种的个体化石被保存下来，所以沉积记录中依然有着丰富的化石信息。

这样的化石可能整齐地保存下一个完整个体的印记，但更多的时候，它们都只是局部的记录，作为证据，这些记录被嵌入岩石中，很容易被掩盖掉。因为通常只有一个物种的坚硬部分会形成化石，有辨识度的身体部位经常会缺失，这导致不同的物种容易被混淆。即使我们精通辨识化石，但可能在它们被发现之前，地球上的风化作用以及其他过程已经把许多相关的印记给隐匿或者毁损了。

除此之外，模糊效应（即西格诺尔 - 利普斯效应）会混淆对化石的解释。这种现象因菲尔 · 西格诺尔（Phil Signor）和杰尔 · 利普斯（Jere Lipps）而得名，它和一个颇为直观的想法联系在一起。模糊效应认为：一个物种最后的化石将位于不同的地方以及不同的地质时期，这使灭绝往往看起来不那么突兀，比它的实际情况更加渐进。根据西格诺尔和利普斯的理论，依据空间上延展区域出现的最后残余化石的深度的变化，并不能果断地确定灭绝是否是渐进式的或突然出现的。这种模糊性会使一个给定的灭绝事件的诱发原因难以被查明。

研究人员往往更喜欢海洋生物的化石，因为它们通常保存得较好。在 19 世纪，蛤、菊石、珊瑚以及其他大型物种的化石是最容易获得的。而在 20 世纪，利用更先进的工具，地质学家开始利用微化石来获得更详细的信息，例如，单细胞有孔虫这种非常丰富且分布广泛的生物的化石，它们被保存在水下和隆起的石灰岩中。

确定灭绝事件时的另一项考虑是：化石记录和绝对年龄都相当重要。化石记录与它们被发现处的地质构造相结合，可以帮助估算出相对年龄。由于不同的时间段居住着不同的物种，出现的化石种类能帮助我们确定它们所形成的相对时间。但往往找到一个边界岩石层的绝对年龄（而不只是相对年龄）是非常困难的，这还需要和化石记录相独立的确定形成年代的方法。以此为目的地质学家们经常使用的一种方法是同位素分析（isotopic analysis）。通过分析同位素含量，科学家能够确定一个原子的不同同位素（在其中，质子数是相同的，但中子数不同）的比例。如果知道一种同位素衰变到另一种同位素需要多长时间，并且还知道初始情况，你就可以通过一种类型的原子所保留的多少来确定一个物体的年龄。

“碳定年”（carbon dating）也许是这种方法中最有名的例子。它被用来确定古老的有机材料的年龄，并且非常精确。然而，由于碳同位素的半衰期不是很长，所以这种方法只对年龄小于 5 万年的物体有效。这使得这种方法不足以用来测定大多数显生宙的古老岩石。取而代之的是更长半衰期的同位素。

不过，当应用上述方法来测定古老岩石的年龄时，同位素分析会变得更加困难。通常说来，只对现存的相关同位素的含量进行追踪，并以此来决定岩石的年龄并非总是足够精确。例如，钾衰变为氩是一个重要的定年龄的过程。但是在岩石中的氩气会逃逸到大气中，这使被测岩石看上去比实际更年轻。或者，有些氩气可以在岩石形成的时候被捕获并储存下来，导致岩石里有更多的氩含量，从而表现为这个岩石是在更古老的时候形成的。在过去的几十年中，研究方法不断得到改进，各种元素的交叉相关使得进行更好的研究成为可能，甚至微量元素的详细探查也变得更容易了。近期，利用激光从氩晶体中去除气体来确定流星体和白垩纪 - 古近纪灭绝事件的年龄的工作确实提供了一个惊人的准确例子。我将在后面的章节中提到这个故事。

磁信息也被用来帮助证实绝对年龄。这种方法依赖于地磁的倒转，最初被用于测量与恐龙灭绝相关的岩石的年龄。但由于地壳是由移动中的板块构成的，磁场的方向随着时间会发生变化，这使得磁场最初的方向难以被重建，影响了结果的可靠性。也许这是个好事，因为它的不足加速了另一种方法的出现，这个新方法是由地质学家沃尔特 · 阿尔瓦雷斯（Walter Alvarez）和他的父亲、物理学家路易斯 · 阿尔瓦雷斯（Luis Alvarez）建立起来的，并引出了流星体的假设（我将很快对这种方法进行解释）。

为什么大多数生命消失了

地质学家和古生物学家的辛勤工作毫无疑问地揭示了：过去发生了惊人的变化，导致这个星球上的大多数生命都被消灭了。一旦这个论点被建立起来，问题就变成了：这些变化发生的方式和原因是什么？近年来，我们已经经历过一些破坏性的风暴和灾害，但没有任何事件本身会强大到足以消灭地球上一半的物种。当然，对人类影响的累积效应的最终结果尚未确定。但是，是什么促成了过去那些改变了世界的灾难呢？

在介绍那些可以触发灭绝事件的灾难性事件之前，让我们首先考虑一下其他因素，它记载着可能发挥作用的环境因素。**温度和降水的变化在任何情况下，都是两个重要的贡献者。**从广义上讲，当天气模式变化时，那些已经适应当地环境的物种不一定能跟得上这个变化。

随着北极冰的融化，适用于特殊物种的环境能够随着变化的温度剧烈变化，以至于那些不能以足够快的速度适应这种显著变化的物种不得不转移到另一个合适的栖息地，或者死亡。气候变化的影响不那么直接，当然，其中最显著的是海平面的变化，它可以破坏稳定的海洋环境并淹没曾经适宜居住的陆地，把陆地环境转变为海洋环境，从而消灭了一些陆生物种。

海洋的变暖也会影响降水模式，再次影响物种的生存机会。在较短的时间尺度上，寄生虫或疾病也可能导致物种的灭绝，因为气候变化会加剧它们的危险。此外，一个物种所依赖的食物可能会死光，引发食物链的多米诺骨牌效应。

在海洋中，与氧气耗尽一样，酸度的变化是更进一步的潜在杀机。最终，屏障的形成可导致分离的、脆弱的种群，或者屏障的移除能够造成物种的入侵或不同种群的均质化，这两者都能使一个物种灭亡。任何灭绝触发器都会导致至少发一次我刚才所描述的灾难，而大多情况下会导致几个灾难组合性地发生。

为什么会发生这些变化？是由什么环境变化引发的？关于这个问题有两种不同的主流观点。一种观点认为，灾变是渐变的——这种观点常和地球相关的现象联系起来，例如火山和板块运动。

火山喷发的烟尘能够遮挡阳光，显著地改变大气成分从而影响温度。但它引发的结果需要很长时间才会导致生物的灭绝。而板块运动会影响栖息环境，是物种逐渐消亡的另一个论点。随着海洋环境的变化，板块运动能够改变气候和陆地范围，这两点都会导致星球上生物的戏剧性变化。当然火山爆发或者板块运动中的某一个和生物灭绝是相关的，但很可能两者都相关，因为它们趋向于同时发生。

此外还有些“大事件”。另一方的观点认为，突发事件是造成物种灭绝的主因，包含外来天体引发的灾难，例如大彗星的撞击，也包含地球上突然发生的事件 。地球自身引发灾难的依据来自那些已知的、可能是突发的能量加速释放。例如，我们知道火山喷发有不同的间歇，但是在西伯利亚和南印度的德干高原，却有大面积的玄武岩层，被称为暗色岩。暗色岩包含的岩层占了高原很大一部分，是由大量火山喷发出来的岩浆扩散形成的。这两块暗色岩是火山喷发率异常的标志。尽管经受了风化的侵蚀，但就算今天，西伯利亚的暗色岩面积依然超过一百万平方公里，体积则达到几十万立方公里。

那种能形成暗色岩的火山密集地喷发时，会造成严重的破坏。你大概还记得火山灰浓密到影响飞机飞行的新闻，也就是 2010 年 4 月冰岛的埃亚菲亚德拉火山喷发。更猛烈的火山活动能造成更可观的全球性影响，例如对全球气候的影响。喷发物中含有大量二氧化硫，这会增加大气上层的水蒸气含量，加剧温室效应从而造成短时期的全球变暖。但长远看来，这些火山会使全球变冷。这是因为二氧化硫会和水形成硫酸并凝聚形成硫酸盐气溶胶，而把太阳光反射回空气中，从而使大气底层变冷。（这一过程很有效，科学家们甚至在研究向大气中注入硫来应对气候变化。）硫酸盐气溶胶还能破坏大气中的臭氧，还会形成酸雨。该过程的进一步反馈机制（包括已知和未知的）可能产生更持久的气候现象。

仅仅有火山还不够解释所有的物种灭绝。足以毁灭地球主要生物的事件是非常罕见的。更奇异的想法是，宇宙事件引发了快速发生的大灾难。地轴和轨道的变化可能引发了一些气候变化，例如发生在几万年或几十万年的时间尺度上的冰河期，但这些地球活动似乎不能解释低频率的大型灭绝事件。

宇宙射线、超新星和其他太空现象，也被认为是长时标现象的"嫌疑犯"。宇宙射线能从几个方面影响云层覆盖。一是电离对流层中的原子，使水滴能够凝结。这可以加快云的形成，从而影响天气。然而这个理论并不站得住脚。首先，我们不知道宇宙射线和其他电离源比有多重要。其次，原子核（即使形成后）必须要凝结到足够大才能形成云。最后，云的作用还不清楚：它们可能通过反射太阳光来使地球降温；而另一方面，它们还可能再辐射一些能量以使地球升温。无论如何，宇宙射线和气候的关系不足以解释造成灭绝的短时间剧烈天气变化。

超新星也被认为是潜在的因素。提出者认为，超新星会释放高能的 X 射线和宇宙射线。这些辐射原则上可以破坏细胞和遗传物质，从而杀死生物。辐射还可以耗尽臭氧层，导致二氧化氮形成，这会吸收太阳光而导致全球降温。

尽管有这些潜在的威胁，超新星似乎也不能解释物种灭绝，原因你肯定想得到：太阳系附近的超新星数量不够多。即使当地球穿过银河系旋臂的时候，因为恒星数密度增大了，所以遇到超新星的概率会增加，但是超新星临近地球的可能性还是不够解释灭绝事件。同样，伽玛射线暴（gamma ray bursts）的数量也是不够的。根据有些估计，银河系中的伽马射线暴每 10 亿年左右才发生一次。

一个更可靠的造成灭绝的因素是彗星或小天体撞击地球。如若一个巨大的物体撞击了地球，能使地表、空气、海洋发生天翻地覆的变化。如果撞击足够大，地表和气候可能会立刻发生显著变化，这对某些物种是致命的。

事实上，大多数灾难电影的情节（除了生化危机那一类电影）都是伴随着一个大型撞击而来的。撞击会产生冲击波、火灾、地震和海啸。灰尘还会飞入大气，短时间内会阻止光合作用，终结大多数动物的食物来源。撞击还会导致气候的改变：开始变热，然后变冷，再然后又变热。变冷是由于大气中残留的硫酸盐和尘埃；而后期的变热可能是因为有毒气体和吸热气体会引发全球变暖。有一颗彗星肯定是引起了一次大灭绝事件，我在下一节会详细讲述，这次灾难是显生宙时期的五大灭绝事件之一。

五次物种大灭绝事件

1982 年，芝加哥大学的古生物学家杰克·塞科斯基（Jack Sepkoski）和大卫·劳普（David M. Raup）用他们对这一领域的所有既有数据的开拓性分析，给古生物学带来了一场革命。许多观测中的不足使他们基于数值计算的数据导向类研究变得很困难，他们需要作出许多关于如何取舍数据和如何处理数据的决定。然而他们意识到：只要有足够的数据点可用，统计类方法对不完美或者不完整的数据而言依然有效，而且事实也确实如此。尽管劳普和塞科斯基在 1982 年发表的论文不是最早量化分析化石记录的文章，但是这项工作改变了研究物种灭绝的大方向，因为在他们之前的文章都是依赖于对小范围数据的研究。

在他们的工作中，芝加哥的古生物学家们辨认出了 5 次大型的生物灭绝事件（见图 11-1），还有大概 20 次小一些的，即那些只有大概 20% 的生物灭绝的事件。因为进化动力学的显著区别以及更早期的可信证据的匮乏，劳普和塞科斯基集中研究了过去 5.4 亿年的生命及其毁灭。在寒武纪大爆炸之前，生命形式肯定已经出现过和灭亡过了。但不清晰的化石记录使得人们对更早期的物种计数无从下手。

塞科斯基和劳普辨认出的最古老的灭绝事件是奥陶纪 - 志留纪物种大灭绝，应该发生在 4.5 亿 ~ 4 亿年前之间。本质上来说，那时生物都生活在海洋中，所以所有灭绝的生物都是水生生物。这次灭绝是在 350 万年里分两个阶段发生的，在这次第二大的灭绝事件中，85% 的生物都消亡了。开始的起因似乎是温度降低，大量冰川形成，海平面显著下降。这是因为水都结成了冰——相反如果大量冰川融化，那么海平面就会上升。第二波灭绝的高峰大概是在后来的一段温暖时期里，那些已经适应了寒冷的动物被消灭了。适应温暖的动物，例如热带浮游生物、潜水海百合（海星和海胆的祖先）、三叶虫、甲壳鱼类和珊瑚最先灭亡，然后是已经适应了寒冷的珊瑚、三叶虫和腕足类走向灭亡。

下一个大灭绝事件持续的时间长一些——大约 2 000 万年，开始于 3.8 亿年前的泥盆纪晚期，即泥盆纪到石炭纪的过渡期。似乎有可能存在 3~7 次的灭绝高峰（具体数字不确定），每一个高峰持续几百万年。这次灭绝也严重地打击了海洋生物，可观数量的海洋物种因此灭亡。尽管死亡也蔓延到了陆地上，陆地上的昆虫、植物和早期的雏形两栖动物存活了下来。古生物学家认为这次事件的一个显著的特征是：这次灭绝主要是因为物种的低形成速率无法平衡物种的消失速率。而其实，这期间的物种消失速率并不比通常快多少。

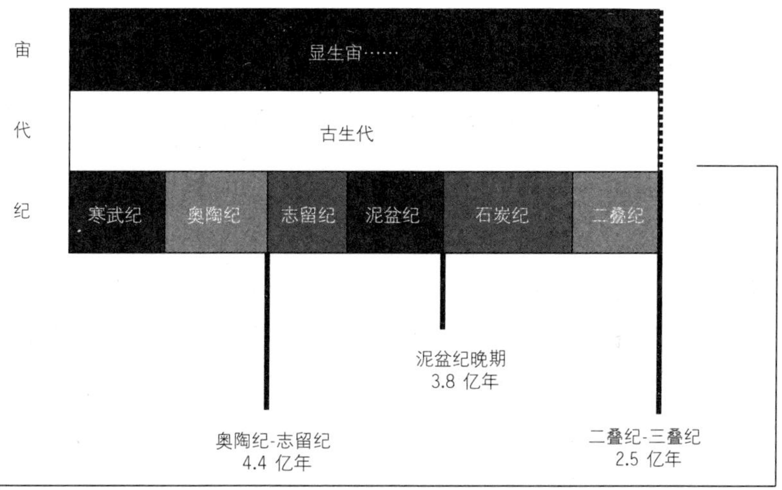

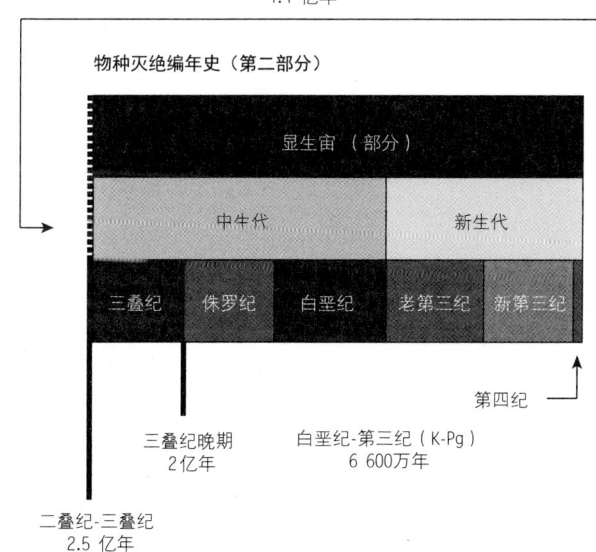

图 11-1

五次大灭绝的界限：奥陶纪 - 志留纪大概是 4.4 亿年前；泥盆纪后期，大约是 3.8 亿年前；二叠纪 - 三叠纪，大约是 2.5 亿年前；三叠纪结束，2 亿年前；白垩纪 - 第三纪，6 600 万年前。此外还有显生宙的各个时期。

从地球上消失的物种比例来看，2.5 亿年前的二叠纪 - 三叠纪灭绝事件是已知的破坏性最大的一次。泥盆纪物种灭绝事件之后，生物（包括两栖类和爬行类）在陆地上和海洋中繁荣了很长一段时间。但是生物在这一次灭绝中走向衰落，至少 90%（甚至更多）陆地和海洋物种灭亡了。灭亡的物种包括表层浮游生物以及海底生物（例如苔藓虫类、珊瑚），一些贝类，还有三叶虫——那些从前两次大灭绝中都存活了下来的三叶虫。陆地上，连昆虫都灭绝了——这是仅有的一次让它们也吃了很大苦头的大灭绝事件。此外，很大一部分两栖动物消失了，而爬行动物——从上一次大灭绝后才出现的物种，也损失了大部分成员。

这次灭绝的原因还存在争议，但大范围的气候变化，以及大气和海洋化学成分的变化肯定起了很大作用。尽管起因和机制还不清楚，但温度升高了大约 8℃，这似乎和西伯利亚大量火山喷发有一定的关系，因为西伯利亚的暗色岩释放出了大量二氧化碳和甲烷。二叠纪 - 三叠纪灭绝这个已知的最大一次灭绝事件，肯定部分受到了火山喷发的气体影响：加热了地球，蒸发了海水，减少了氧气，污染了大气。直到今天，在大量风化侵蚀后，西伯利亚暗色岩还有 100 万平方公里的覆盖面积和几十万立方公里的体积。在当时，暗色岩的覆盖面积估计相当于今天俄罗斯的面积大小。

尽管生物几乎消亡殆尽，但“我之毒药，你之美味”。蕨类和蘑菇取代了早期的生物群落，新植物最终出现了。在这个时期以后，地球不再由类似哺乳动物的爬行动物完全主导，但现代哺乳动物是从它们进化而来的。祖龙的出现是另一个显著的结果，并最终成就了恐龙的霸主地位。

前不久，一个朋友非常自豪地给我看了一个保存极好的（而且也很可爱）约 2 米长的化石，她告诉我这是 3 亿年前的恐龙化石。如果她早一年给我看，我只会简单地赞叹其细节。但是根据我当时的研究，我知道她所说的不可能是对的，因为恐龙是在三叠纪才出现的，比她所说的事件晚了 2.5 亿年。如果那块化石肯定这是恐龙化石，那么我认为那块化石可能没有那么古老。但实际上我们都搞错了：那块化石的确是 3 亿年前的，但不是恐龙的——它是中龙属化石，一个已经灭绝了的爬行物种。恐龙化石很古老，但仍然没有朋友完美保存的那块化石古老。

由于这一次大灭绝的惨烈程度非常之高，地球上的生物没能很快恢复过来。我们是通过黑页岩知道的：在沉积岩灭绝的界限上足足好几米厚，代表着生命产生的白色石灰岩消失了很长一段时间。无论怎样，至少 500 万年后，新的软体动物、鱼类、昆虫、植物、两栖动物、爬行动物、早期哺乳动物以及恐龙出现了。但是这次生物繁荣持续了四五千万年后被第四次大灭绝打断了，也就是大约 2 亿年前。

在三叠纪末侏罗纪前的灭绝中，大约 75% 的物种走向了死亡。起因不是很明确，但较低的海平面和火山喷发并最终诞生了大西洋的地质活动，可能起到了关键作用。海洋中的大多数大型脊椎食虫动物死亡了，海绵动物、珊瑚、腕足类、鹦鹉螺类和菊石类也遭受到了严重的打击。这次灭绝也导致了大多数类哺乳动物的灭亡，也包括许多大型的两栖类和非恐龙的祖龙。

陆地上，竞争对手的消失使得恐龙走向巅峰。灭绝事件使一些生物走向末路，但也重组了生物进化的条件。之后的侏罗纪时期因为书和电影出了名，尽管电影《侏罗纪公园》中所展示的生物并不都生活在那个时代。但是侏罗纪的确是恐龙走向繁荣的时期——在侏罗纪晚期，恐龙已经在陆地生态系统中占了主导地位。

会飞的爬行动物、鳄鱼、海龟和蜥蜴也大量繁殖；哺乳动物也在进化，尽管它们的命运是等待时间线上的下一次大灭绝。

最近的一次大灭绝估计也是最有名的一次。它发生在白垩纪和第三纪的分界线上。这次事件最早被称为白垩纪 - 第三纪物种灭绝事件（K-T），但现在官方将其改名为白垩纪 - 古近纪物种灭绝事件（K-Pg），它发生在 6 600 万年前。这也是我们熟知的灭绝了恐龙的那次事件。

恐龙并不是唯一灭亡的物种。那个时期里大约 75% 的物种和 50% 的种属消失了，这包括许多爬行动物、哺乳动物、植物和海洋生物。在沉积记录中很常见的微生物海洋化石尤其重要，因为数目庞大的此类化石对当时所发生的事情作出了详细的记载。每厘米的海洋沉积物可以映射出一万年的活动，这给出了发生在海洋里的事件的细致图像。国际海洋钻探计划（ODP）用好 10 倍的精确度检测了一些核心海域的海底沉积物。精确的海洋微生物化石尺度帮助科学家们确定了浮游生物、珊瑚、多骨鱼、菊石、大部分海龟和许多鳄鱼种类的灭亡。

这次大灭绝发生后，哺乳动物成为地球上的主要角色。这由多方面的因素造成，首先这肯定与陆地恐龙的消失相关。如果霸占了主要资源的恐龙没有消失，大型哺乳动物（像人类）可能永远没有出头之日。有一个推测：在希克苏鲁伯陨石撞击事件之前恐龙比哺乳动物更占优势是因为它们会大量产蛋；而哺乳动物的后代较少，而且体型越大的哺乳动物生产的频率越低。恐龙可能只是因为数量多，所以在与其他大型动物的竞争中取得了优势。

因为五次大灭绝中的最后一次不仅是最近发生的一次灭绝事件，同时也是大型哺乳动物登上生物历史舞台的主因，所以科学家们对它的研究最仔细。寻找一个正确的理论来解释全球陆地海洋生物的消失是一个有趣的故事，我们把它放在下一章。几乎可以肯定的是，有一颗巨大的彗星在 6 600 万年前撞到了地球上。虽然那是很久以前的事了，但是和地球漫长的 40 亿年历史相比，它只不过是时间长河的一小段。我发现一个引人注目的事实：这个来自太空的给地球带来了严重后果的撞击事件，对地球的影响要比我们想象的还要持久。

第六次物种大灭绝？

灾难也许就近在眼前。如果我就这样结束这一章，不说一说这最后一点非常令人不安的想法，那真是我的责任了。

许多科学家今天认为，我们当下正在经历第六次大灭绝，这次物种灭绝完全是人类一手造成的。为了明确地建立这个论点，科学家们需要确定现存的物种数量和它们消失的速率——但这两点都很困难。尽管还没有定论，但我们已经确定的数字显示了可怕的趋势。证据显示了一个明显高于正常的物种消失速率，这是把当前的物种消失速率和之前的物种消失速率比较后得到的。**根据估算的物种消亡速率基线，平均每一年就会有一个物种灭绝。这个基线的估计也许不是很精确，但事实上，如今，物种的灭绝速率大概是这个平均值的几百倍。**

如果只看鸟类、两栖类和哺乳类的测量结果，更是令人如坐针毡。哺乳动物只占了全部物种的很小一部分，但是它们却是被研究得最细致的一类。在过去 500 年里，物种总数只有不到 6 000 种的哺乳动物中有 80 个物种消失了。

过去的500年里，哺乳动物灭绝的速率大概是正常值的16倍，在 20 世纪，这个值被提高了 32 倍。20 世纪，两栖动物灭亡的速率比过去高了 100 倍，此外，当前有 41% 的两栖动物也面临着绝种的威胁。而在同一时间段内，鸟类灭绝的速率也比平均值高出了大约 20 倍。

这些数值和一次灭绝事件的结果相吻合。根据加州大学伯克利分校的生物学家安东尼 · 巴诺斯基（Anthony Barnosky ）等人观察到的结果，现在发生的环境变化也是如此，和二叠纪 - 三叠纪灭绝发生时的情况可怕地相似。那时二氧化碳的含量升高——温度也是，海水呈现酸性，海洋环境中无氧的死亡区域增多。不可思议的是，那个时期温度和 pH 值（测量酸碱度的值）的比率与今天的值相当。

我们几乎可以肯定地把物种多样性的消失归咎于人类的影响，人类从许多方面改变了地球和其生命形式。例如当欧洲人到达北美洲后，80% 的大型动物走向了死亡——很大一部分是被直接屠杀的。人类还以其他方式破坏着生态环境。其中一项罪责便是污染，还有地貌的改变，包括滥伐森林和过度捕捞；另一个因素是气候的改变，这是由温度和海平面的变化造成的。干旱、火灾、洪水和暴风，以及气候变暖和酸性海洋都与物种的存活息息相关。人类对栖息地的破坏在某种程度上促进了物种的入侵，从全球角度看，使物种群体更均匀地分布了，却这使得所有疾病或寄生虫都变得更加危险。在条件允许时，物种会迁徙到新的栖息地，但是如果栖息地被破坏，那些隐藏的居民们也会跟着遭殃。由于所有这些破坏性的影响，地球上的生物正面临着一个迫在眉睫的危机的说法绝对不是危言耸听。

巴诺斯基给出了一个有趣的理论，惊人的人口增长导致了当前的物种群体危机，因为人类对能源的消耗直接造成了物种危机。假设资源的分布是公平的，假设大型哺乳动物的大小和分布的范围也是合理的，每天从太阳传播过来的能量能够支撑的动物和物种数量是有限的。50 000 ~ 10 000 年前，当人类出现在这颗星球上时就开始大量地霸占这个星球上的资源，这使得大型动物的物种数量从大约 350 种降到了 175 种。后来，哺乳动物的数量缓慢地恢复到其之前的水平，但是在大约 300 年前又开始极速下降——基本上是从工业革命促使人类开采地球储备的能源开始，那些储存了几百万年的化石燃料就是没有使用的能源。在这些储备能量的帮助下，尽管物种数量在不断减少，但人类和大型家畜的数量却随着城市化进程的发展呈现出爆炸式的增长。

一些乐观主义者尽管承认存在这个不安的趋势，但却认为：通过设计或复制 DNA，我们也许可以创造或复兴一些物种来补偿那些已经消失的物种，从而避免一次大灭绝（这里的灭绝是根据物种或属的消失比例来定义的）。但恢复那些消失物种的真实面貌是非常具有挑战性的，因为它们的 DNA 并没有被很好地保存下来，而且重建过去那些物种的生存环境也不太可能了。此外，我们制造新物种并使其存活下来的速率似乎不太可能赶上目前全球损失物种的步伐。无论怎样，灭绝只是一个词。评估灭绝是否发生了也只是基于一个数字，这个数字不可能代表灭绝所产生的巨大变化，而事态正朝着这个方向发展（我们不得不承认）。

从技术上讲，另一个避免灭绝的方式是在物种数量消耗到一半之前，逆转这个趋势。例如，当物种数量降低到一定程度时，也许那些在多样的生物环境中无法竞争存活下来的物种反而会存活下来。这种“乐观”的情况其实只是一种推测，而且这个方式其实仅仅是挽回了生物种类的大量损失，而最后还要有一个稳定的环境才行。

这种变化也许最终对将来的物种是有益的。毕竟，即使是二叠纪 - 三叠纪大灭绝也留下了一些完好无损的生物。例如，从恐龙的观点来看，这还是好事一桩呢。然而，这并不能消除物种灭绝所造成的生命的损失，而且在生物恢复期间（同样遭受着痛苦）

也会损失很多物种。因为即使在这一时期，生命依然遭受着匮乏和混乱所造成的痛苦。尽管从全局来看，我们当前引发的变化所造成的后果可能最终是有益的，但对地球上的某些已经进化了并适应了其环境条件的物种来说，却并非如此。

即使有新物种出现，或者最终条件有所改善，一个彻底改变了的世界对我们人类这个物种来说似乎不见得是什么好事。让人类对生物多样性的丧失负责，也许是一种误会，因为这也确实伤害到了我们自己，例如这一过程会使我们失去食品和药品，失去清洁的空气和水。生命的进化有着非常微妙的平衡机制。我们并不清楚其中有多少可以被改变，而且改变之后又不会导致这颗星球上的生态系统和生命产生戏剧化的变更。你可能会想：我们会相当自私地考虑人类自己的命运，特别是当这许多损失几乎是不可避免的时候。**不像 6 600 万年前那些生命的命运被一颗脱轨的小行星或彗星所左右，人类今天应该有能力预测即将发生的事情。**

地球霸主恐龙的末日

DARK MATTER AND THE DINOSAURS

> 一颗直径为 10 公里 ~15 公里的流星具有巨大的破坏性——无论是对环境还是生命，都是如此。

每个人都喜欢恐龙。无论它们以骨骼、化石，甚至以塑料模型的形式出现，不管老幼都为之着迷。孩子们喜欢这些来自过去的生物，他们用积木拼出恐龙的形状，并能够记住绝大多数成年人都不会拼读的名字。任何展出恐龙的博物馆都会出现众多的观众，包括小孩子以及家长。自然博物馆的馆长们深知这些奇异的古代爬行动物的吸引力。纽约的美国自然历史博物馆将其最主要的展品定为霸王龙（意为“蜥蜴之王”）和雷龙的巨大骨架，并且在入口处布置了相关的模型来迎接观众的到来。

恐龙受欢迎程度的进一步证据是，恐龙在流行文化中的明星角色。从《摩登原始人》（*The Flintstones*）里的迪诺（其实在陆地上，恐龙并没有与人类共存过），到《侏罗纪公园》的再生恐龙（其实它们在未来也不会与人类共存）。即使是《金刚》的电影人也不满足于一只巨大的可以爬上帝国大厦的大猩猩。我想，他们需要加入一个完全多余的有恐龙的场景。

为什么？因为恐龙太让人不可思议了。它们看起来和今天的动物非常相像，让人觉得似乎很熟悉，但是又非常不同，它们的奇异和古怪激发了我们的想象。恐龙有角和冠，还有骨质铠甲和刺。一些恐龙体型庞大、行动缓慢，而另一些却小巧而灵敏。一些恐龙生活在陆地上，有的用两条腿走路，有的用四条腿走路；而有一些则会在空中飞行。

然而，对许多人来说，当他们想到恐龙的时候，第一个划过脑海的事情是，那些体型庞大的动物永远也不能再在地球上行走了。虽然一些恐龙的确演化成了某些鸟类，并存活到了今天，但这些已经统治陆地长达几百万年的恐龙在大约 6 600 万年前灭绝了。有些人甚至带着淡淡的优越感来看待恐龙的灭绝，如此强大而机敏的生物怎么会愚蠢到让自己消失呢？而事实是，恐龙作为地球上霸主的时间，要远远超过人类或猿类可能生存的时间。恐龙的消失，并不是因为它们自身的错误。

是什么造成了陆生恐龙从这个星球上消失的？这在很长一段时间里，是困扰科学家和公众的一个巨大难题。为什么这个多样化的、强健的群体，而且似乎已经适应了当时环境的群体，突然在白垩纪末期消失了？这个话题好像离物理学，特别是与暗物质有关的物理学有些遥远。但这一章我会给出许多证据，这些证据已经表明，流星体的撞击几乎可以肯定是恐龙灭绝的罪魁祸首，而且这需要和太阳系的外来物体连接起来。而且，如果我和合作者所做的推测最终被证明是正确的，那么银河系平面上的一个暗物质盘便是触发流星体的致命轨迹的原因。

不管暗物质是什么角色，来自外太空的物体的撞击消灭了地球上至少一半的物种，这是肯定发生了的，这一事件把这次灭绝和太阳系的环境联系了起来。地质学家、物理学家、化学家和古生物学家是如何得出这一结论的呢？这个故事也许是现代科学领域最好的故事之一。

恐龙时代，一亿年的地球称霸

恐龙这个物种，除了它们的尺寸范围和冷血特性，还有一个引人注目的地方，就是它们存在时间之长——它们称霸地球超过一亿年。然而，尽管这个物种具备明显的强健特性，而且曾经一度十分繁荣，但是相当多的生命还是在 6 600 万年前突然结束了。为什么会发生这样的情况，它又是如何发生的？这些问题一直持续到 20 世纪末期 。

在回答这些问题之前，让我们首先想想恐龙的年龄，以及当时的地球与现在有何不同。

恐龙生活在中生代，从 25 200 万年前到 6 600 万年前之间（见图 11-1）。“中生代”（Mesozoic）这个名字来自希腊语，意为“中间生命”，这个时代的确位于显生宙三级地质时代的中间部分。中生代将古生代（Paleozoic，意为“古老的生命”）以及新生代（Cenozoic，意为“新的生命”）分开。这个时间段包括了我们所知道的最具摧毁性的物种大灭绝事件，即二叠纪 - 三叠纪灭绝事件。后者定义了第一个边界。中生代还包括白垩纪 - 第三纪灭绝（以前被称为 K-T 灭绝），定义了第二个边界，在这期间（非鸟类）恐龙和其他许多物种都消失了。

K-T 里的 K 源于德语单词“Kreide”，意为“白垩”。“Retaceous”（即白垩纪）来自拉丁语词汇“creta”，字面意思是“克里特大地”（Cretan earth），意思也同样是白垩。K-T 中的 T 来源于“Tertiary”，这是一个现在已停止使用的命名方案的一个遗俗，该方案将地球历史分为四个部分，Tertiary 即为第三纪。[1] 即使如此，和许多人一样，在提到此次灭绝的时候，我偶尔会使用口语化的名称 K-T 灭绝，不过从现在开始，我会经常使用更正确的术语——K-Pg 灭绝。

[1] 国际地层委员会（ICS）负责命名这些时间框架，也试图消除第四个时间部分——第四纪，但国际第四纪研究联盟表示反对。因此，在 2009 年，ICS 恢复了此术语。第三纪，由于没有那么多热切的捍卫者，因此不再是官方用语，这也是 K-T（白垩纪 - 第三纪）被 K-Pg（白垩纪 - 古近纪）取代的原因。

纪元被分成时期，又被进一步划分成时代和阶段。中生代分为三个时期：

- 三叠纪时期，从 25 200 万年前至 20 100 万年前；
- 侏罗纪时期，从大约 20 100 万年前至 14 500 万年前；
- 白垩纪时期，从 14 500 万年前到 6 600 万年前。

可能“中生代公园”才是迈克尔·克莱顿和史蒂文·斯皮尔伯格的电影《侏罗纪公园》的准确名字。电影里介绍了两个侏罗纪时代的恐龙，但是还有一些直到白垩纪时期才出现的恐龙。尽管如此，我仍然愿意承认“侏罗纪公园”听起来更好，所以我不会质疑这个选择的明智性。

中生代时期，地球发生了很多改变。气候变暖和变冷以及显著的地壳构造活动改变了大气层和陆地的形状。被称为盘古（Pangaea）的超级大陆（泛古陆）在中生代分裂成我们今天看到的大陆，并随着时间的推移发生了大范围的陆地运动。

即使在白垩纪晚期，地壳的构造运动使地球更接近其现在的状态，但大陆和海洋尚未到达其当前的位置。印度尚未与亚洲相撞，而大西洋要窄得多。自那时起，大陆板块已经开始漂移，海洋在以每年几厘米的速度改变着大小。

单是这种效应就告诉我们：6 600 万年前，大多数海岸离它们现在的位置远达几千公里的距离，因此，举例来说，美洲和欧洲当时非常接近。此外，当时的海平面很可能比今天的海平面高100 米。气温，尤其是在远离海洋的地区的气温，也比今天高。这些因素是破译在白垩纪 - 古近纪边界所揭示的一些线索的关键。虽然我们现在知道，意大利的沉积岩在形成的时候是水下几百米的大陆架的一部分，但研究人员最初并不知道这一事实。这个结论是由加州大学伯克利分校的地质学家沃尔特 · 阿尔瓦雷斯对意大利沉积岩中的黏土进行深入研究后得到的 。

地球上的生命随着环境的改变而不断进化。被海洋分离的许多移动的大陆使新物种的大量出现成为可能。在三叠纪时期，节肢动物、海龟、鳄鱼、蜥蜴、硬骨鱼类、海胆、海洋爬行动物和第一代类似哺乳动物的爬行动物出现了。晚三叠纪也是许多独特的恐龙种类（包括陆生恐龙）首次出现的时期。它们后来成为侏罗纪时期主要的陆生脊椎动物。

在此期间鸟类也出现了，它们从兽脚亚目恐龙的一个分支演化而来。《侏罗纪公园》中的科学内容不一定都正确，但是这部电影让许多人知道了鸟类是从恐龙进化而来的。飞行的爬行动物、海洋爬行动物、两栖动物、蜥蜴、鳄鱼和恐龙持续生存到白垩纪时期，在此期间，蛇和早期鸟类首次出现，飞行爬行动物和银杏也出现了。此外，如苏铁、松柏类、杉树、柏树、紫杉等现代植物也出现了，我们今天还能看到这些类型的树木。哺乳动物也出现了，但它们那时还很小，通常在猫和鼠的大小之间。这一情形直到恐龙灭绝之后才有所改变，因为恐龙的灭绝留下了空间和资源，这使得哺乳动物能发展成更大体型的动物。

一个世纪的求索

在我写这本书的时候，我读过两本让人入迷的书，分别是沃尔特·阿尔瓦雷斯的《霸王龙和陨星坑》（*T.rex and the Crater of Doom*）和科幻作家查尔斯·弗兰克尔（*Charles Frankel*）的《恐龙灭绝》（*The End of the Dinosaurs*）。沃尔特是流星体假说的主要提出人，并且他的书非常有趣。我承认弗兰克尔的书对我显得非常特别的原因之一是，当我在亚马逊买它的时候，这本书已经绝版了，所以我收到的那本来自罗克波特公共图书馆（Rockport Public Library），它上面有一个大的印章标明“丢弃”。如果那本书没有被邮寄到我家（一个更为合适的栖息地），它显然也已经灭绝了。

这两本书讲述了非常精彩的故事：地质学家、化学家和物理学家如何证实了一个巨大的流星体（我也用“流星体”指代大的天体）是造成恐龙灭绝事件的最可能原因。与恐龙一起，很大一批其他物种也在那时消失了。诸多证据显示，这个流星体引发了白垩纪 - 古近纪过渡期化石记录中的戏剧性改变。在陨石坑边界的铱层附近，所有表征撞击坑的特点都被发现了，包括小颗粒、玻璃陨石和冲击石英。铱层将它下面丰富的生命遗迹和上方稀疏得多的化石记录分离了开来。

这两本书还涉及拍案惊奇的侦探故事，书中讲述了科学家们是如何发现与该流星体撞击相符合的陨石坑的，即便向领域专家的咨询后我知道书中一些内容是有点误导的。我将尽我所能地在这里把它正确地讲述出来。这是一个伟大的故事。

虽然流星体造成物种灭绝的想法直到 20 世纪后期才站住了脚，几百年来人们一直在猜测其潜在的可怕后果。当人们第一次注意到彗星时，就认为它会危及生命，但那多是基于迷信。

1694 年，埃德蒙·哈雷大胆建议：彗星是《圣经》大洪水的来源。大约 50 年后，1742 年，法国科学家、哲学家皮埃尔 - 路易·莫佩尔蒂（Pierre-Louis de Maupertuis）为来自彗星的潜在威胁找到了强大的科学基础。他认识到：彗星撞击可能引发了海洋和大气的扰动，毁灭了许多生物。另一位法国人，伟大的科学家皮埃尔 - 西蒙·拉普拉斯（Pierre-Simon Laplace）也认为流星可能引发灭绝，他对太阳系形成的研究工作直到今天仍然是正确的。

不过他们的想法在很大程度上被忽略了，因为这些想法无法被证实，并且看起来似乎有点疯狂。另外一个被忽视的是美国古生物学家德劳本菲尔斯（M. W. de Laubenfels）的观点，他在 1956 年意识到：1908 年击中西伯利亚并摧毁大片广袤森林的流星体的潜在重要性很高。德劳本菲尔斯指出，即使是彗星的一个碎片撞击地球也可能造成破坏，如大火和炎热。他还给出了惊人的具有先见之明的分析，他也认为这些环境的冲击会在不同程度上影响各类物种，而穴居哺乳动物可能存活。在白垩纪 - 古近纪事件之后，实际情况的确是这样。

1973 年，地球化学家哈罗德·尤里（Harold Urey）建议：基于对熔岩的玻璃陨石的研究，流星体的撞击是造成白垩纪 - 第三纪灭绝事件的原因。大多数科学家依然选择视而不见。然而，尤里“热情不减”，他提议不仅是白垩纪 - 古近纪灭绝源于流星体的撞击，甚至所有其他物种的大灭绝都是由彗星撞击造成的。尤里对未来的研究作出了预言，并将早期的建议发展成真正的科学。尤里指出，详细的调查能识别出岩石的起源，它们的形状或构成只能由流星体击中时的热量和 / 或压力所解释。

不过，在活尔特提出他的建议之前，所有这些有先见之明的想法几乎都被人们忽略了。即使是在 20 世纪 80 年代，太空的撞击引起物种灭绝的想法仍然被认为是激进的、荒唐的。这让我想起一些理论，这是从参加我公开讲座的 12 岁的孩子们那听到的。当时他们试图炫耀所听说过的科学术语。这可能会引发非常有趣的场景。比如一个年轻人向我询问一个理论,声称他一直在琢磨，认为弯曲的额外维度中的黑洞能解决宇宙的所有遗留问题。但当我告诉他，我认为他实际上并没有一直在思考这个问题的时候，他笑着承认了。

像那些最终被接受的激进理论一样，流星体的提议可以解释传统说法无法解释的观测。地球很多无法解释的现象却相继被发现了，这给了流星假说很多支持。使它得到了人们的信任，因为它作出了不少预言，而其中许多预言在后来又得到了验证。

一探 6 600 万年前的历史片段

沃尔特的科学侦探故事开始于意大利。在罗马以北几百公里，古比奥（Gubbio）附近的翁布里亚山丘上（Umbria），出现了从白垩纪晚期到第三纪（现古近纪）早期的海洋沉积岩。斯卡利亚罗萨（Scaplia Rossa）深水远洋灰岩，以其粉红色的颜色闻名，这种沉积岩由非常不寻常的深水石灰石,即方解石或碳酸钙组成，它们大多数由贝壳组成，也是骨补充剂常含有的成分。这种深水石灰石在海底形成，后来被向上推，逐渐露了出来。这意味着它们是物种灭绝的证据——也就是一层薄黏土将下面的白色岩石层和上面的红色层分离开了，可能会被一位细心的路人发现。在较低的白色岩石中的化石大多是有孔虫，生活在深海的单细胞原虫的遗骸，并且对我们推导沉积岩的年龄非常有用，但只有最小的有孔虫在靠上的暗色层中被发现。有孔虫几乎和恐龙同时灭绝，这使得沉积岩上所展示的灭绝事件边界非常清晰。

一次，我在访问西班牙毕尔巴鄂的大学期间参观了复理层地质公园，那有一块白垩纪 - 古近纪边界的片段，表现为石灰石悬崖底部附近薄的暗线。像其他类似的黏土层一样，这一边界可以帮助我们追溯到灭绝的时间。我认为自己非常幸运，我的同事（物理学家）和他的地质学家表弟帮助安排了对美丽的 Itzurun 海滩的一次游览。在那里我可以在退潮的时候跑进去，近距离地看一看这些边界。触摸这个 6 600 万年前的历史片段几乎让人激动不已（见图 12-1）。虽然悬崖源自遥远的过去，但是它的信息宝库仍然作为我们世界的一部分与我们共同存在。

在白垩纪 - 古近纪边界

20 世纪 70 年代，沃尔特研究了斯卡利亚罗萨的一个类似边界层。他把注意力集中将下面充满化石的浅色石灰石和上面没有化石的深色石灰石分离开的黏土层上。这种被沃尔特作为研究目标的黏土对于揭开发生在 6 600 万年以前的大灾难的原因至关重要。黏土的厚度取决于在较浅的和较暗的岩石沉积之间的时间间隔，并可能因此帮助他确定灭绝事件是快速发生的还是缓慢发生的。

20 世纪 70 年代，沃尔特首先开始思考白垩纪 - 古近纪层时，渐进主义的观点依然是地质学的主流观点。这些观点被此前 20 年不断发展的板块构造理论所证实。整个大陆可能逐渐移动分开，山脉可以随着时间的推移形成，大峡谷可以通过渐进式影响出现。这些渐进式影响包括河流（如穿过地面的科罗拉多河）、水和冰的侵蚀、陆地板块的运动、岩浆喷发等，随着时间的推移，其中任何一种影响都能够彻底地改变地形。**这些貌似戏剧性的变化并不需要灾难性事件来触发。**

图 12-1

和复理层地质公园的主任艾塞尔·希拉里奥（Asier Hilario）一起观看 K-Pg 分界线。照片摄于西班牙苏玛亚附近的 Itzurun 海滩。（感谢乔恩·尤勒斯提拉提供图片）

石灰石的形成似乎很神秘，因为石灰石的上部和下部的差别表明，当时出现了非常突然的转变，这和渐进的观点不一致。如果查尔斯·莱尔在那里，他会对白垩纪 - 古近纪的薄层作出简单而误导性的解释：尽管表现为很薄的一层，但是它的形成已经经过了许多年。达尔文可能认为这一薄层的形成只是由不充足的化石记录造成的一种错觉。

想要知道转变是不是突然发生的——当然也不仅仅是在几天时间里冲进来的黏土沉积而成的，只有一个办法，即测量两种被分开的、不同颜色的岩层黏土沉积所需要的时间。而这正是沃尔特给自己设定的任务。他一直对地质学事件的确定年龄有着浓厚的兴趣。沃尔特希望研究地磁倒转，以更多地了解关于白垩纪-古近纪边界的沉积时间，他知道这可能是触发这一事件的重要线索。（哈佛大学地球与行星科学教授安迪·诺尔 [Andy Knoll] 提到：沃尔特和他的妻子可能对中世纪的艺术和建筑更感兴趣。我想这两个兴趣或许都发挥了作用。）

但衡量黏土沉积所花费时间的更好方法其实是测量其铱含量。铱是一种稀有金属，并毗邻锇这一密度最大的元素。铱的耐腐蚀特性使其可以做成火花塞电极和钢笔笔尖等东西。它也被证明对科学很有用处。沃尔特和他的合作者们所发现的铱含量最终成为确立灭绝事件起源的关键。

虽然我知道铱含量的峰值已经有一阵子了，但最近还是了解到一个令我吃惊的事：沃尔特和他的物理学家父亲路易斯·阿尔瓦雷斯测量黏土中铱含量的初衷是和真正正确的原因背道而驰的，他们很快就意识到这一点。路易斯知道流星体的铱含量比地球表面高得多。虽然地球上铱的含量应该和流星体的铱含量相同，但在地球形成早期，大部分原始的铱溶于铁熔岩并沉入地核中。因此，地球表面的铱应该起源于外来天体。

路易斯认为，陨石尘埃应该以一个相当稳定的速率沉积到地球上（他原本建议使用铍-10，但它的半衰期太短，并不实用）。如果不是因为这种天外来客的坠落带来的沉积，地球表面上的铱含量是非常低的。沃尔特和父亲路易斯有一个聪明的想法：通过研究地表铱的含量，他们可以访问这个宇宙的沙漏，确定白垩纪 - 古近纪边界的黏土用了多长时间才沉积下来。他们期待的是随着时间平滑的分布，稳定的、近乎常数的沉积率，因为这种沉积率能够被用来推断黏土层形成所花费的时间。

然而，当沃尔特和他的合作者检查实际的岩石的时候，他们的发现完全不同。这个惊喜让沃尔特相信这些奇怪的结果有点不对劲，因为来自黏土铱含量比预期高得多。1980 年，在美国加州大学伯克利分校的科学家组成一个小组。小组成员包括路易斯和沃尔特的“父子兵”。此外，小组中还有核化学家弗兰克 · 阿萨罗（Frank Asaro）和海伦 · 米歇尔（Helen Michel）。他们能够测量极低丰度的铱含量，并发现黏土中铱含量明显高于周围的物质，比斯卡利亚罗萨周围的石灰石高 30 倍，这个数字后来被更正为 90 倍。

这种类型的地质结构不仅在意大利被发现（可悲的是，自沃尔特之后，太多人在斯卡利亚罗萨采样，白垩纪 - 古近纪边界的黏土现在很难找到），而且在全球各地都有，并且在这些地点铱的含量都存在明显的增峰。在丹麦斯泰温斯 - 克林特（Stevns Klint）陡崖有保存完好的白垩纪 - 古近纪证据，有类似的黏土层，铱的含量高达周围物质的 160 倍。其他实验室也确认了在其他地方的类似边界层中的铱含量同样有增加。

如果初始的假设（以及时进行测量的动机）是正确的，即陨星尘埃以恒定的速率落下，白垩纪 - 古近纪黏土将需要超过 300 万年才能形成。但是，对于白垩纪 - 古近纪边界的薄黏土层来说，这个时间太长了。另外，如果铱的含量在全球各地都有类似升高，那么大约有 50 万吨铱，这一被认为是地球上稀有的元素，就曾在白垩纪 - 古近纪灭绝的时候突然出现在地球上。对这种大量沉积的唯一解释只有起源于地外宇宙。地球表面本身的铱含量如此之低，如果没有外星现象，这样高的铱含量基本上是无法解释的。

伯克利小组还确定了其他稀有元素的相对丰度，使他们能够进一步缩小地外事件的可能范围。例如，也许外星来源是一颗超新星。在这种情况下，超新星应该会导致黏土里还有钚-244。初步的分析确实表明，这个元素也是存在的。但是，对于一个科学标准下可靠的研究，阿萨罗和米歇尔第二天重新进行了分析，并没有发现钚。最初的发现只不过是样品中的污染物。

对于铱的高含量，伯克利的科学家们绞尽脑汁想找到其他解释，最后基本只剩一个似乎合理的解释：**大约 6 500 万年前，发生了来自外星物体的巨大撞击**。1980 年，由沃尔特和路易斯父子领导的小组提出了一个观点：一个大的流星体曾与地球相撞，并散落下稀有金属，包括铱。这样的流星体撞击由小行星或者是彗星导致，这是唯一可以同时解释铱的总量过高和黏土中的元素含量比与太阳系的特征元素含量比相符合的方法。

基于测量的铱含量和陨石中的平均铱含量，研究人员还可以进一步猜测撞击天体的大小。他们得出的结论是：撞击天体的直径有令人难以置信的 10 公里 ~15 公里之大。

发现确证

鉴于一个巨大的流星体会带来多重灾难，而白垩纪 - 古近纪灭绝相关的地质事件证据又比较缺乏，相比更加传统的建议，如地质或者气候导致的物种灭绝，地外天体撞击造成生物灭绝的解释似乎是一个合理且明智的选择。然而，尽管这个假设有引人注目的性质，但任何科学家，无论多么大胆，在引进新想法时，也必须审慎行事。有时激进的理论是正确的，但更多的时候，一个更传统的解释会一直被忽视或没有被正确的评估。只有当现有的所有科学想法都失败，而更大胆的想法取得成功时，新的想法才能被牢固地确立下来。

出于这个原因，当考虑稀奇古怪的理论时，争论对于科学来说是一件好事情。虽然那些简单地想避开检验证据的人不会促进科学的进步，但盛行观点的追随者们提出的合理反对意见，则提升了将一个新想法引进到科学神殿的标准，从而迫使那些提出新假设的人，特别是那些怀有激进想法的人去面对他们的对手。这可以防止疯狂的或者完全错误的想法站住脚跟。阻力能鼓励提议者提升自己的游戏能力，以表明为何反对是不正确的，并尽可能多地为他们的想法找到支撑。沃尔特甚至写道：他很高兴过了好一阵流星体的想法才找到确凿证据的支持，因为这为他留出了充足的时间来发现更多辅助性的证据。

流星体的假设确实遇到过阻力。反对的人们认为这是一个不切实际的理论。其中许多人更倾向于渐进式改变的观点。令人困惑的是，虽然板块构造给了渐进式改变这一观点以支持，但是在大约同时进行的月球任务中，科学家们对很多陨石坑的近距离观察却给出了一个强力的论据来证明，冲击可能带来灾难性后果。这两种不同的论据使人们分成两派，地质学家倾向于渐进式的观点，而物理学家走向了灾难性的方向。

当然，月球上的环形山可能在月球形成的早期阶段就已经全部形成了。事实上，大多数环形山也的确如此。因此，它们的存在本身并不是对后期流星体显著性撞击的有效论据。尽管如此，这些观点的流行应该让这样的假设不再那么令人惊讶，**在太阳系中不仅有渐进过程的存在，还有灾难性过程的存在，而且后者也对生命的发展造成过影响。**陨石坑是月球被撞击过的清晰而明显的证据。地球非常大，又非常接近月球，因此显然流星体也很可能曾经击中过这里。

在沃尔特提出撞击说建议的时代，很多古生物学家却依然青睐渐进的解释。有一些人认为，恐龙在白垩纪晚期消失只是简单地由于某种形式的不良环境条件，如气候变化或不良的日常饮食。其他一些人则认为火山活动是罪魁祸首。对于这个观点的支持来自印度的德干暗色岩，这些岩石是由大约在恐龙灭绝时代所发生的巨量的火山活动形成的。德干暗色岩覆盖的区域超过 50 万平方公里，相当于法国面积的大小；它的厚度约 2 000 米。这个熔岩总量是非常大的。使情况更加令人迷惑的是，暗色岩可追溯至的产生时间非常接近晚白垩纪 - 早第三纪界线。

的确，恐龙的一些族群，如蜥脚类恐龙[1]，在这个时代末期的时候就已经灭绝了。但支持渐进式衰落理论的证据部分源自于调查初期不完整的化石记录。但是研究范围的扩大、化石数据的增多，让这些早期的化石记录变得不那么令人信服了。在蒙大拿州发现的化石显示：至少有 10~15 种恐龙物种存活到白垩纪末。最近在法国的挖掘发现证据表明：在白垩纪 - 古近纪边界的一米范围内存在恐龙化石。而那些在印度最新的挖掘给出了边界线下也有恐龙化石的证据。其他物种的化石记录，如菊石，确实在开始显示出了物种多样性的下降。但是更准确和更广泛的研究再次发现：至少有 1/3 的恐龙物种存活到白垩纪 - 古近纪边界，虽然有些种类的恐龙确实在这之前就已经灭绝了。

[1] 这一族群包含了虚幻龙，这是雷龙最初的名字，也许是内雷龙的首选名字。关于雷龙名字的辩论，可以和关于冥王星是否为行星的辩论相媲美。

除此之外，尽管人们最初认为暗色岩形成得非常快，但是后来的工作表明，它们的形成花了几百万年，而白垩纪 - 古近纪事件对应于暗色岩中间的一层，奇怪的是：似乎是火山活动在这段时间里是受抑制的。也许能表明火山不是恐龙灭绝的全部责任的证据是：印度地质学家在正好构成白垩纪 - 古近纪边界的区域的沉积物中发现了恐龙的骨骼和卵的碎片。恐龙在这期间不仅活着，而且它们还曾居住在暗色岩存在的区域。

即便如此，再后来的研究进展将暗色岩的形成时间向灭绝的时间推得更近了，比人们以前认为的更接近。这给火山活动对灭绝的贡献给出了支持，尽管火山不用对毁灭负全责。有人推测，火山活动实际上是流星体冲击的结果。在这种情况下，不论火山作用如何发生，也都可以间接归因于流星体。无论它们的角色如何，火山不能解释许多其他同时存在的地质特性。这些特性为流星体的显著性给出了令人信服的有力证明。

事实上，一旦人们开始认可流星体假说，相关的证据就迅速积累起来。细节很重要，并可以帮助解决许多争议。1980 年伯克利分校的建议被提出之后，人们对白垩纪 - 古近纪黏土层进行了精心的研究，足迹遍及意大利、丹麦、西班牙、突尼斯、新西兰和美洲各地。到 1982 年，全球各地的近 40 个地点已被仔细检查过。荷兰古生物学家扬·斯密特（Jan Smit）在西班牙发现了高含量的铱。其他古生物学家在斯泰温斯 - 克林特测量到类似的结果。斯密特还测量了其他稀有金属的丰度，如金和钯。他发现，锇和钯含量比地球上其他地方看到的高出 1 000 倍。并且和以前一样，相对金属丰度与对流星体中的预期相符合。

赞成火山解释的一些科学家认为，大量的铱是伴随火山喷发从地球的地幔和地核中喷出的。我们知道，地幔和地核中的铱含量比较高。但是，已知的所有火山所喷发出的铱也远远不足以解释世界范围内存在于白垩纪 - 古近纪边界的铱。据沃尔特和其他人的计算，包含其他的潜在聚集效应如海洋中的沉淀，白垩纪 - 古近纪边界上的铱含量达 50 万吨。无论如何，铱不是陨石中的唯一重元素，而其他元素的丰度也和火山排放出的量不符合。

白垩纪 - 古近纪层中和周围的其他观测为流星体假说提供了更多证据。例如，在不同地点发现了岩滴，如微晶（microkrystites），这是较小版本的玻璃陨石，这些有着圆润形状的玻璃质岩石产生于撞击时，是掉回地球之前在大气中飞驰并凝固的融化物。它们的发现为流星体假说提供了支持。

这些玻璃小球最初也只是混淆了视听，因为科学家被其误导了。它们的化学成分类似于海洋地壳，但是它原来很可能是来自撞击体，而不是被击中的目标。如果最初的误导性结论是正确的，并且流星体着陆于海洋而不是在陆地，这意味着：尽管对于撞击有着越来越多的证据，但是撞击地点很可能仍然被隐藏着。

当地质学家发现的证据表明流星体是在（可能到达的）大陆架着陆时，关于着陆地点的担忧就消除了。证据就是冲击石英的发现，这种石英起源于高压，而且只能产生于含石英石的岩石之间的撞击。不融化的岩石被打碎，所以它们包含的矿物质可以移动并形成纵横交错的纹路（参见图 10-3），这些纹路目前的已知来源只有流星体的撞击和核爆炸。想必核试验在 6 600 万年以前没有发生过（虽然一位研究人员告诉我，有个电台的采访者真的就这种可能性向他提问过），这就只剩下了流星体的撞击这个唯一可能的解释了。

1984 年，冲击石英在蒙大拿州被发现，稍后在新墨西哥和俄罗斯被发现，新的发现为流星体的撞击提供了强有力的证明。这种石英的存在进一步证明了撞击坑（假设有一个的话）应该位于陆地上，因为石英在海洋中的岩石里非常罕见。

支持流星体假说进一步的证据持续地积累着。加拿大科学家在艾伯塔省（Alberta）的白垩纪 - 古近纪层发现了微小的钻石。这些钻石可能是由流星体从外太空携带过来的，也可能是在撞击过程中形成的。关于尺寸和碳同位素比率的详细研究结果更青睐于后一种解释。在加拿大以及丹麦，一些不应该存在于地球上的氨基酸在边界层被发现了，这些氨基酸在地球上任何其他地方都没有被发现过。这个证据的有趣特点在于，它支持彗星撞击说的解释，因为这些氨基酸在接壤的石灰石中也被发现了。如果彗星尘埃在形成边界层的时候存在于附近，那么就会出现这种情况。

另外一个为高压撞击提供证据的重要地质特性是被称为尖晶石（Spinels）的晶体。它们是金属氧化物，包含铁、镁、铝、钛、镍和铬，呈雪花状、八面体等各种奇异形状，这些结构反映了高温熔融之后的快速凝固。火山岩浆中也有尖晶石，但被发现的尖晶石含有镍和镁，这和火山爆发所形成的尖晶石不同，后者含有更多的铁、钛和铬。更好的证据是，氧的含量有助于确定形成尖晶石的地点。白垩纪 - 古近纪层中的氧化尖晶石表明：这些尖晶石产生于一个低海拔地区——低于 20 公里。该晶体只在一个薄层中被发现，这证实了发生在白垩纪 - 古近纪边界的灾难性事件是非常短暂的假设。

火山无法解释因冲击而创造出的材料。虽然火山确实会造成形变，但是现有的火山地区所产生的冲击石英不足以匹配来自灭绝时期的观察现象。产自火山爆发的冲击石英的结构错位是沿着单一平面的，而不是两个或更多个交叉的平面。后者是仅在高冲击压力下才会发生的现象。这些细节很重要，因为这些现象正是在标定白垩纪 - 古近纪灭绝边界的精确位置被找到的。

即便如此，虽然已经牢固地建立起了流星体破坏性影响的理论框架，我们也不应该完全忽视渐进式观点。很可能的是，在白垩纪 - 古近纪灭绝时间的前后，环境正在发生改变，增加了生态系统的脆弱性。因此，流星体的撞击带来了比环境没有发生改变条件下的更多损害。有证据表明，在剧烈的灭绝事件发生之前，一部分物种已经灭绝了。最近对德干暗色岩产生年代的更精确测量给出了进一步支持，结果表明，火山活动起了一定的作用，虽然不太可能对最终发生的灭绝事件负责，但是火山爆发以及其他现象很可能在灭绝事件前后都助长了灭绝所造成的破坏。

撞击并不需要任何帮助，就能造成巨大的破坏。

生命如何出局

要弄清流星体带来的灾难到底有多么巨大、多么有毁灭性，是很困难的。撞击的跨度大约是曼哈顿宽度的 3 倍。而且，这个流星体不只是大，它还在迅速地移动，以至少每秒 20 公里的速度移动，并且如果这个星体是个彗星，移动速度也许还要快 3 倍。这个物体的速度比在高速公路上以时速 100 公里前进的汽车快了至少 700 倍。这个冲击体就像一个快速移动的大城市，速度是在无限速高速公路上行驶车辆的 500 倍。由于一个物体携带的能量正比于其质量和速度的平方，如此快速的、庞大的物体撞击地球将造成巨大的毁灭性影响。

从某种角度说，有着这种体积和速度的物体可以释放出的能量相当于百万亿吨的 TNT 炸药，是摧毁广岛和长崎的原子弹能量的 10 亿多倍。沃尔特的父亲路易斯为“曼哈顿计划”工作过，他提出过类似的评论。更广泛地说，“冷战”宣传核爆炸的影响激发了人们对撞击坑的兴趣。对二者的研究都得益于关于白垩纪-古近纪撞击体的长期环境影响认知的不断增加。

通古斯事件的物体和在亚利桑那州造成陨石坑的流星体所携带的能量只是上述天体所携带能量的一小部分，大概相当于 10 倍百万吨级的 TNT 炸药。在这两种情况下，冲击体的直径大概是 50 米，而不像形成白垩纪 - 古近纪事件的撞击体那样达到 10 公里 ~15 公里。喀拉喀托火山的能量仅是这些较小流星体的几倍。这些小流星体的能量和至今所有生产的核武器相当（大约是现存核能量的 50 倍）。一个 1 000 米大小的流星体已经足够造成全球性的损害了。沃尔特建议的物体比这要至少大 10 倍，比珠穆朗玛峰的高度还高，超出海平面达 9 公里。

这个有着巨大速度的物体的撞击和影响都是毁灭性的。如第 11 章所述，在如此沉重的石头投掷到地球上之后，很多灾难将会随之降临。靠近爆炸的地方，大约 1 000 公里范围内，极端的风浪肆虐、巨大的海啸从爆炸地点向外辐射。这些潮汐波浪极端强大，但范围有限，因为事实证明，撞击地点的水深只有约 100 米。潮汐巨浪也会出现在地球的另一端，它是由地球有史以来经历的最强烈的地震引发的。极端的强风会从撞击位置向外吹，然后急速冲回。这股强风会携带一大团的超热尘埃、灰烬和蒸汽云，它们是在流星体最初冲进地面的时候被抛起来的。这一阵风和水的能量释放可以用完大约 1% 的冲击能量。其余的能量会被用于熔化、蒸发，并在整个地球范围内传播地震波——相当于里氏 10 级地震的地震波。

上万亿吨物质被从撞击坑的地点喷出，并散布到四处。随后，当热的固体颗粒穿越大气层降落下来时，它们会被加热到白炽，并提升世界各地的气温。导致的结果是：到处大火肆虐，地球表面不断升温。1985 年，化学家温迪·沃尔巴克（Wendy Wolbach）及其合作者发现，在白垩纪 - 古近纪层中存在大火的证据，这些证据以木炭和煤的形式呈现出来。他们发现的碳屑的丰度和形状证实了火灾曾经发生过，并摧毁了当时存在的动植物。研究人员得出结论，当时地球上超过一半数量的生物在撞击后的数月内被焚尽。

这还不是全部。水、空气和土壤中都携带了有毒物质。人类对彗星的恐惧并不仅仅是迷信。彗星的确包含了有毒的物质，如氰化物以及包括镍和铅的重金属。虽然有些化学物质在它们可能带来损害之前就会蒸发，但很可能重金属会从天上雨点般落下。

可能更多的破坏来自大气中产生的一氧化二氮。它可能通过酸雨降落到地面。硫也会被释放到大气中，形成硫酸，并可能停留在大气中，阻止阳光照射，造成全球降温，紧随着大灾难发生后立刻发生的全球加热，并可能持续数年。光合作用的缺失将对整个食物链产生严重影响。全球变暖和灰尘颗粒对地球的覆盖可能也会起到一定的作用，将异常的加热和冷却延展更多年。

的确，化石记录表明，在最初的撞击之后，遗留的破坏性仍然在持续。即使存活下来的物种的个体数目也严重缩水。海洋在几十万年内无法恢复，并且更可能的是，在之后至少 50 万 ~100 万年中，破坏性影响仍然存在。化石记录表明，在包含很少或没有碳酸盐的深色石灰石处，缺乏浮游生物和其他生物的化石。取而代之的主要是碎屑颗粒的证据，也就是撞击后存留下来的被日晒雨淋侵蚀过的岩石小碎片。岩层中正常的颜色在至少几厘米内（有时达到几米）都没有重新恢复，这个厚度因地球的不同地点而不同。

如此多的灾难让动植物走向灭绝的可能性不断增加，几乎所有体重超过 25 千克（一只中型狗的重量）的生物都无法幸存。为了生存下来，必须有某种方式躲避灾难，通过冬眠或其他方法。由于特殊的繁殖方式（种子比其他繁殖方式更有机会幸存）和食物来源（以废弃物为食的物种更走运一些），部分物种确实生存下来，能逃到天空的动物们也有更好的机会。但是，大多数动植物都死亡了。一颗直径为 10 公里 ~15 公里的流星具有巨大的破坏性——无论是对环境还是生命，都是如此。

重新发现陨石坑

尽管如此，研究人员当时就知道：即使有 20 世纪 80 年代发现的所有证据，以及对一个巨大流星体可能对地球生命所产生后果的日益增加的了解，但是找到一个可以触摸的、有着正确尺寸的、6 600 万年历史的陨石坑显然是撞击假说最强有力的证据。陨石坑不仅能证实这个假说，还可以使更详细的研究成为可能，从而更好地估计其大小和撞击时间，并辅助确认撞击发生的其他特征。

陨石坑的大小以及它的年龄，是至关重要的预测。根据已测定的铱含量，沃尔特推断，流星体的直径应该至少有 10 公里。据此推断，陨石坑应该有大约 200 公里的口径，因为陨石坑通常是撞击体大小的约 20 倍。沃尔特不是唯一一个预测陨石坑有这种规模的人。另一位古生物学家独立预言出 180 公里的大小，他是基于这种假设：黏土包含了陨石物质的 7%，其余物质来自被击中目标的粉碎的岩石。

一个有着正确尺寸、正确日期的陨石坑是沃尔特理论的确凿证据。然而，这个陨石坑的发现花费了超过 10 年的时间，成了现代科学最好的侦探故事之一。事实上，当人们最初开始寻找撞击地点时，成功的可能性似乎并不高。尽管在一些年中，有些大的陨石坑已经被发现，但更多陨石坑则无法被找到了。即使我们足够“幸运”，流星体击中陆地而不是海洋，但侵蚀、被沉积掩埋或地壳构造的破坏也可以消除陨石坑曾经形成的任何迹象。

对于造成白垩纪 - 古近纪灭绝事件的流星体来说，由于没有明显的撞击位置，因而更难发现其陨石坑。四处可测的铱以及其他地质证据在全球的分布是大致均匀的，这证实了流星体的全球影响，却没有指明任何特定的地区。要寻找特定的一次撞击所造成的陨石坑即使不是不可能的任务，但确定一个特定流星体在

6 500 万年前撞到了地球哪个位置，仍然十分困难。

然而，有利于陨石坑追踪者的是：已经发现的冲击石英表明它的起源是大陆或大陆架，因此在陆地上的搜索仍然有成功的机会去辨认出肇事者的遗迹。几个看似有希望的候选陨石坑出现了，但很快就被进一步的调查排除了，因为相关测量和更精确的细节相悖，包括对它们撞击时间的测量、大小的确定或矿物学研究。

一个很重要的独立观测在很长一段时间里都被忽视了。

早在 20 世纪 50 年代，工业地质学家们就辨认出了一个被掩埋的圆形结构，直径达到 180 公里，其中一半延伸到陆地上，位于尤卡坦石灰石平原之下；另一半在海里，被掩埋在墨西哥湾的海水和沉积物之下。来自墨西哥石油公司（Pemex）的地质学家们在这个结构内部钻井勘探。他们在大约 1 500 米的深度找到了结晶岩，这使他们认为自己找到了火山的证据，而不是他们更希望的石油。

在 20 世纪 60 年代末期，地质学家罗伯特·巴尔托索（Robert Baltosser）为防止在第一轮调查时错过油矿的迹象，而参与了第二轮钻井勘探。随后他建议，这实际上可能是一个撞击坑。基于对这个地貌的引力势形状，即关于引力在这个圆形结构上如何变化的测量，他得出了这个结论。但它仍然不是油矿，而且墨西哥石油公司也不允许巴尔托索公开自己的观测结果。当时，这导致大多数了解这个结构的人都在为石油企业工作，而石油企业希望保护自己的成果。

但墨西哥国家石油公司坚持不懈地进行着对石油的探索，并在 20 世纪 70 年代进行了进一步的地质研究，其中包括对整个尤卡坦半岛的空中磁性测绘。一位美国

> 顾问格伦·彭菲尔德（Glen Penfield）注意到了一个强烈的磁异常，这个异常的区域大约 50 公里宽，被一个有着不寻常的低磁性的、直径约 180 公里的外环所包围。这正是对一个大型撞击坑所预期的模式：中央区域和冲击熔化物相关，而外围区域包含着变硬的被击中物的残骸。彭菲尔德把这种对应关系记录了下来。航空重力数据给出了对这种解释的进一步支持：升高和被降低的重力场与磁性信号的变化密切相关。

因此早在 1978 年，彭菲尔德已经意识到这个地质结构是撞击坑的强烈迹象。他意识到，发现一个以前未知的撞击事件的证据可能是一个意义相当重大的事件，因此他从墨西哥国家石油公司得到许可，发布了这些通常被认为是专有的数据。和墨西哥国家石油公司地质学家安东尼奥·卡玛戈（Antonio Camargo）一起，彭菲尔德于 1981 年在洛杉矶的勘探地球物理学家学会（SEG）会议上展示了他的结果。但是这一发现在当时并没有得到太多关注。大多数听众仍然不了解白垩纪 - 古近纪灭绝的撞击假设，所以当时没有人意识到其中的关系。

直到 1990 年，大多数对白垩纪 - 古近纪撞击坑感兴趣的人才开始研究这个特殊的陨石坑。但他们实现相关研究的过程也是一个难以置信的故事。那些为了证实沃尔特的理论而寻找一个特定的直径大约为 200 公里、6 600 万年前的陨石坑的人，用和墨西哥国家石油公司的地质学家完全不同的角度对这个陨石坑进行了搜索。他们研究了白垩纪 - 古近纪层，搜索了撞击位置的线索。尽管在全球范围内铱沉积是均匀的，但他们知道一条线索，这个线索如果被发现，将给出更具体的位置信息。如果流星体击中海洋，但落在靠近海岸的地方，撞击就会创造出一个海啸，这个海啸强大到足以在大陆的平台上留下它发生过的痕迹。根据已有的陆地撞击证据，这似乎是一厢情愿，但地质学家们对此保持着关注，并因为不懈的努力得到了奖励。

1985 年，扬 · 斯密特和一位合作者研究了在得克萨斯州墨西哥湾附近的布拉索斯河（Brazos River）河床中露出地面的白垩纪 - 古近纪沉积物，结果表明这部分沉积物被某种力量打乱了，他们确信这一现象是由海啸造成的。华盛顿大学的地质学家乔安妮 · 布尔茹瓦（Joanne Bourgeois）认真地根据他们的工作做了进一步的调查，并出乎意料地发现了包含贝壳、树木化石、鱼的牙齿和黏土碎片的粗砂岩。这些碎片和当地的海洋底部相符合，并且这些物质的原始位置被确定在 6 600 万年前的海平面下 100 米。布尔茹瓦能够使用砂岩块的大小来估计水流的速度超过每秒一米，对应于至少 100 米的波浪高度，并进一步发现黏土具有一定的模式，这表明水流的移动既有冲向海岸的，也有从岸上离开的。通过假设最大可能的浪和整个海水深度的 5 000 米相同，布尔茹瓦推断出：撞击一定距离她的位置不到 5 000 公里，这意味着撞击地点在在墨西哥湾、加勒比海或大西洋西部。

撞击位置的另一线索来自地质学家布鲁斯 · 博尔（Bruce Bohor）和格伦 · 伊塞特（Glen Izett）。他们在 1987 年发现，冲击石英最大和最丰富的储藏在北美西部内陆，这表明撞击在大陆附近。这与斯密特和布尔茹瓦的分析是一致的，他们都提出撞击靠近大陆的南端。

当海地地质学家弗洛伦廷 · 莫瑞斯（Florentin Maurrasse）在他祖国的白垩纪 - 古近纪边界层认证出一些有趣的碎片后，撞击地点的可能范围被进一步缩小。他对不寻常的沉积物的描述吸引了亚利桑那大学的研究生艾伦 · 希尔德布兰德（Alan Hildebrand）以及他的导师比尔 · 博因顿（Bill Boynton）和研究员大卫 · 克林

（David Kring）的关注。虽然莫瑞斯认为碎屑的起源是火山活动，但是亚利桑那小组明白火山和撞击的碎屑有多么容易被混淆。他们一看到海地的样本，就辨认出了玻璃陨石，并决定亲自去海地访问。1990 年，他们在那里发现一个半米厚的沉积凸起中似乎包含着玻璃陨石，并在其中还发现了冲击石英和铱黏土。这极有可能是与流星体撞击相关的区域。根据沉积层的厚度，他们得出结论：在撞击发生时间点，撞击坑离碎石片发现地应该不超过约 1 000 公里。

尽管希尔德布兰德最初青睐的一个加勒比海候选地区后来被他否定了，但是亚利桑那小组最终将目光聚集在尤卡坦这个 10 年之前就被认证的地区。但第一个找出陨石坑和恐龙灭绝事件之间关联的不是科学家，而是《休斯敦纪事报》（*Houston Chronicle*）的记者卡洛斯·拜厄斯（Carlos Byars）。听完希尔德布兰德在一次科学会议上展示的研究结果之后，拜厄斯告诉了希尔德布兰德关于彭菲尔德早期对一个撞击坑的发现，这帮助科学家们给丢失的陨石坑之谜找到了一个令人满意的答案。

墨西哥国家石油公司发现的陨石坑是正确的撞击位置，而且它也有合适的尺寸。这样的一致性是支持将陨石坑联系到白垩纪-古近纪灭绝的一个重要论据。即便如此，当 1990 年希尔德布兰德向一份科学杂志提交了两份摘要，提出这一联系时，文章并没有得到发表。部分是因为最初的证据没有足够的说服力。然而，当亚利桑那小组从陨石坑中辨认出冲击石英的时候，人们的观点开始发生改变。

由于陨石坑位于一个被淹没的大陆平台中，被泥沙覆盖着，这使陨石坑难以被发现被研究。但它的被掩埋在某些方面又是幸运的，因为它上面近公里的硬化泥土为陨石坑提供了防护，使它免受地表发生的侵蚀。为了调查这个被埋藏的，并且因此在最初也难以接近的陨石坑，亚利桑那的科学家们联系了彭菲尔德和卡玛戈来研究之前钻探出来的岩芯。他们获得了存储在新奥尔良的两份拇指大小的样品。果然，当亚利桑那小组研究这些古老的、来自墨西哥国家石油公司的岩芯时，他们找到了所期待的物质。他们鉴定出冲击石英和冲击熔化的岩石，这表明陨石坑形成于撞击而不是火山。1991 年 3 月，克林在美国国家航空航天局约翰逊航天中心宣布了这一发现。

亚利桑那的科学家们将他们对岩芯的研究与墨西哥国家石油公司和彭菲尔德以及卡玛戈提供的地球物理数据相结合，与其他的合作者一起，为撞击 - 灭绝假说积累了有力的证据，并指出陨石坑是引发了白垩纪 - 古近纪大灭绝的撞击的遗迹。1991 年，他们在《地质学》（*Geology*）杂志上发表了这一结果，以及他们对陨石坑尺寸为 180 公里的估计。在冲击石英和其他支持证据面前，许多科学家也开始关注这一理论。

> 亚利桑那小组用一个附近渔港的名字命名了陨石坑，这个渔港位于陨石坑中心的上方，不过它的名字很难发音：Chicxulub Puerto（希克苏鲁伯·波多黎各）。Chicxulub 这个词发音为“CHICK-shuh-lube”，有时被翻译成“魔鬼的尾巴”——非常适合描述被沃尔特戏称为“末日大坑”（crater of doom）的特点。

亚利桑那小组的工作发表后不久，遥感专家意识到他们可以在卫星图像中检测陨石坑的周长。图像显示，陨石坑的周围被一个环形池塘围绕着，半径为 80 公里。这些也非常可能是由陨石坑的形成而导致的。陨石坑的形成会造成地下水上涨并穿过地球的表面，因此这是与陨石坑关联的进一步证据。

更多后续的支持给出了一致的结论。亚利桑那的科学家们能够证明，在较年老的岩芯中的物质是冲击熔化物，它拥有类似周围海湾中的白垩纪 - 古近纪沉积物的微玻璃陨石的特征。克林和博因顿还观察到希克苏鲁伯陨石坑中的熔化岩石和海地的白垩纪 - 第三纪界线处的玻璃沉积小球之间的化学相似性。这是希克苏鲁伯陨石坑精确形成于毁灭生命的白垩纪 - 第三纪界线的确凿证据。这个时候，足够强有力的证据使这一发现成为头条新闻，并为公众所知。

地质学家接着寻找了尤卡坦陨石坑和白垩纪 - 古近纪灭绝之间的更多联系。在陨石坑附近，正好在边界区域，扬 · 斯密特和沃尔特精确认证出一种地理凸起，这是一处含有小球甚至玻璃的一堆角砾岩。玻璃的发现也是重要的。玻璃只能在一个快速的、像撞击一样的过程中形成，而不能在一个相对缓慢的过程（如火山喷发）中形成。在后者的情况下，其中的原子和分子有时间形成结晶。而且玻璃的条纹进一步表明它形成太快所以不均匀。

驻地墨西哥的地质学家们的勘探和讨论揭示出更多被撞击打乱的地区，这些位置都离撞击点较近。研究还表明，位于北美的边界喷溅区的厚度随着距撞击地点的距离增大而减小，这和用希克苏鲁伯作为来源所预测的一模一样。根据来自爆炸的连续抛射物的轨迹性质，地质学家苏珊 · 基弗（Susan Kieffer）帮助解释了铱、撞击熔融以及冲击石英的相对分布 。

到 1992 年，根据所有已有证据，大多数地质学家相信，尤卡坦的特征地貌的确是一个撞击坑。但是他们仍然无法确定它和白垩纪 - 古近纪灭绝事件的关系。详细的年龄测定是明确确认这一关联的唯一途径，这需要研究陨石坑中优质岩芯的化学成分。

通过研究岩石中的氩同位素，科学家们设法成功确定了已经存在的岩芯的年龄，特别是来自三个保存完好的玻璃小珠当中的岩芯年龄。然后，他们给海地白垩纪 - 古近纪层中的球状岩石确定年龄，以检查撞击和灭绝的时间是否一致。第一个测量得到年龄为 6 498 ± 5 万年，而第二个测得的年龄为 6 501 ± 8 万年，这个结果表明这两个事件是同时发生的（在测量的不确定度之内）。这一出色的一致性让许多科学家相信：沃尔特和其合作者最先提出的恐龙 - 流星体灭绝理论是正确的。喷出物正好落在古生物边界上，证实撞击与灭绝发生在同一时期。

然而后来发现：最初对陨石坑和铱层的年龄估计（这对建立因果联系至关重要）与真实值偏差了大约 100 万年。相对的日期并没有改变，但是对于指定年龄所必需的衰减常数最初有些许的不正确。这也是为什么我们现在认为白垩纪 - 古近纪灭绝发生在 6 600 万年前而不是 6 500 万年前。

对于流星体假说更强大的佐证是日期排列测量在近期的显著改善。在 2013 年 2 月，加州大学伯克利分校的研究人员保罗 · 莱纳（Paul Renne）及其同事们发现：希克苏鲁伯撞击与生物大灭绝发生的时间间隔少于 32 000 年。对于发生在如此久远的事件来说，这是一个令人难以置信的精确测量。伯克利团队使用的是氩 - 氩测年法，该技术依靠的是在之前章节提到的放射性同位素氩，结果表明，撞击和灭绝发生在这个非常小的时间间隔内。

他们的研究结果几乎肯定了：**两个事件不仅仅是偶然的巧合，而是对撞击假说的非凡证明**。尽管他们谨慎地指出，大灭绝可能是由火山喷发和天体变化而引起的，撞击事件也许只是压断骆驼背的最后一根稻草。但现在看来，则毫无疑问，创造了希克苏鲁伯陨石坑的大质量流星体的撞击才是至关重要的触发机制。

2010 年 3 月，41 位古生物学、地球化学、气候模型、地球物理学和沉积学专家相聚一堂，回顾了超过 20 年的、随着时间推移而积累起来的撞击物种大灭绝假说的证据。他们得出结论：

确实是一颗 6 600 万年以前的流星体的撞击形成了陨石坑，并且引起了白垩纪 - 古近纪的物种大灭绝，其中最著名的受害者便是古老的恐龙。当年发表在《科学》上的一篇论文给出了对于流星体是灭绝原因的共识看法。几个月后，在同一个杂志上，持怀疑态度的古生物学家们发表了另一篇文章，指出：他们也同意，在那次物种大灭绝中，流星体至少是一个相当重要的贡献因素。

希克苏鲁伯陨石坑是地球上目前发现的最大的陨石坑之一。关于其认证的故事是一个令人难以置信的科学实践的例子，整个过程涉及巧妙归纳、测试和验证大胆假设；与此项研究相关的国家和地区也非常多，其中包括意大利、科罗拉多州、海地、得克萨斯州和尤卡坦。撞击尤卡坦的流星体对地球和地球生命造成了巨大影响。它的起源及其所产生的结果巧妙地展示了地球和宇宙间持久的联系。

宜居带中生命的故事

DARK MATTER AND THE DINOSAURS

> 正是这些天外来客与地球的碰撞，帮助我们建立了现在的生活方式。

我们绕了好大一个圈子来说明了我们的观点，即暗物质和陆栖恐龙的消失是如何可以联系到一起的。我们介绍了许多人类已经掌握了的关于宇宙的知识，像宇宙中的物质，还有像星系这种结构在宇宙中是如何形成的。回到我们的家园地球上，我们回顾了五次生物大灭绝事件，包括被仔细研究又被改编成故事的白垩纪-古近纪灭绝。此外，通过对新发现的小行星和彗星观测，我们还研究了太阳系的组成。

科学的发展并不仅仅只包含已知的内容，更重要的是，它还包含了我们尚未知晓的东西。假说常常开始于尝试性的推测，用来解释那些微小的但有提示性的迹象，抑或在灵感显现时，用来构建出重要的新思想。科学方法的美妙之处在于，它让我们可以有很疯狂的想法——至少表面上看起来是这样，但是同时又要求我们着眼于那些细小的符合逻辑的结论来测试。**我们可能会比较**

幸运，新的想法指出了前进的方向，但我们也可能会失望地发现：开始那些很合理的假设使我们误入了歧途。

前进的道路一般都不是平坦的。有一个不经常滑雪但热衷此道的朋友用另一种有点夸张的方式表达了这个说法。当我在山坡上见到他时，他把他的进步说成“前进两步，后退两步”。但说真的，即使他觉得自己的技术没有一点进步，但在雪山上不断地练习也能让他对雪山的地形更加熟悉，这也会提高他的滑雪技术。事实上，当我一年后在同样的雪道上又碰到他时，他的水平已经明显提高了。

我的朋友所表达的态度，其实是所有从事研究工作的人都可能遇到的。就算有个从不犯错误的人，他正确地解了所有的方程，恰当地解释了所有数据，但最后他可能发现自己的理论并不适合当前的宇宙，即使论证过程中他没有犯任何错误。尽管如此，和滑雪一样，不断地尝试至少能帮助我们更好地熟悉地形。而我们虚构的那些研究者，也能从他错误的理论中所学到的知识感到欣慰——至少他能确定这个想法确实是错的，即使一开始看起来不是这样。提出假设然后找到证实或证伪的方式毕竟是确认某一猜想有效性的唯一方法。在那些令人赞叹的例子里，一些猜想幸好是对的，并具有一定的启发性，与之相关的研究工作因此也就有所突破了。对一个科学家来说——对大多数人也是如此，当即将面临成功时，失败就渐渐消失了。

很快，本书就会列举一些关于暗物质的推测。但是本章会简单谈谈我们已知物质所产生的一个最有意思的结果：生命的起源和进化。我会解释一些对生命起源非常重要的因素：**适合生命的**

环境条件，以及生命演化过程中那些外来天体可能的角色。尽管我讨论的许多观点是来自科学研究的,但这其中也包括一些猜想。它们通常是关于某种具体特征对地球上的生命是多么关键，或者在其他地方可能存在的新生命形式。

下面我们会专注于人们熟悉的物质形式，但这并不意味着没有关于暗物质的猜想，我只是暂时把它们搁在一边，并在本书的最后部分来讨论它们。尽管如此，我们完全不应该忽略暗物质对生命的作用。毫无争议地说，暗物质在太阳系周围的恒星环境的创生过程中扮演着重要角色，从根本上讲，太阳系的恒星环境来自银河系的盘结构，这个盘结构又是由星系产生的，而星系则起源于基于暗物质原初聚集而汇集起来的普通物质。在这些初始的结构轮廓中，恒星和重原子核可以产生，而这在没有暗物质的贡献下是不可能发生的。暗物质还有一个功劳是，它帮助星系和星系团吸引了超新星爆发所产生的重元素，这些重元素是产生地球和生命的关键。

从暗物质到生命的产生是一段漫长的路。先要形成银河系的盘，然后是恒星和重元素，再之后是更复杂的结构。普通物质是这些微妙复杂过程的本质，至少对太阳系来说似乎是这样。虽然我无法告诉你们下面这些关于生命形成的猜测哪些是正确的，但我可以肯定地说：未来，科学还会进步。

生命的起源

生命的起源，是一个极具挑战的问题，特别是至今还没有人知道生命是什么。**如果不研究地球上现有的极其复杂的生命，或者极端环境中本不该存在的生命，我甚至怀疑人类是否能猜出或**

弄明白人类生命的本质，或此类生命存在的必要条件 。尽管人们意识到了许多深刻的、基本的问题尚待解决，人类还是经常高估了自己的已知范围。我发现，人择原理令人烦恼的一个原因是：对于任何形态的生命来说，还没有人知道其存在的可能的根本原因，也没人知道像星系这样的结构可以产生生命的根本原因。我不像有些人一样相信其他形式的生命和人类的生命是相似的。

在对想象中的抽象生命形式发问之前，我们可能首先想知道：

- 地球上的生命是如何开始的？
- 从哪里开始？
- 它是从地球上起源的还是从外太空飞来的？

一些人猜测，彗星或小行星带把已经形成的生命通过孢子带到了地球，这种情况被称为泛种论（panspermia）；有一些人认为，外来天体的影响帮助生命形成跨越了一些障碍；还有一些人更加保守，认为地球生命的发展没有直接受到地外作用的影响。最后一种假说有个优势，在太阳系内我们所有已知的地方，地球的条件似乎是最有助于生命出现的。尽管其他地方也可能存在类似的环境，但至今为止我们只发现地球上有浅海的环境，例如潟湖或潮水坑、冻结的水溶液或者黏土的表面，在那里化学成分可以富集并反应。

组成生命的重元素肯定来自外太空。氢是在宇宙极早期时出现的，但是其他重要元素——碳、氮、氧、磷和硫，仅仅通过高温致密的恒星合成或超新星爆发产生，而且都是发生在太阳诞生之前。

我很高兴在一次采访中列举这一系列事件，那是在加那利群岛特纳里费岛（Tenerife）的望远镜，学生们组织的一次寻找近地小行星活动上。在常规的问题结束后，他们还为每一位受访者准备了一个古怪的问题："你认为学生们和年轻的恒星有什么共同特点？"当采访人表示满意我的回答时，我着实松了口气："学生们学习新思想，并把它们传播给其他人，由此产生了循环——这很像恒星吸收星际物质产生了重元素，然后把这些重元素抛回宇宙空间再循环。当分子物质被排出散布到星际介质中，便聚集在稠密的云中，在那里一部分分子物质重新进入恒星形成区。这种循环模式很像思想的产生、传播和发展。"

不过在生命出现之前，重元素还需要进一步加工。在地球上，这些化学元素组成了越来越复杂的、稳定的有机化合物，最终产生了可以自我复制的RNA，然后是DNA，再后来是细胞，之后接着是（这期间花了很长时间）多细胞有机体。这些有机体一部分是由氨基酸组成，这一组成蛋白质的基本单位。随着对形成DNA、RNA以及细胞结构的必要条件的深入了解，我们更加确定：**那些极端条件对生命的起源必不可少。**

关于生命的出现有许多有趣的问题，其中一个是氨基酸是如何在星际介质和其他地方形成的。

20世纪50年代早期，芝加哥大学的斯坦利·米勒（Stanley Miller）和哈罗德·尤里曾做过一个著名的实验。他们给一个密封烧瓶中的水加热，这个容器中还包含甲烷、氨和氢。他们的目的就是模拟原始的地球大气下的海洋。在这个人造的"大气"中，对水蒸气放电的过程扮演了闪电的角色。米勒和尤里用这个简单的装置成功地制造出了氨基酸，证明了氨基酸的产生在太阳或太阳以外的环境中并不是什么出人意料的现象。

早期地球大气中很可能含有二氧化碳、氮和水，还有在试验中依然稳定的甲烷和氨。有意思的是，氨基酸在地球的分布和米勒 - 尤里试验所得到的结果出乎意料地相似。他们实验结果的关键结论是：在地球上形成有机物质是相对简单的，在太阳系或其他星系也是如此。需要记住的一点：化学中“有机”（organic）一词仅仅表示碳的存在，并不一定是生命的必须元素。据我们所了解的，某些（但不是全部）有机分子对生命是必须的，所以“有机”这个词的命名并不是巧合，尽管有些“不幸”。

事实上，包含碳元素的反应在宇宙中几乎无处不在。恒星的喷流、星际介质、稠密的分子云和原始恒星云，全都包含有机物。像太阳这样的恒星在周围制造大量的有机物，在稠密的分子云中也是一样。这使得有机合成相对来讲并不那么令人吃惊，但同样也使生命本质成分的起源更难下结论。这些成分中的其中一些可能产生于其他地方，但是一些科学家相信，许多有机物更有可能是土生土长的——或者至少是从那些先从地幔中重塑的物质中产生的，然后才进入分子中去，并最终对生命有了贡献。

我们确实已经知道：至少一些有机物是被太阳系中的天体带到地球上来的。在小行星带内的有机物总量似乎显著地小于小行星带外侧，这是猜测地球上一些可观总量的有机物是来自外太空的原因之一。另外一个原因是，尽管地球早期的物质大都没有保留下来，但月球上数量巨大的陨石坑以及相比之下地球的尺寸比月球大得多的事实告诉我们：在早期时候，地球上也有许多陨石事件。这很有可能给地球带来了可观数量的有机物。

氨基酸还有嘌呤和嘧啶都确实在太空中被发现了，其实嘌呤和嘧啶也是产生 DNA 和 RNA 必需品 。小行星和彗星上都发现有氨基酸，它们中的一些存在于生物体内，有一些则没有在地球上被发现过。至少有一种方法来鉴别非生物氨基酸，即旋向性（chirality）或者说分子的手性（handedness）（见图 13-1）。在地球的生物体内只存在左旋性的氨基酸，而太阳系外圈发现的氨基酸包含左右两种旋性。手性与碳原子周围原子的排列有关，它有一个显著的方向性，就像你左右手的手指排列方向不同一样。然而至少有一例研究发现：在小行星的沉积物中，有一类氨基酸的左旋分子数量要多，多出的左旋分子和生命的联系更加难以判断。

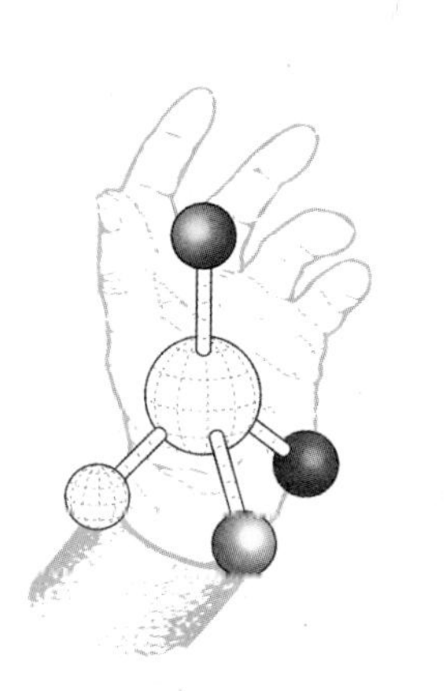

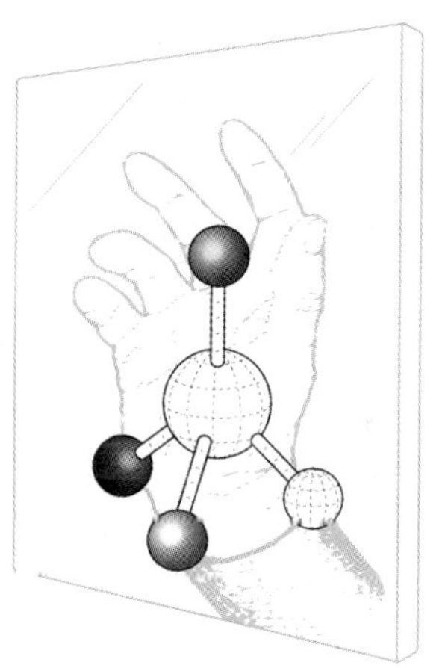

图 13-1

给定旋向的分子的手性示意图。分了的旋性和镜子中分子的像的旋性是不同的。地球上生物的氨基酸是左手旋向的。

我们关于小行星上氨基酸的知识很多来自默奇森（Murchison）陨石，它是一块在 1969 年掉落于澳大利亚墨尔本附近的默奇森小镇的陨石。这块陨石是来自火星和木星之间的一个小行星。它被归类为“碳质球粒陨石”（carbonaceous chondrite），从这个名字你大概可以猜到它含有大量的有机分子，包括氨基酸。巧合的是，这家实验室还研究了阿波罗计划带回的月球物质样本。因此这些科学家们可以把默奇森陨石和其他类似的陨石相对比，例如在俄克拉荷马州发现的默里湖（Murray）陨石；还可以对比其他不同类的陨石，比如在法国发现的奥盖尔（Orgueil）陨石。

为了研究来自太空的氨基酸的命运，科学家们尝试在试验中重现宇宙的条件。研究显示，氨基酸能够在与彗星的碰撞中被保存下来，或者在地外物质撞击地面时产生。通过观察彗星的除气作用，科学家们发现：大部分小行星被星际材料多次加工过，一些彗星状的冰块包含着早期的原始星际物质。对陨石以及行星际尘埃的研究能帮助科学家们了解彗星和小行星带到地球上的物质，也能帮助科学家们建立一些有关从太空飞来的分子的起源和数量的数据库。

水像碳一样，大概也是太阳系中产生生命的关键，哪里有水哪里就可能有生命。地球有一个特别值得注意的特征是，地球表面 2/3 被海洋覆盖——不是全部，也不是一点没有。海洋的部分覆盖使海岸线和潮汐区域成为可能，这些区域对生命的出现与发展非常重要。

正如我们所知道的，水对生命非常关键。岩石中的证据表明，在地球表面液态水已经稳定地存在了相当长的历史。岩石的纪年表明，水的存在可以回溯到 38 亿年前。更古老的锆石形成的一种结构似乎也需要早期地球（至少在 43 亿年前）有水的存在。

地球上的生命肯定受益于巨量的水，无论是什么东西将水带到了这个星球上。然而，正如一个最近迷上渡口骑行的朋友所说，我们周围这些巨量资源到底是从何而来的还是一个谜。海洋中的一些水可能来自地球表面下的岩石中，但想用这个假设来解释今天地球的存水量，还远远不够。

我们已经看到，陨石撞击可能带来的有机物质会促进生命的产生。在地球形成的早期，很可能是在晚期重轰炸期间，通过彗星和小行星所带来地外水当然也是可能的。这是一个棘手的问题，因为大部分通过陨石到达地球的水都是储存于矿物中的结晶水合物，所以这需要一些过程把水分子从硅石上分离出来，尽管也有一些石缝间的冰被小行星带到地球上。

最初，彗星看起来更像是水的来源，因为它们的成分中很大一部分是冰。然而地球上的碳、氢和氧的同位素似乎和彗星上观测到的结果并不吻合，这表明彗星可能不是地球挥发物的主要来源。2014 年，罗塞塔号卫星发回的结果证实了这一点，它测得的彗星上氢的同位素的组成与地球上的不一致，这使得水主要来自彗星的假设变得不太可能。**如果来自太空的天体确实扮演了重要角色，那么这些天体更可能是相对遥远的小行星，它们的同位素比例和地球更接近。这一点很重要。**

另外一个关于水的问题是：地球形成早期，年轻的太阳输出的能量大概是今天的 70%。在原始的太阳低光度的条件下，若没有其他条件的影响，即使水已经形成也不会是液态形式，这就是所谓的“暗淡太阳悖论”（The Faint Sun Paradox）。然而，年轻的地球可以产生热量，并通过很多方式释放出来：坍缩的引力能、火山喷发、穿过大气的陨石震荡，还有月球的潮汐热能（那时月球离我们比现在还近），此外还有地球内部不稳定同位素的放射性衰变。这些过程中的任何一种都可能使地球更温暖一些。大气中的温室气体像二氧化碳，能吸收一些太阳光，这些光开始是在可见光范围照射到地球上的，又以红外形式反射被大气层吸收。无论温室气体能否解释地球早期温度高于估计值，那时已经有液态海洋是非常清楚的事实了。所以，上述因素中的一个或几个因素肯定是起了作用。

宜居环境

在宇宙环境中，既有朋友也有敌人，太阳系内外都是如此。生命存在似乎依赖于本地的物理条件是否能够造就一套适合成长的生态系统。构建宜居生态系统的过程需要一些特别的条件，这些条件既能促使有利的方面发挥作用，又能改变或抑制那些不利的因素。理解生命的先决条件很可能被视为和理解生命起源一样令人畏惧。但是科学家们无论如何都希望找出“什么是宜居的环境”的答案——既包括基本的微生物，也包括更复杂的生命，而后者大概需要更特殊的条件。尽管还没有人知道所有的答案，但所有使我们生存的环境如此特殊的东西都值得我们注意。

还有一点值得注意：太阳本身也有一些特殊。在大质量恒星中（比如恒星质量序列的前 10%），以太阳的年龄来说，它的金属丰度比典型值要高，与星系盘中的恒星异乎寻常地接近。此外，与类似年龄的恒星相比，太阳的轨道似乎更圆了一些，还有它的位置使其轨道更像旋臂，因此很少与旋臂相交。我们不知道这些太阳的非典型特征有多重要，但是所有的非常规特点都可能是有趣的。

光合作用依赖于太阳的辐射，对地球生物至关重要。能量几乎对任何形态的生物都非常关键，因为它为制造并最终维持生命的过程提供能源。在地球上，太阳毫无疑问是主要的能量源。太阳光提供的能量是第二名（即地热能）的几千倍。其他更小的能量源包括闪电和宇宙射线，前者特供的能量是太阳提供能量的几百万分之一，而后者则是其几千分之一。

“液态水对所有生命形式都重要”的说法虽然只是一个推测，但对地球上存在的生物来说肯定是这样。**我们想知道这些水是从哪里来的，还想知道水的液态形式在哪里会是稳定的。**讨论这个问题不仅需要了解太阳到地球的距离，还要知道辐射的效力、其他可能的热源以及大气的压力。

仅仅根据地球的反射率、太阳的光度和到地球的距离，人们可以推算出：如果没有大气的温室效应，即使在今天，地表的水也是要冻冰的。尽管今天我们担心大气内的过多热量，但如果没有二氧化碳、甲烷、水蒸气和一氧化二氮的温室效应，地球将会变得非常寒冷。地球上液态水的存在仅仅是由于这些温室气体，它们吸收了地球的红外光，从而建立了平衡机制。

“宜居带”就是指一段区域内其条件满足生命能够存活。这是一个液态水能稳定存在的“金发女孩”区域[1]。如果离热源（太阳）太远，水就会结冰；如果离得太近，水一开始就不会聚集在行星的表面。水也可能存在于地表之下，尽管这种情况不太可能像巨大的海洋一样，能够为种类众多的生物提供一个共同聚集的场所。

如果水的存在是宜居带的一个标准，那么宜居带的外沿界限的定义就是：大气层外二氧化碳开始凝结的位置。这给出了一个以太阳为中心、半径比日地距离还长 1/3 的区域。还有其他定义方式：在大气层内有足够多的二氧化碳和水，以确保水不结冰。这种定义给出了更大的范围，大约把宜居区域的半径较日地距离延长了 2/3。**具体来看，金星在两种定义中都属于宜居行星，火星只在第二种定义时是宜居行星，而其他的外圈行星都太远了。**

尽管不清楚水是怎么出现的，但我们知道，几乎在行星出现

---

[1] 这里作者引用的是《金发女孩和三只熊》的故事。有兴趣的读者可以阅读一下这个意义非凡的故事。——译者注

时，水就已经存在了。然而太阳的光度发生了变化——自它形成以来有了显著的增加，大气层也发生了变化。因此有了一个对“持续宜居带”（the continuously habitable zone）更加严格的限制，在这个区域内，液态水可以在行星的整个寿命期间持续存在。根据当前的气候模型，连续宜居带的宽度被更严格限制在日地距离的 15% 之内。当然这是今天的定义。再过 40 亿年左右，太阳会变成一颗红巨星，然后再过几十亿年，它就会燃尽。根据现在的模型，地球上的生物没有哪个——无论简单生物还是复杂生物，能存活到那么远的未来。

在担心遥远而凄凉的命运之前，我们还有更紧迫的事情。**一个关键是地球温度的稳定性，我们知道这对生命意味着什么。**在当前的社会，相对小的温度变化就会产生巨大的影响，例如海岸线、农业以及对于人类的适居性。但是对生命演化来说，人们倾向于使用了相对粗糙的温度限制来衡量地球温度的稳定性。在地球上，碳是关键，大气中的碳必须有稳定的补充。

在其他行星上，甲烷和二氧化碳云也可能是相关的。**在这个星球上，调整大气层中碳的反应至关重要。**碳可以从大气中被除去，例如溶到雨水中或者被植物的光合作用吸收；还可以循环回到大气中，例如通过板块构造活动、岩石的风化。当在大洋中脊处诞生的海床随着地壳的运动消失在大陆板块间的潜没带时，此处的元素会发生反应从而产生二氧化碳，并通过火山喷发、温泉和其他地壳出口又回到大气中。山脉的产生和上升也会缓慢地释放碳。快速释放碳的方式是燃烧化石燃料。所有这些过程都影响着大气中碳的供给，这对调节地球温度至关重要。

长久的气候稳定可能是生命进化的另一个前兆。地球上，这种稳定不仅依赖海洋和内热源来驱动板块的结构演化，从而产生了温室层，还有恒星的演化、较少的小行星和彗星撞击，以及月球的存在稳定了地球的自转轴。在过去的5亿年中，这些条件很可能都是生命形成的关键因素，尤其对那些更大型的动植物来说，尽管在最初的30亿年里，气候的稳定可能对早期微生物也非常重要。

一个稳定的中心球对生命的出现也很重要。太多的宇宙射线射到地球上——很多小行星、彗星也一样，许多类型的生命没有机会诞生。任何成功出现的生命也可能很快就被消灭了。一个有生命的行星必须要离太阳足够远，避免过强的辐射；但又要足够近，可以被外圈的行星保护而不受小行星影响。不管这个条件是否是必须的，木星肯定扮演了地球大哥（或保镖）的角色，保护着它的"小兄弟"不受地外天体的攻击，使地球上生命的进化更容易一些。

保护地球的还有太阳风（在第8章讨论如何定义太阳系的边界时也提到过太阳风）。太阳风与星际物质发生反应产生了日光层。在这个区域内，星系的宇宙射线数量相对低一些，这使得地球的气候稳定，也保护了所有出现的生物不直接受到来自宇宙线的毁灭性影响。

令人惊讶的是，我们当前生活的区域（大约有300光年的跨度）被称作本星系泡（Local Bubble），位于银河系猎户座旋臂上，是一个像真空一样的范围，其中的星际介质里的氢密度非常低。直到最近——大概几百万年前，我们才进入这个温暖的、低密度的、部分电离的区域，这是一种相对少见的星际环境。在此期间，这个区域被已经变得特别大的日光层边界包围着，太阳风主导着这一区域的星际介质。我们并不知道人类出现在地球的时间是不是一种巧合，人类出现的时刻恰好是在地球进入到本星系泡的空洞的时刻，或许正是这种不寻常的低气体密度和宇宙射线密度，对形成复杂的生命大有帮助。

外来天体和生命的进化

希克苏鲁伯陨石坑的陨星肯定扮演了重要的角色，在生命进化的后期，它造成了当时大部分物种的灭绝，并为其他物种的进化铺平了道路。尽管具体的数字不是很准确，但似乎大部分大型陨星落地的时间和物种大灭绝的时间是相吻合的。发生在物种灭绝时域边缘的铱层、微玻陨石和冲击石英增添了陨星撞击造成物种灭绝可能性的证据，这个课题值得进一步研究，因为陨石坑的出现时间似乎和陆地生物改变的时间确实存在一些巧合。

尽管如此，下面的许多想法还只是推测。有人提出，虽然彗星引发的后阿尔瓦雷斯波（post-Alvarez wave）非常强大，但小行星和彗星的撞击肯定不足以解释行星上生物的灭绝或者起源。白垩纪 - 古近纪灭绝事件是仅有的、可以相信的彗星撞击造成的灭绝。气候变化和大量的火山爆发在几个时期的生物灭绝事件中也扮演了重要角色，这些证据可能比彗星撞地球更令人信服，包括早寒武纪、二叠纪、三叠纪和中新世中期的物种灭绝都更倾向于这种解释。所以请读者对于我将要列举的猜测不要过于激动。确实有证据指出，撞击与灭绝是一个互相联系的系统。因为一些大型撞击发生的时间大致也相当于地球年龄、生命的起源、文明的开始。研究我们能找到的两者之间任何可能的联系都是值得的，即使证据不是那么强有力。

在五次大灭绝中，如果从地外影响的证据角度看，发生在泥盆纪结束期的灭绝（大约发生在 3.6 亿 ~ 4 亿年前）是仅次于白垩纪 - 古近纪灭绝的一次物种大灭绝，历史上排在第二位。在这一时期内，大概发生了多起地外天体撞击事件，且很可能是由一个碎裂的小行星引起的，或者是多起彗星撞击引起的扰动（我们很快会说到）。但是精确的时间测量并不支持彗星是这次灭绝的主导，因为在这个时间范围内，物种的减少似乎是由于物种形成的有限而不是实际上的灭绝。有意思的是，1970 年，也就是沃尔特提出“地外天体撞击导致的白垩纪灭绝”这一理论的很多年前，古生物学家迪格比·麦克拉伦（Digby McLaren）已经提出了地外天体的撞击，可能是这个更早的物种灭绝的原因。

许多联系了撞击和灭绝的事例解释了一些小事件，例如 7 400 万年前在北美地区的局部灭绝。许多鳄鱼的种类、一些水生爬行动物、哺乳动物，还有部分恐龙在这期间灭绝了，似乎和艾奥瓦州的曼森（Manson）陨石事件符合。始新世晚期事件大概是在 3 500 万年前，发生了多起海洋生物、爬行动物、两栖动物和陆地哺乳动物的灭绝,大约也和一些流星陨石撞击事件相符。证据包括在俄国的波皮盖陨石坑，在华盛顿特区附近的切萨皮克湾近期发现的 90 公里宽的陨石坑，还有在新泽西大西洋城外的一个小一些的陨石坑。华盛顿的那个陨石坑是在一个大型石砾场的沉积物下发现的,这个石场是陨石撞击的海啸所产生的。接着，科学家们还应用地震测型和钻探岩心等方法对其进行了更深入的研究。高于常规的铱等级和超高含量的行星际间尘埃显示：彗星雨是此次多起撞击事件的“责任人”。

始新世晚期的事件也有地外干涉的证据，不过是用不同的方法（地球化学的证据）得到的，这一方法可能是最终弥补那些少的可怜的撞击纪录的有效途径。加州理工学院的肯·法利（Ken Farley）及其同事找出了一种研究天体撞击事件的新方法：通过测量氦的同位素含量来追踪行星际间的尘埃，因为氦的同位素的含量在彗星雨期间会升高。他们的结果很有意思，3 600 万年前产生的波皮盖陨石和切萨皮克陨石前 100 万年到之后的 150 万年间,氦-3 的含量是有所提升的。这些尘埃是彗星雨的强有力证据，它们可能是由奥尔特云中的某次扰动引发的（我们会在后面几章回到这个话题）。

现在我们把这个撞击猜测的列表补全。在中新世晚期，大约 1 000 万年前发生过一次小型灭绝事件，它和铱异常和玻璃陨石似乎相吻合。有意思的是，法利也发现了此次事件前后的氦-3 含量的增多。在这个例子中，合适的时间加上尘埃的演化和小行星撞击的猜测非常吻合——特别是已知的碰撞产生了威尔塔斯族（Veritas）小行星。

因碰撞而产生生命的证据比毁灭生命的证据还要少，但有些人还是乐在其中。我将会提到一个想象的可能性，这是在《圣经》和神话中提及过的戏剧性事件，以及尚无解释的史前遗迹，如巨石阵，这些看起来很神秘或者有人为了某些目的而创造出来的神秘事件，也可能起源于地外流星的撞击。科学地看，研究者们认为，早期撞击事件可能炸飞了部分大气层甚至海洋，从而减慢或限制了地球上生命的进程。但这些也可能制造出了适合生命的环境，例如产生了水热对流系统，促进了生命起源前的化学反应。

科幻作家查尔斯·弗兰克尔在《恐龙灭绝》中指出：20 亿年前的前寒武纪的复杂性和两次已知的那个时候的巨大陨石坑之间可能存在联系。尽管不是很确定——因为氧的角色在那次事件中可能更关键，但是他指出，时间的吻合性很吸引人。另一个同样遥远的可能相关性是一次 5.5 亿年前的碰撞及其后发生的寒武纪生命大爆发（这里，大爆发是指逐步扩大的生物多样性）。科学家们相信，也许这次撞击消灭了已经存在的物种，从而给新物种腾出了生存的空间。尽管没有一种已知的机制和生命联系起来，但是在澳大利亚和其他地方也可以找到撞击的证据。澳大利亚的阿克拉曼陨石坑（Acraman Crater）是个直径超过 100 公里的湖，被一层喷发物所包围，这些喷发物中包含铱和冲击石英，并向东延伸了 300 公里，一直到伊迪卡拉纪的化石群，而寒武纪生物大爆发紧接着这个化石群的形成就发生了。更多证据在中国三峡地区也有。引人注意的是，三叶虫的化石出现在紧挨着撞击层之上的一层。这表明,不管怎样,某些事件种下了来自异星的种子（带来了地外的元素），复杂的生命立刻就开始在海洋中出现了。

另外一些猜测基于已经成为化石的陨石的成分、受冲击的物质组成以及陨石坑的观测数据，这些数据都明确地指出奥陶纪存在一系列的撞击事件，这组撞击事件在 4.72 亿年前，即奥陶纪的中期达到峰值，相关数据特别精确地吻合了海洋生物物种的一段蓬勃发展期。陨石化石的想法给人留下了深刻的印象，所以这里我会介绍一下这个发现，尽管它和生物发展的巧合是明显的猜想，不足以当真。最早的线索来自一个孤立的大圆石，它于 1952 年在瑞典的一处沉积岩中被发现，但显然它不属于那里。研究人员花了 25 年才确认它是一块陨石的化石，这块陨石的实际成分除了对风化的抵抗力比较强的铬铁矿（一种岩石的形式）之外都被侵蚀掉了。后来，科学家们又在周围发现了将近 100 块陨石,合起来就是 5 亿年前的一块 100 公里 ~150 公里宽的物体，它造成了大量的陨石和微小陨石尘埃飞落到地球上，这种情况持续了几百万年。这些碎片甚至可能形成了一个小行星带，现在这些小行星还在缓慢而持续地落向地球表面。

上面提及的关于地外星体对生命的产生和灭亡作用的想法中，其中一些是有问题的。但是我会以一个可靠的地外星体作为这部分的总结，那就是：坠落于地球的地外星体是我们这个星球上的重要资源。有意思的是，陨石所带来的物质对社会很重要，特别是在铁器时代之前，早期人类会使用陨星铁来制造工具、武器和文化用品。

这些矿物质现在也仍然非常重要。许多金、钨、镍和贵重元素能够从地壳中获得，就是因为这些天外来客砸开了地球表面。

尽管行星和小行星的组成是相同的，但地球的引力会把重元素吸到它的地核中，这些重金属中的大部分不会回到地球表面上来。地表的重金属物质主要靠来自地外并坠落在地球上的陨石加以补充。大概有 25% 的流星撞击造成了潜在的有益沉积，这些沉积中至少 50% 已经被开发利用了。因此，**即使流星撞击地球不是产生生命的必要因素，它们在生命的形成及进化过程中的重要性也是毋庸置疑的。正是这些天外来客与地球的碰撞，帮助人类建立了现在的生活方式。**

天外来客的旅程

DARK MATTER AND THE DINOSAURS

> 外太空物体会以规律的周期撞击地球，间隔大约在 3 000 万 ~ 3 500 万年之间。

20 世纪早期，物理学家欧内斯特·卢瑟福（Lord Rutherford）以他划时代地发现原子核而闻名于世。他曾有一句名言："科学要么是物理学，要么是集邮。"尽管这一观点有些傲慢和令人不快，但这句话的确包含了一些真理。科学不仅仅只是列举一些现象，无论这些现象是多么漂亮或卓越，而是去尝试理解这些现象。科学家们可以通过精巧和先进的方法收集事实，例如今天的生物学家们使用 DNA 序列和其他技术促进了数据的快速积累。但是仅仅当数据被彻底理解后，这些信息才会变成真正的科学，即最好能建立一个完备的理论来解释现有的数据，并根据这个理论给出可检验的假说和预测。

我们已经研究了在太阳系中的天体，并知道这些天体中哪些与地球发生过撞击，以及从化石记录里得知了生物灭绝的相关信息。一个好的科学研究会提炼、理解并诠释所有的数据。但是一些重大问题还是没有解决,例如“哪些现象是有联系的”“如果有,那又是如何联系的”。

一个最吸引人但非常具有猜测性的天体物理与生物灭绝的联系是:外太空物体会以规律的周期撞击地球,间隔大约在 3 000 万 ~ 3 500 万年之间。如果这是真的,这个周期将会是一个非常重要的线索,科学家们可以根据它来研究那些安全轨道上的物体偏离轨迹的原因,并知道这些偏离了安全轨道的天体已经变成了一个潜在的危险炸弹,且有可能飞向地球。有许多“某种扰动导致了这种周期性”的猜想,但是没有哪个猜想能给出一个与已经发现的陨石坑记录吻合得很好的碰撞周期。

我会尝试简短地以卢瑟福的观点来评判陨石撞击事件是否展现了足够强的周期性,而这个周期性是否拥有科学的解释。我首先会指出一个不相关但已经建立得很好的关联理论:关于地球在太阳系内的周期运动和地球气候的周期性变化之间的联系。这个温度变化周期,被称为米兰科维奇循环(Milankovitch cycles),是发生在一个短得多的时标上,当然这是和我后面将要讨论的时标相比。这个是以塞尔维亚的地球物理学家、天文学家米卢廷·米兰科维奇(Milutin Milanković)的名字命名的,他在第一次世界大战期间建立了这个理论,而当时他还是一名囚犯。

米兰科维奇循环

以地球物理学家、天文学家米卢廷·米兰科维奇的名字命名。是一个地球气候变动的集合影响,以 10 万年为主要周期,与地球绕日运动轨道的三个变化有关,即:地球公转轨道离心率的变化、地球自转轴倾斜角度的变化、地球自转轴进动的变化。

米兰科维奇研究了地球公转轨道的离心率、地球自转轴倾斜角度和地球自转轴进动的变化对气候的影响。

基于这些考虑，他和后来的科学家们建立了一个以大概2万年和10万年为周期的温度变化模式，全球冰河时代的存在印证了他们的发现。在我访问西班牙巴斯克地区的苏玛亚时，当地的向导为我指出了岩石结构中清晰的层面。这些层面同样是温度变化的结果，因为温度的变化导致了沉积率随时间周期性发生了变化。

虽然有米兰科维奇循环被发现这一成功案例，但对陨石坑周期的探索（发生在一个更大的时间尺度上）必然是一项需要极大勇气的事业，而我不想过分吹嘘它。地球上几百万年前发生的事，保存到今天的证据已经十分稀少了，而且有很大不确定性，例如它们发生的确切时间。只有在极少数的情况下，这些远古的事件才会保存下些许的信息，而那些留下足够多信息、让人们能从细节上理解的的事件就更少了。然而，只要假设与发现的数据不冲突，而且能够给我们带来对世界的进一步认识，科学家们对它们的探索就是有意义的。好奇的人们不但想知道发生了什么，而且想了解背后可能的原因。

我们现在将要考虑的课题是大型的、规律的、来自空间的撞击，它们发生在几百万年的时间尺度上，并希望把这些同我们的运动轨道联系起来，当然这里的轨道指的是太阳系在银河系中的轨道，而不是地球在太阳系内的轨道。我们通过研究陨石坑来尝试着解释所观测到的数据，并期望基于这些研究更好地理解太阳系和银河系的动力学，以及它们之间的内在联系。最有趣的假说应该能给出能被检验的预言，这些假说和怀疑论者所认为的假说是两码事。虽然许多关于周期性的想法还处于猜想阶段，但本章的目的是仔细地解释什么是我们认可的，以及为了进一步研究我们还需要什么。

建立周期

马修·里斯（Matthew Reece）和我没有立刻着手研究暗物质能够解释太阳系内某些周期性现象的可能性。在介绍我们的观点之前,我们想先确认一下这些周期性现象的证据是否足够充分，并且是否值得做进一步研究。另外一个重要的考量是：我们的工作是否对指导将来的观测和分析有所帮助。

> 开始时，我们在我凌乱的办公室里讨论了仍然有些混乱的想法，目的是搞明白什么目前我们已知什么、下一步研究的最佳方案是什么。我们工作的第一步就是调研周期性的证据然后看看它是否可靠，或者周期性是否仅仅只是科学家们随口抛出的一个有趣说法。
>
> 我们参考了许多前人的研究。在大量文献中搜寻观点、区分出主张和真相，比想象的更具挑战性。通常一个结果之后会出现另一个结果，例如有些研究者在一些论文中找到了周期性的证据，而另外一些人在前人的结果中却发现了错误或者疏漏的地方。争议会继续，并没有实质性的解决。在我们完成了最近的论文后，那些对周期性证据持怀疑的人确实让他们的观点为人所知。幸运的是，我们没有什么私心，而只是对这个问题好奇，这使得我们更客观一些。

这个工作中的数据处理所需要的统计分析确实不简单。地质记录非常少,不可避免地有一些大的空白期。由于数据的不完整，研究者分析记录时定义精度的方式会影响其结果。脚踏实地把数据视为根本是吸引人的,但是许多解释注重如何展示和评估测量，而这种测量的统计性质却较差。

例如，数据的分组会产生差异。当科学家观察数据随时间的变化时，他们作出一些关键的选择，而这些选择能影响后面的结论。比如，应该用多少数据点，在哪个具体的时间间隔上应该放哪个数据。科学家们还需要估计这些事件持续的长短，还要理解增强的信号强度的影响，因为正是他们选择了在某段时间内的信号强度。

回应周期性证明的论文还强调了许多统计错误，它可能影响研究的结果。在德国海德堡，马克斯·普朗克天文研究所（MPIA）的科兰·贝勒-琼斯（Coryn Bailer-Jones）是这个领域的翘楚之一。他提出了很多异议，包括上面提到的那些。他还很关心“确认偏差”（confirmation bias）问题，即人们倾向于注意和报道他们认同的结果。贝勒-琼斯认为，也许有些作者过多地尝试拟合了这个结果，因为这个周期和太阳系运动周期很接近。尽管他的很多异议是正确的，但是这个周期的接近并不一定是个坏事。数值的吻合可能仅仅是巧合；或者可能暗示了某些内在的科学联系，并将会被进一步的理解。

贝勒-琼斯等人还指出了一个常见的错误：**你不能拿一个假设和一对简单的矛盾模型进行比较，然后认为这是简单的二选一，而忽略所有其他选项。**例如，人们总是问，数据和哪个模型拟合得更好一点？彗星周期性地撞击地球的假说或者撞击的概率是否随着时间长度的增加而变为一个常数？即使周期模型比完全随机的假说更好，数据也可能更好地遵从一个不同的模型，例如越古老的天体撞击导致的陨石坑被找到的概率就越小。换句话说，在简单的二选一情况中，更好的模型并不意味着它就是对的。幸运的是，研究者们可以扩大可对比模型的列表来避免这个错误。如果没有出现明显不同的概率，尝试多种模型并测试周期性模型是否最好，是可行的。

确认周期性的信号至今还有一些障碍。1988 年，地质学家理查德·格里夫（Richard Grieve）和他的同事们指出，不精确的日期能够抹去所有的周期性信号——无论这个信号是否是真实的。1989 年，普林斯顿大学的一名本科生朱莉娅·海斯勒（Julia Heisler）和当时在多伦多加拿大理论天体物理研究院工作的斯科特·特里梅因教授（Scott Tremaine，现在是普林斯顿高级研究院的主任）进一步量化了这种效应：在多大的不确定前提下依然能可靠地确定周期性现象。在 1989 年发表的一篇论文中，海斯勒和特里梅因认为：数据中 13% 的不确定性就不可能得到一个好于 90% 的置信度的周期性。如果不确定性达到 23%，那么测得周期信号的可能性就降到了 55%。这样的不确定性不会使建立可靠的周期效应变为不可能，但却会使问题变得更有挑战性。

灭绝事件的周期性

这些有警示作用的论文的焦点集中在天体物理学中的周期效应，这也是我工作的焦点。但最初引起人们研究陨石坑随时间变化的起因是一个表面上看起来不一样的题目：灭绝事件明显的周期性。普林斯顿的地质学家阿尔弗雷德·费舍尔（Alfred Fischer）和迈克尔·亚瑟（Michael Arthur）最先发现，生命似乎有规律地呈现出繁荣和衰落的迹象。1977 年他们总结出，化石记录似乎符合一个 3 200 万年的周期。芝加哥大学的大卫·劳普和杰克·塞科斯基在 1984 年发表了一篇更有影响力的论文，他们展示了其对周期性灭绝的研究。一开始劳普和塞科斯基发现了一个可能的周期范围：介于 2 700 万 ~ 3 500 万年之间。之后他们又重新分析，修正了这一估值，得到了 2 600 万年的周期，之后大多数科学家们也都得到了这样的结果。

任何激动人心的观点都会被不断检验，而后来的研究确实发现了支持的证据，不过时标上发生了一些变化。2005 年，加州大学伯克利分校的两位物理学家罗伯特·罗德（Robert Rohde）和理查德·穆勒（Richard Muller）使用同样的化石记录，但重新校对了时标，得到了不同的周期结果，即 6 200 万年。有趣的是，后来的结果变来变去，但 2 700 万年和 6 200 万年却都被保留下来。近期一次细致的分析，是由堪萨斯大学天文学教授艾德里安·梅洛特（Adrian Melott）和华盛顿特区的史密森尼国家自然历史博物馆的古生物学家理查德·班巴奇（Richard Bambach）完成的。他们发现，大部分灭绝发生在 2 700 万年周期模版的 300 万年内，此外在 6 200 万年的框架上总是发生物种多样性的减少。这表明，这两个时间框架可能实际上都与周期撞击事件相关。所有对周期性的警告还是适用的，但支持周期性的微弱证据也的确存在。

即使化石记录的规律被证明是真的，仍然不能改变一个事实：没有一个支持周期性灭绝的学者能够解释为什么灭绝是周期性的。**导致物种灭亡的因素有许多，气候变迁、火山爆发、天体撞击和板块活动等都扮演过重要的角色。流星体可能导致大范围的物种灭绝，而且白垩纪 - 第三纪灭绝事件肯定是流星体造成的。但是灭绝事件中任何一个被提到的周期性，都不是单一原因的结果。**如果想了解这背后明确的物理机制，科学家们最好期望所得到的周期性是不同周期性现象叠加的结果；然而若是记录不够完备，叠加后的结果看起来会很像随机结果。

任何把可能的周期性灭绝和引起它们的物理过程联系起来的尝试，都比根据具体物理现象来理解周期性更具不确定性，例如只把外来天体的碰撞与周期性灭绝联系起来。研究彗星撞击已经足够有挑战性了。把它们和灭绝事件的不确定联系起来肯定是像兔子窝一样[1]。

由于这些不确定因素——除了唯一确定的彗星／白垩纪－第三纪联系，后文将会避开关于灭绝的猜测，尽管这个题目非常吸引人。取而代之，我将会把重点放在如何联系宇宙中的周期现象和那些足以留下陨石坑的大型陨石上。这些研究的好处是，陨石坑的记录是和天体物理直接联系的——不像造成灭绝的潜在因素，不受期间天气、环境和生物学等因素的影响。

天体坠落提供了一个绝佳的机会来研究地球上的现象和太阳系中发生的事件之间的联系，并可以把它们看作一个整体，这为更好地研究宇宙提供了一个独特的途径。**不定期的流星体并没有什么特别的解释，而周期性的流星体则很有可能暗示了什么。如果流星体出现的时间真的是规则的，那么时域相关性则很可能反映着背后的宇宙学起因。**

在第 21 章我将会谈到我和同事推定的一个理论，它预言的周期性已经得到了现有数据相对充分的支持，在将来，会得到更可靠的数据对其进行验证。这里我会讲述一些过去文献中的代表性结论，并不涉及精确的统计方法或者数据选择。

我们将看到，历史文献中展示出的一些支持周期性的证据，但是它们不足以给我们以确凿的结果。在有了更好的数据和更仔细的分析后，那些模糊不清的结论也许就不会存在了，又或者会变得更清楚。现在，我们需要把这些结果看成是科学家们在陨石坑的数据中寻找周期性事件的阶段性收获（也许包括一些乐观的结论），而不是什么全面的调研或结论。

---

[1]《爱丽丝梦游仙境》中的兔子窝，指的是各种困惑麻烦的源泉。——译者注

陨石坑记录的周期性

无论如何，在寻找陨石坑的周期性时对数据还是有一些限制的。人们应该集中分析较大和较近期的陨石坑。那些过于久远的陨石留下的印记肯定不如近期的可靠。另外，尽管小陨石坑的数量远比大的多，但是对周期性的研究应该只专注于那些大的陨石坑。小天体随时都可能撞到地球上——除了小行星带的瀑布式碰撞，这些撞击大多数都是随机的。那些造成小陨石坑的天体的行为是无序的。我们下一章会看到，真正具有周期性的只是彗星，而且只是那些从遥远的奥尔特云飞来的彗星。

因此，在数量（陨石坑越小数量越多）和可靠性（陨石坑越大对周期现象越可靠）上要有一个取舍。最佳的选择是未知的。很多文献都使用了不同的标准，因此大家在看早期的研究结果时一定要记住这一点。在马修和我的工作中，我们最终决定选择在过去的 2.5 亿年落到地球上的，直径大于 20 公里陨石坑。我们选择的时间 2.5 亿年看起来足够长，统计上比较合理，但还不会太久远以至不可信；20 公里也是一个比较好的取舍点，它要求陨石尺寸要达到公里量级，又不会太大而丢掉相关的统计性数据。

即使有了这些限制，从陨石坑记录中辨认可靠的周期性也是难以完成的任务。陨石坑的印记在地球历史进程中并不能被完整地保留下来，它们中只有一小部分今天还清晰可见。此外，陨石坑的时间并不总是能足够精确地推测出事件的时间特征。更麻烦的事情还有,研究者们需要使用不同的数据组。即使同样的数据，分析人员有时会使用不同的时间间隔或者以不同方式分组。如上文所述，这使得情况变得更加混乱，即使有些陨石是周期性出现的，还有一些却是随机的。这意味着最好的情况也只是在一个随机组分上叠加一个周期组分，此类叠加进一步“连累”了本来就可怜的统计记录。

尽管如此，受沃尔特·阿尔瓦雷斯提议（彗星撞击导致白垩纪-古近纪大灭绝）的启发，以及周期性灭绝的证据，科学家们继续寻找周期性天体撞击的证据。1984 年，沃尔特和加州大学伯克利分校的同事、物理学家理查德·穆勒发起的这项工作，当时他们用 2.5 亿年前的、半径大于为 5 公里的陨石坑得出了 2 840 万年的周期。他们研究的样本只有 11 个陨石坑，而且没有严格考虑数据的不确定性，但是很多更全面的分析接踵而至。

1984 年晚些时候，纽约大学的生物学家迈克尔·兰皮诺（Michael Rampino）与美国国家航空航天局戈达德太空研究所的理查德·斯图斯尔（Richard Stothers）合作，研究了另外一个包含 41 个陨石坑的样本，这些陨石坑产生于 2.5 亿 ~100 万年前，他们得到了一个 3 100 万年的外来天体撞击周期。1996 年，日本的科学家们得到了类似的结果——过去 3 亿年间的陨石坑有一个 3 000 万年的周期。2004 年，京都大学的一名应用数学家薮下·新（Shin Yabushita），也是这项研究的参与者之一，进行了一项更细致的分析，使用了过去 4 亿年的陨石坑，并根据其大小给它们以不同的权重。由此他从一组 91 个陨石坑中得到了 3 750 万年的周期。这些分析都从陨石记录中找到了规律性的证据。但是周期的结果都不一样，不足以支持这些结果。

2005 年，英国白金汉天体生物中心的教授威廉·纳皮尔（William Napier），进行了一项有趣的研究。他认为天体撞击是成组出现的，每期持续大约一两百万年，间隔 2 500 万 ~3 000 万年。他的样本是 2.5 亿年里直径大于 3 000 米的 40 个陨石坑。他发现，最大的一组撞击发生在相对较短的间隔，而且白垩纪-第三纪大灭绝也发生在其中。这个周期性的证据比较薄弱，但他依然推断出了一个周期的长度范围——这取决于如何诠释数据，这个范围内似乎 2 500 万年和 3 500 万年占主导。

纳皮尔意识到他的证据不足以成为很强的论据。他指出：尽管已经比沃尔特开始的数据多了很多，但还是无法期望得到更强的信号或者信号会完全消失。他认为这种模糊不清的结果的一种可能解释是：他的结果是稳定的随机事件和周期性事件的叠加，所以即使增加了 3 倍的数据量，信号也不会清晰地出现。

纳皮尔还提出了一些有趣的建议，是关于可能的天体是彗星还是小行星的。尽管他认为在分析中排除的那些较小流星体可能源自小行星带，但他怀疑那些彗星——而不是小行星，是那些大陨石坑的主要制造者。他给出的原因是，大型小行星不足以解释轰炸时期所需要的密度，相反，太多的大型小行星与我们发现的短时标周期不符。纳皮尔还指出，不充足的陨石记录实际上支持了他的论据。如果大部分陨石坑都没有保留下来，那么撞击的数量应该比从地球上鉴别的陨石坑数量多很多。如果我们知道一些大型陨石坑集中在一个轰炸期，那么我们也应该知道发生过很多撞击，但证据已经不存在了。

纳皮尔进一步解释道，由于扰动而进入地球轨道的小行星只有不到 4% 撞到地球上。大部分都被甩出太阳系或掉到太阳里了。考虑这两种效应，纳皮尔从他的数据中总结出：一个至少 20 公里 ~ 30 公里大的元行星碎裂而产生的几百个小行星到达了近地轨道。这种碎裂肯定是由于碰撞。但是这么大的小行星碰撞出这个数量的小行星的事件太不常见了。因为一两百万年的影响时间太短，而且这个时间范围对小行星的解释也不合理，所以他认为彗星更像是这个周期爆发的根源。尽管他的结论并没有得到证明，而且我们也知道一些小行星有一个一两百万年的“快速通道”，但是他们的确提出：**对一些显著的撞击事件来说，彗星可能比小行星更重要，这也许是最终区分此类撞击事件的方法。**

“旁视效应”

以上都是令人好奇的观测。然而，上面这些结果都没有给出统计显著性，这是最后建立周期性所需要的。当分析统计显著性时，另一个棘手的问题出现了，这个问题还解释了为什么之前的结果会互相矛盾。不过这个问题是可以解决的。

你也许认为，如果假设数据是周期性的，就可以简单地把数据匹配一个周期性函数，然后评估周期性函数的拟合情况，并用来解释观测结果。然而，这会给出一个过于乐观的估计。当你不是测试单一的假设而是许多猜测时——在这种情况下，函数会得出不同的周期。如果给出足够多的可能性，周期性函数的拟合结果几乎肯定会被证明比随机情况更好，但这并不一定正确。

这个微妙但是有些明显的（至少事后看来是这样）问题，在粒子物理学界被称作“旁视效应”（look-elsewhere effect）。当希格斯玻色子在大型强子对撞机（LHC）中被发现时，这个现象成为很多讨论的主题。[1] 大型强子对撞机就是在日内瓦附近的欧洲核子研究中心（CERN）的巨型粒子加速器，科学家们试图用高能质子互相碰撞来制造新粒子，并由此可以洞察还没被发现的物理理论。这尽管不是本书的主题，但寻找希格斯玻色子的结果，阐明了一个科学家在寻找周期性时需要面对的问题。

[1] 有关大型强子对撞子的内容，我在《叩响天堂之门》中作了详细介绍。

实验人员寻找希格斯玻色子的方法是在数据中试图寻找希格斯玻色子衰变成的粒子，然后测量它们被发现的频率。因为粒子

旁视效应

科学实验中，尤其是粒子物理学实验中统计分析的一种现象。由于参数空间的改变，会导致统计显著性偶然地明显增加。

碰撞的大多数时间里是不产生希格斯玻色子的，而希格斯玻色子存在的迹象出现在数据突出的信号里，那些光滑的背景曲线则来自希格斯玻色子没有出现的那些实验事件。如果可以正确地做图，这个突出的地方应该发生在正确的希格斯玻色子质量上。所以当实验人员展示数据时，他们集中在了数据“鼓包”的区域，在那里，某种物质（希望是希格斯玻色子）贡献了高于背景很多的信号。

需要提醒的一点是，统计的侥幸（技术上所谓的涨落）总是使数据上下变化。有时会有很大的涨落。尽管特定在某点的涨落是不太可能的，但是如果你分析的质量范围足够大，一个不太可能的涨落会恰好出现在某个地方。这个不太可能的事件的“信号”看上去可能和希格斯玻色子的信号一样。但这个“信号”只是背景事件中的“不可能涨落”在某一质量处的积累。

当实验人员一开始寻找时，他们并不知道希格斯玻色子的质量[1]。因为衰变产物中的能量和质量可以用来计算希格斯玻色子的质量，所以当找到了适当的证据时，他们就能够测量这个质量了。但是研究人员只能在他们看到一个“鼓包”后才能得到质量，而不是相反的过程。

当实验人员展示他们的数据，并讨论他们辨识出的每一个“鼓包”有多可能或不可能出现希格斯玻色子时，他们需要考虑其质量值的不确定。因为统计涨落可能出现在任何地方，它们中的每一个都可能被认为是一个希格斯玻色子的衰变，每个“鼓包”的统计显著性被其他什么地方更大的统计涨落削弱了。实验人员知道这一点，所以他们展示的是已经考虑到了旁视效应的显著性结果。这个旁视效应会告诉你，如果你事先已经知道了希格斯玻色子的质量，结果会更加显著。如果你不知道，那么一个“鼓包”更可能是一个涨落，因为你可能把数据中一个非常规正信号的可能性乘以了它们的发生次数。仅仅当实验产生了足以探测的希格

[1] 从技术上讲，从其他过程中得到的精确测量会给出一些限制，但是这些限制一般在关于希格斯玻色子直接探测的报告中被忽略掉了。

斯玻色子并显示出统计显著的结果时——旁视效应也要考虑进去，物理学家们才能最终声明他们的发现。

当寻找陨石记录的周期性时，如果事先不知道你要找的周期，类似的考虑也适用，而天体物理学家喜欢把这个效应称作“实验因子”（the trials factor）。如果你使用了足够多的不同周期，它们中总有一个同数据的拟合结果比没有周期的结果要好，即使数据是完全随机的。原来，结合了周期性天体撞击的模型与数据符合得更好——至少比假设完全随机的撞击事件要好。但是因为没有人知道预期的周期，研究人员基于简单拟合能推测的任何统计显著性都低于他们天真的结论。如果有足够多的可能性，而每一个可能性又都具有各自的统计不确定性，最终，一些周期函数必然会看起来与数据合理吻合。

我们费了好大力气才解释了科兰·贝勒-琼斯的结果与其同事的分歧：他没有发现周期性的统计证据，而他的同事却发现了。他们各自都做了正确的分析，但是贝勒-琼斯并没有像我们一样，提前把周期因素考虑进去。没有额外输入，这个信号需要非常强才能压倒这种中和效应。但一开始这个信号并不够强。

好消息是，我们确实有额外输入，并且能够把它考虑进来。在某种程度上，我们知道星系的组成，因为天文学家已经测量了其组分和引力场。如果周期效应是由太阳系的运动造成的，我们可以把星系的性质和太阳的位置结合起来，并把预测的太阳系的运动和已知数据进行比较。在下一章，我会介绍一个周期性陨石雨的触发机制及其应用，这正是马修和我决定研究的题目。

从奥尔特云中逃逸的彗星

DARK MATTER AND THE DINOSAURS

> 一个足够强的扰动就可以将一个奥尔特云中的天体慢慢地移出它应该在的位置，就像那些步伐不够精确的外圈舞者一样。

你也许曾经在纽约的电波城音乐厅（Radio City Music Hall）观看过洛克茨（Rockettes）舞蹈团表演的集体舞，或者在一些电视节目中看过一些舞蹈团的类似表演。在这种舞蹈里，很多衣着华丽的舞者会围成一个圆环并同步作出一些优美的动作。这些舞者有时会组成从中心往外延伸的辐条式图形，有时会组成大圈套小圈式的多重同心圆。这些圆环上舞者的动作流畅、互不碰撞，这让观众很容易忘记，维持这种运动需要精确地维持舞者之间的相对位置，而这是极其困难的。特别是对那些处于外围的舞者，她们需要动得更快并且需要从最初的位置跑得更远。你可能偶尔会看到一个处在最外圈的、动作难度更大的舞者跳砸了，并因此无法与其他人的动作同步，不过只要她没有摔倒，并不会造成太大问题。这种错误虽然会破坏所有舞者动作的同步性，进而破坏整个表演的完美性，但并不会造成灾难性的失败。

奥尔特云距离太阳的距离是地球和太阳距离的几万倍。奥尔特云中那些多冰天体面临着和外圈舞者类似的挑战。这些天体距离太阳如此之远，以至于太阳的引力只能使其处于不太稳定的平衡状态。一个足够强的扰动就可以将一个奥尔特云中的天体慢慢地移出它应该在的位置,就像那些步伐不够精确的外圈舞者一样。如果一个奥尔特云中的天体靠太阳系内圈足够近的话，那么一个大力的推或者拉，将会完全改变它的轨道。当这种情况发生时，这个天体与原轨道的偏离将远甚于那些跳砸了的舞者，它将面临冲向太阳系内圈的危险，甚至有可能冲向地球。

近地小行星以及一些偏离正常轨道的短周期彗星，也会受到行星或者附近天体的推挤，偶然也会撞上地球。但是这些作用力基本都是随机的，只有来自奥尔特云的彗星才被认为会受到周期性的扰动。奥尔特云既是进入太阳系的长周期彗星的唯一来源，也是大部分能靠近太阳的彗星的来源，而且也被认为是等距轰炸地球的彗星的唯一发源地。前文提到的生物灭绝的周期性以及陨石坑的记录，让我们有了强烈的兴趣去研究，到底是什么触发了这些能将奥尔特云中的冰冷天体送进内太阳系的扰动。

在这一章，我将首先简单地阐述彗星或者小行星是否会造成重大的冲击。随后我会总结一些最初的关于如何从奥尔特云中移出天体，并形成可以冲击地球的彗星的想法。虽然这些老的想法不能解释那些定时的冲击，但不可否认，它们鼓励了人们思考星系相互作用的新方向。这些旧想法也为我们之后提出的基于暗物质的更可靠新想法，铺平了道路。

小行星还是彗星

如果造成希克苏鲁伯陨石坑的是一颗小行星的话，那么暗物质是与它没什么关系的；但如果造成这些破坏的是一颗彗星的话，那么暗物质很有可能是这一事件背后的“主谋”。地质学家沃尔特·阿尔瓦雷斯在他的《霸王龙和陨星坑》一书中默认用了“彗星”一词，来描述造成白垩纪 - 第三纪大灭绝的撞击者。虽然他认为没有人能够明确搞清楚到底是彗星还是小行星造成了这些撞击。区分这些陨石坑到底是彗星还是小行星造成的非常困难，尤其是对那些在几百万年前撞击而成的陨石坑。如果没有观测到撞击天体的轨迹的话，我们基本上没有办法确定撞上来的是彗星还是小行星。因此，我们也无法“起诉”这个造成恐龙灭绝的凶手彗星。

但我们确实知道彗星及其碎片并不怎么会撞到地球上。据估算，彗星撞地球的概率大约是小行星撞地球的 2%~25%。这个相对概率比较小，因为在地球附近的彗星数目本来就比较少。在一万多个所知的近地天体中，大约只有 100 个是彗星，剩下的都是小行星或是更小的流星。

较大的撞击并不一定完全来自接近地球的天体。遥远的彗星也会时不时地偏离轨道，偶尔撞上地球。杰出天文学家吉恩·苏梅克（Gene Shoemaker）通过一项有趣的研究声称，虽然较小的撞击基本都是小行星造成的，但是较大的撞击很可能是由彗星造成的。苏梅克画了一张撞击数 - 撞击大小的关系图。他发现，这张图似乎表明存在着两种不同的撞击。那些比较小的撞击都落在一条简单的曲线上，而有很多较大撞击却不能被这个简单的曲线所描述。既然已知是小行星造成了这些较小的撞击，苏梅克认为应该有另外一种东西造成了那些更大的撞击——也就是说，他所画的那张图应该是由两种不同的撞击源的曲线组合而成的。他猜想，那种造成更大撞击的天体就是彗星。

彗星有一个更好的特性，那就是，它们携带着相比小行星多得多的能量，因为它们运动的速度比小行星快得多——每秒可达到 70 公里，甚至更快，而小行星的速度每秒只有 10~30 公里。一般来讲，弹道导弹的速度基本在 11 公里 / 秒以内，小行星的速度大约是 20 公里 / 秒，短周期彗星的速度大约为 35 公里 / 秒，长周期彗星的速度大约为 55 公里 / 秒，当然也会有更快的速度（见图 15-1）。动能不仅与质量成正比，而且与速度的平方成正比。彗星具有较高的速度，这意味着，虽然它们撞击地球的概率比较低，而且具有较小的质量，但是它们却能比速度较慢的小行星造成更大的破坏。

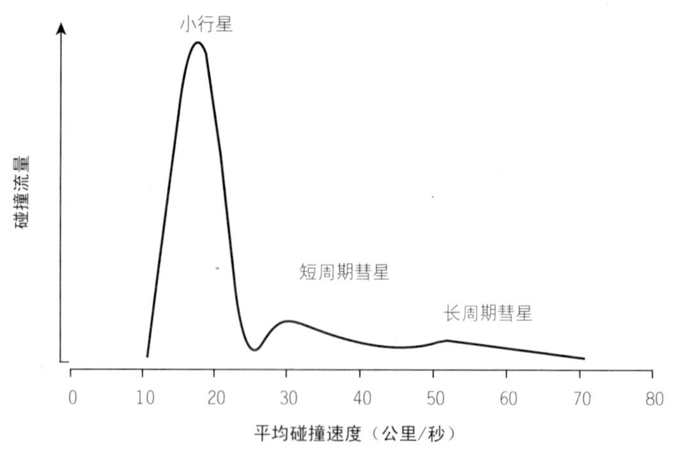

图 15-1

小行星、短周期彗星以及长周期彗星撞击地球的平均速度。图中的曲线也描绘出理论上对这三种天体流量的预期值。

苏梅克又进一步做了化学分析，以佐证他的彗星撞击说。当然为了公平起见，我们应该提一下，做这种化学分析的科学家们既有赞同也有反对这种假说的。一个支持小行星撞击说的证据是，同位素含量的比例以及存留下来的流星碎片和那些球粒状陨石小行星相吻合。这些球粒状陨石小行星含有 45.6 亿年前在太阳系形成的时候，由星云暴风中融化而成的毫米大小的球体。但这些证据并不是决定性的。我们并不知道彗星中的同位素比例，而且彗星的同位素比例其实也差不多。另外，最近的一些研究声称，铱元素和锇元素的含量比以前所认为的要低，这样，反而使证据更倾向于彗星撞击说。

1990 年，天体物理学家凯文 · 扎恩勒（Kevin Zahnle）和大卫 · 格林斯普恩（David Grinspoon）用不同的方式，论证了希克苏鲁伯陨石坑是由彗星撞击而成的。他们提出，彗星的尘埃在白垩纪 - 第三纪大灭绝之前和之后分别进入了地球，并以此来解释包围着白垩纪 - 第三纪岩层周围的沉积物中的氨基酸。既然尘埃颗粒可以悬浮在大气中并慢慢沉降到陆地上，而不会受到破坏，那么这些尘埃原则上是可能来自彗星的。这个彗星在漫长的时间内被分解，并将这些分解开的物质像雨一样洒落到地球上。

有一个因素可以导致彗星的撞击比预期的更加频繁，即当木星扫过附近彗星时，木星有时会将它们撕裂成碎块。如果发生这种状况，彗星撞击地球的概率就会增加，因为可能有好几块这种碎块会冲到地球的轨道上来。有些天文学家推测，这种情况最近一次发生在几千年前，因为在内太阳系里，有大量的彗星尘埃。

前几年刚刚撞到木星上的苏梅克 - 列维彗星就是这种彗星碎片的一个鲜活例子。卡罗琳 · 苏梅克（Carolyn Shoemaker）第一个在 1993 年发现了这颗当时处于木星附近的彗星，随后她和她的丈夫吉恩 · 苏梅克以及另外一位同事大卫 · 列维共同追踪了这颗彗星的踪迹。他们注意到，这颗彗星看起来不太寻常，因为它看起来并不像是划过天空的一条线，而像是一个由亮点组成的圆弧。

很快，在一次更加精确的观测中，天文学家珍妮·刘和大卫·朱维特在其中发现了 17 个分立的小点，这些散列在圆弧上的点就像是一串珍珠。

当时在美国中央天文电报局（CBAT）的天文学家布莱恩·马尔斯登（Brian Marsden）根据这颗彗星的轨迹推断，它的独特结构是因为一次太过接近木星的飞行而造成的，在那次飞行中，木星的引力将彗星撕成了较小的碎块。他提出了这颗彗星以后还会再次近距离接近木星，甚至撞上木星的可能性。其他天文学家跟进了他的提议，并且通过计算发现，木星的引力确实会困住这些碎块并使它们可能在 1994 年 7 月 16 日到 7 月 22 日期间撞上木星。

果不其然，第一个碎块如期以高于 60 公里 / 秒的速度飞入了木星大气。木星上看起来受到影响的区域至少有一个地球那么大。木星大气被先于碎块闯入的尘埃所照亮，造成了绚烂的巨闪。这些撞击造成的破坏与希克苏鲁伯陨石坑周围的差不多，只不过，这次受到破坏的地点是在木星上。这个碎块直径只有不到 300 米大，而最初形成这些碎块的彗星最多也只有几公里大。因此，这次撞击所释放的能量远小于当初造成希克苏鲁伯陨石坑的那颗天体的能量。虽说如此，这次慧木大撞击依然令人震撼。

木星各个卫星上的陨石坑们显示：这种彗星被撕裂并撞击到木星或者其卫星上的现象，在这一区域并不是第一次发生了。而且，如果周期性流星的想法是正确的话，那么它将是彗星在太阳系演化过程中一直扮演重要角色的又一重要证据。这种天体物理现象与行星表面的关联提醒我们，即便是抽象的理论研究，也最终可能会帮助我们解释人类的存在。

神秘的触发

虽然这种来自奥尔特云的彗星造成了当年的大撞击的学说尚未被证实，我在本书后文会假设它是成立的。这是我们现今所知的唯一一个能够解释周期性撞击的理论。虽然这种外太阳系的冷冰冰的天体由于受扰动而冲到地球轨道上的说法，听起来像是个科幻小说——但它并不是，虽然我们经常在科幻小说里看到类似情节，这一系列事件也有科学依据。

太阳系最外围就是奥尔特云，我们可以将其想象成一个由很多较小天体组成的，可能延伸至超过 5 万倍日地距离处的球状天体。这个巨型的彗星发源地存在的间接证据——因为它太远了而无法直接观测，就是我们可以看到的进入内太阳系的彗星。

与我们之前提到的外圈舞者的情况不同，使奥尔特云中的冰冷天体保持在它们轨道上的，是太阳的引力，而不是奥尔特云中各个天体的相互作用。但是太阳的引力只能很弱地束缚住这些天体，因为它们离太阳实在是太远了。引力的强度随距离的平方递减，所以在一万倍原距离的情况下，引力的影响将是原来强度的一亿分之一。太阳对奥尔特云中彗星的引力影响和对地球的引力影响比起来，就是这个比例。在如此弱的束缚下，即便是相对较小的扰动，都可能改变奥尔特云中天体的轨迹，并最终将其踢出轨道，或者甩出太阳系，或者将其送入一个飞奔向太阳的轨道。

天体物理学家恩斯特·奥匹克早在 1932 年就提出，对太阳系外边缘彗星的扰动可以将这些冰冷的天体送入太阳系的内圈。奥尔特后来为奥匹克的想法找到了更可靠的基础，因此奥尔特云有时也被称作奥匹克 - 奥尔特云。奥匹克的理论基本上是正确的，他推断，有些冰冷的天体最终会变得不稳定，容易受到扰动的影响，外界影响有时会将它们推出轨道，并进入一条通往地球的道路。他甚至认为，这会对地球上的生命造成影响，虽然他并没有预想到这种破坏会导致白垩纪 - 第三纪生物大灭绝。

奥匹克的理论虽然让人印象深刻，但也留下了问题：为什么轨道会变得不稳定，是什么触发了它们的逃离？人们一直无法解答这些问题，直到很多年后，沃尔特的提议（以及“冷战”带来的破坏）进入了公众视野，并重新激发了人们的兴趣。

天文学家提出了很多种可能引起扰动的天体，比如从附近经过的恒星或者巨型分子云——质量在 1 000 ~ 1 000 万倍太阳质量的巨型分子气体聚集体。虽然前者会推挤轨道，而后者也会对轨道有一些影响，但两者都不是将彗星送入内太阳系轨道的主要因素。推挤对于彗星轨道的影响取决于推挤的强度和推挤发生的频率，以及被推挤彗星的密度和质量。而恒星和分子云推挤的力度和频率都不足以解释我们看到的这些彗星。

1989 年，朱莉亚 · 海斯勒和斯科特 · 特里梅因研究了一种更为巨大的影响力—— 银河系的潮汐力。月亮对地球上离月亮距离不同的地方的引力是不同的，这种畸变的引力会造成海洋的上升和下降，并形成我们所熟悉的海洋潮汐。同样，银河系上的银河系潮汐也在以相似的方式影响着外太阳系的天体。银河系对位于不同位置的天体的引力是不同的，从而将本来是球形的奥尔特云往朝向太阳的方向拉长，并在另外两个方向压缩。

经过一段时间，银河系的引力会将小天体的轨道慢慢修改成非常细长的轨道，或者说是偏心的轨道。一旦轨道足够偏心，它的近日点 —— 距离太阳最近的距离，将会变得很小，以至于这些天体会很容易射入内太阳系。这样，潮汐力就足以将那些冰冷的天体从奥尔特云送出，并增加彗星流入太阳系内部的流量。这将会造就一个缓慢而稳定的朝向地球的彗星流。

更有意思的是，**将这些冰冷的天体抽出来并变成彗星送到内**

太阳系的主导因素，并不完全是潮汐，而是恒星和潮汐扰动的联合作用。虽然恒星扰动并不是造成彗星流的最终因素——因为恒星扰动的作用时标比潮汐的作用时标要长得多，但恒星仍然很关键，因为是它们将奥尔特云预先送到一个潮汐力可以起很大作用的点上。这就像是环法自行车赛中的一个自行车队，车队中其余的车手会帮助领头的赛车手占领好的位置，从而使他能够完成最后一击并赢得冠军。我们一般只知道最先跨越了终点线的胜利者的名字，而忽略掉队伍中其他人。即便如此，其他骑手也扮演了很重要的角色。与此类似，虽然最终将彗星抽出来的是潮汐力，但是它之所以能够对彗星施加足够的推力，是因为恒星扰动已经预先将彗星的轨道送到了不稳定的位置，以至于只需要相对较小的推拉，就可以将彗星送入内太阳系。恒星扰动很重要，但最终引发彗星变轨的，也即人们知晓的因素，主要是潮汐力。

银河系潮汐力超过太阳引力而起主导作用的区域大约是距离太阳 10 万 ~20 万倍天文单位（日地距离）的地方。在奥尔特云的外边缘，太阳引力将不足以维持轨道的稳定。我们已经看到了潮汐力如何影响处于稳定边缘的轨道，并不时将一个小的太阳系天体送入内太阳系。在更靠近里面一些的地方，也就是我们能观测到的区域，潮汐力就不如太阳引力强了。所以只在奥尔特云中，潮汐作用才能很大程度地推挤处于弱束缚态的彗星。在来自奥尔特云的彗星中，可能有 90% 是因为这些潮汐影响而产生的。

现在，物理学家和天文学家已经理解了银河系的这种通过引力作用对彗星作出扰动，并将其送入内太阳系的方式。**这些机制虽然很重要而且很有意思，却并不足以解释所有的彗星雨或者彗星撞击的周期性。如果没有其他因素的话，上面描述的潮汐力只能造成缓慢却稳定的彗星流。**

天文学家们为了解释彗星流的周期性增强，做了各种努力和尝试，来解释为什么这些彗星的触发并不是完全的随机，而是可能每过几千万年就发生一次。我首先要说明，下面我将要描述的一些理论并没有成功解释上述现象。但是，通过理解这些理论以及它们为什么会失败，将会帮助我们找到新的理论。其中的一个理论就是后文我将要描述的暗物质盘理论的前身。

内梅西斯提议

第一个，也是最出彩的一个用来解释周期性撞击的理论，是太阳有一个名为内梅西斯（Nemesis）[1]的伴星，而内梅西斯和太阳组成了一个大的双星系统。天文学家为这颗想象中的太阳伴星规划了一条非常椭圆的轨道，它和太阳每过 260 万年将会在 3 万天文单位的距离内擦身而过。这个 1984 年提出的理论是为了用内梅西斯在每 260 万年离太阳最近时增强的引力，来解释大卫·劳普和杰克·塞克斯基的生物灭绝周期性理论。这个理论提出，在内梅西斯离太阳最近的时候，它的引力将会从奥尔特云中抽出一些小天体，并使之成为太阳系的成员，这些小天体之后将变成彗星并对地球进行轰炸。

[1] 内梅西斯，希腊神话中复仇女神的名字。以前认为是这颗星的运动引发了彗星和恐龙灭绝之间的关联，但一直没有找到这颗星。

将近 300 万年的周期性相遇（以及因此带来的彗星撞击的增多）需要一个非常大的系统。这个大系统的半长轴（椭圆长轴的一半）大约是一到两个光年的量级。这个理论的一个问题是，恒星或者星际气体云会使这个巨大的双星系统不稳定，这将会摧毁之前预设的相遇的周期性，并造成在过去的 2 500 万年内，次双星系统的周期是变化的。然而，科学家们没有发现这种变化。

最终让这个想法成为板上钉钉的，是一个很好的红外全天巡天星表。如果内梅西斯真的存在的话，那它也应该在这个星表里。虽然 1984 年的测量并不足以完全排除内梅西斯的存在，现在的观测手段已经有了巨大的提高。美国国家航空航天局的大视场红外巡天探测仪（WISE）于 2009 年发射升空，之后一直收集相关的数据直到 2011 年 2 月。如果这颗红矮星真的存在，那么这颗卫星应该已经看到它了——然而并没有。同时，由于人们也没有发现木星大小的巨型气体行星，另一个相似的理论也被排除了——这个理论假设，导致彗星流周期性变化的是一颗新的行星（被称作 X 行星）。

源于银河系运动的触发

在参考了这些失败的想法之后，一些非常不同的基于太阳系、穿行于银河系内已知的不同部分的理论，看起来是很可靠的选择。这些理论并没有引入新的或者奇怪的东西，而是认为，太阳系通过星系旋臂或者穿过星系盘时所经受的密度变化，会引起对奥尔特云扰动的变化。重复通过高密度区域，原则上可以解释彗星的周期性。

我们知道，银河系是一个盘星系，也就是说大部分恒星和气体是在一个直径大约为 13 万光年、厚 2 000 光年的薄盘上。太阳位于距银河系中心约 2.7 万光年的地方，而此时它在垂直方向上非常靠近星系盘的中心平面——只有不到 100 光年的距离。它也在一个旋臂的边缘。

银河系的旋臂从银河系的中心开始向外弯曲着延展（见图 15-2）。这些旋臂比旋臂之间的区域包含更多气体和尘埃，因此也是年轻恒星更容易形成的地方。这里也是高密度的巨型分子云的所在地。当太阳穿过这些密度较高的区域时，这些分子云会施加更强的引力，原则上会导致更强的扰动，而造成撞击的周期性增强。

图 15-2

银河系的旋臂以及太阳（大小并不是按比例绘制的）的位置。

这个理论的一个潜在问题是：这些旋臂并不是完全对称的，甚至没有一个相对太阳的固定旋转速率，即太阳很可能并不会以精确的周期穿过它们。然而，现在人们对旋臂的结构、动力学以及演化并不十分了解，仅仅通过这些就排除这个旋臂理论，也很武断。除非周期性非常完美，否则这种缺乏完美周期的理论很难被数据排除，因为这些数据的周期性也可能只是近似的。

不过，另外两个因素令旋臂理论无法很好地解释观测到的撞击率的提高。第一个因素是，旋臂中的平均气体密度不够高，并不能解释周期性的撞击率提高。如果密度的改变不够大的话，地球在穿越旋臂过程中所受到撞击率的提高将小到无法察觉。

另一个因素是，太阳系穿过星系旋臂的频率并没有那么高。银河系只有四个大旋臂，可能还有两个小旋臂，而围绕银河系转一圈的时间是很长的，因此这就意味着在过去 2 500 万年中，只有不到 4 次穿过大旋臂的机会。而实际上，这些旋臂运动的方向和太阳系运动的方向相同（虽然速度不同），这样的话，穿过大旋臂的周期大约是 800 万 ~1 500 万年，远远不够解释生物灭绝或者陨石坑的出现。

虽然穿越旋臂无法解释撞击的周期性，但这并不代表可以排除银盘垂直方向上的密度变化作为触发机制的可能性。而这种理论很可能会被证明是一种很有希望的理论。太阳系在做圆周运动的同时，还在银盘的垂直方向做上下的振荡。如图 15-3 所示，这种振荡的尺度是非常小的（相比于太阳距离银心的距离 2.6 万光年）。太阳系围绕着银心做着近似圆周的运动，它围绕银心一圈大约需要 2.4 亿万年，这个时标就是所谓的一个星系年。在做圆周运动的同时，太阳还会上浮和下沉。太阳在垂直方向振动的振幅很小，而且与星系盘上的物质分布有关。但是一个合理的估算给出的值大约是 200 光年，不过我们现在处在一个更加接近中心盘的位置，离中心盘大约有 65 光年。

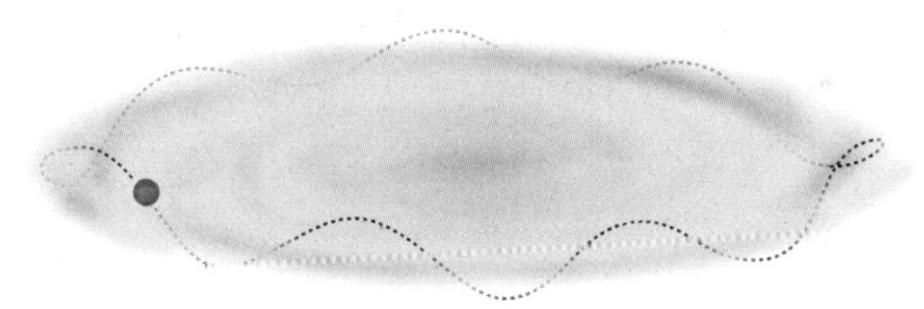

图 15-3

太阳在围绕银河系旋转的同时，还会穿过银盘上下振动。在穿过银盘的时候，它会受到更强的潮汐引力。注意，为了更清楚地描画这种振动，图中的振动周期被刻意缩短了，而太阳实际上在绕银河系一周的过程中，只会做 3~4 次垂直振动。

太阳系的这种垂直方向的振动也许可以说明潮汐效应随时间的变化，并且可以用一个合适的时标来解释任何周期性。因为，随着太阳系穿入或者穿出某些银盘上较致密的区域，太阳系周围的恒星和气体含量是变化的，因此太阳系在振动穿过银盘时，会经历不同的环境。如果太阳系在穿过银盘时，周围的密度急剧升高的话，那么它受到的扰动也会急剧增大，结果是，彗星撞地球的概率在这种情况下也会提高。星系潮汐是奥尔特云受到的主要扰动，所以银盘上垂直方向的密度变化原则上可以造成足够的影响。这项理论是由纽约大学的迈克尔·兰皮诺教授和布鲁斯·哈格蒂（Bruce Haggerty）教授提出的。他们也给这个理论起了一个多彩的名字——“湿婆假设”（Shiva Hypothesis, 湿婆是印度的毁灭和重生之神）。

为了符合观测结果，“湿婆假设”需要银河系中的物质分布满足两个条件。第一，中心盘的密度必须能够提供一个可以造就正确的垂直振动周期的引力场。这个条件与任何精确的扰动机制无关。如果太阳系不能以正确的频率穿过银河系的中心盘，那么穿过中心盘时的任何引力增强，都不会使理论符合观测数据。

第二个条件是，形成一个能解释周期性彗星雨变化率的必要条件，也就是需要一个足够明显的密度变化。这样太阳系在穿过银盘的时候使奥尔特云受到的潮汐力会随时间变化。这两个条件与所有基于银河系中心平面的密度增强，来解释周期性彗星流的理论是相关的。根据这两个条件，我们排除了现在正在讨论的这个理论，而且它们还可以解释为什么比普通物质盘更致密、更薄的暗物质盘可能会是一个合适的选择，下面我会讲到。

兰皮诺和理查德·斯图斯尔在1984年试图利用一个更加标准的银河系组分，来解释彗星流的周期性，并计算了这种组分（即巨型分子云）的密度变化，这些巨型分子云在靠近银河系中心平面的地方最为致密。他们的逻辑类似于之前提到的旋臂穿越理论——当太阳系穿过这些分子云的时候，物质的分布更加集中。这个理论在第二年就被排除了，因为天文学家们发现，分子云的尺度太大了，它几乎可以延伸到和太阳垂直振动的振幅差不多远的地方。这样的话，在太阳垂直轨迹上的密度变化将会太小，而不能起到所需的作用。如果没有其他物质的话，仅仅靠与分子云的相撞频率来解释大约 3 000 万年的周期，还远远不够。

朱莉亚·海斯勒和斯科特·特里梅因与天体物理学家查尔斯·阿尔科克（Charles Alcock）共同研究了另一个可能的理论。他们在证明了银河系潮汐引力的巨大影响之后指出，虽然潮汐的影响会造成一个非常稳定的彗星流，但是一个近邻恒星的临门一脚，也可以造成彗星雨。接下来的问题就是，这种和近邻恒星的遭遇，会以多大的频率以及多大的力度发生呢？后续造成的彗星撞击地球的概率变化会有多大呢？

这支研究团队通过回答以下问题估算了遭遇恒星的频率：一个太阳质量的恒星（在速度为 40 公里 / 秒的情况下能造成所需影响的最低质量）进入距离奥尔特云 2.5 万个天文单位（能够扰动奥尔特云的最小距离，因为这个距离和奥尔特云与太阳的距离差不多）区域的概率是多少？他们发现，这种遭遇发生的频率大约是 7 000 万年一次。这个频率并不足以解释前面提到的周期，但是从理论上讲，这种机制确实可以在过去 2.5 亿万年中造成一些类似事件。

为了作出更好的预言，海斯勒及其合作者后来做了一个更详尽的数值模拟：他们还考虑了潮汐能施加的额外推力。他们发现，理论成立所需要的恒星离太阳的距离要比之前认为的更近一些。因此，根据此理论而给出的真实的彗星雨概率比之前算的还要小，大约是 1 亿年甚至 1.5 亿年一次，比所有观测到的周期都要长得多。在后续的更详尽的数值模拟中发现，恒星遭遇对引发彗星撞击地球的影响，要比他们这次计算结果大一些，但是仍然不足以解释观测数据。

这些研究的结论就是，如果没有新的成分加入，太阳系的引力不可能在短期内发生足够巨大的改变，并造成彗星撞击率每隔一段固定的时间，就发生一次远超平均水平的可观爆发。虽然太阳系会周期性地穿过银河系中心平面，但是由于普通物质的分布造成的彗星雨，并没有在穿越的时候增加。

总体来讲，这种情况很像之前提到的旋臂触发理论。这些理论给出的周期太小，密度的变化也不够大，以至于不能产生理论提出者所希望的那种周期性陨石撞击。虽然最初所测得的密度分布有可能使理论符合观测，但是后续关于星系的更精确的观测数据显示，之前的那些理论都无法产生符合陨石坑记录的正确频率或者正确的周期性增强。除非银盘上有某种新的未曾被发现的物质，否则所有关于星系平面的理论都会因为所预言的周期过长而被排除。

将所有现有的测量数据，比如周期性随着时间变化了很多的证据，综合在一起之后，我和马修·里斯终于得出了这样的结论：**如果盘中没有一个现在未曾探测到的物质成分的话，那么这种上下振动的频率将会因为太长，而无法解释观测到的周期**。这不仅仅是因为，普通物质的分布太平滑，而不能产生那种突然爆发的彗星撞击率，而且如果银盘只由普通物质组成的话，将会因为太过稀薄而无法产生正确的周期。

虽然上述这些理论并不能解释各种周期性，但它们仍然给了我和马修继续前行的基础。我们学到了，潮汐效应会在靠近以及穿过银盘时，造成足够大的扰动来驱动彗星进入内太阳系。但我们也知道了，已知的天体物理成分是无法造成我们希望看到的周期性的。它们都不能产生一个足够突然的潮汐效应，来增强撞击地球的彗星数目。

这给了我们两种可能。也许最可能的就是，我们观测到的周期性并不是真实的。首先，周期性的证据并不是那么强，而且很多偶然事件都可能将其伪装成周期性的样子。另一个更富想象力但也更有意思的可能是，银河系的结构并不是我们认为的样子，这样，潮汐影响有可能更大，并且具有比之前期望的还要大的变化率。我们打算按第二条路继续探索下去，而且，我们成功了。

在第三部分我会讲述，当我和马修·里斯考虑了银盘上所谓的普通物质，以及测量到的太阳位置和速度时，我们发现，陨石坑的记录与我们提出的暗物质模型符合得更好。在银盘上加上一个具有合适密度和厚度的暗物质盘，会调整银盘潮汐力的强度和时间相关性，这样一来，撞击的周期和强度都可以与观测数据匹配得很好。

沿着这个思路，我们还有一个意外收获，即第 14 章提到的旁视效应并没有之前想的那么差。我们不需要再去考虑所有可能的周期，只需要考虑已经测到的星系中的普通物质的密度。利用这些并不精确的太阳系测量数据，以及一个合适的暗物质盘模型，我们可以将可能的振动周期限制在与已经测到的银盘密度分布相符合的范围。我和马修发现，在考虑了现有的数据之后，周期性的假设大约是随机碰撞可能性的三倍。虽然我们提出的暗物质盘的存在性并没有很强的统计学证据，但这样的结果已经很好了，足够鼓励我们进行进一步的研究。

这种方法最好的地方在于，我们对银河系引力场的认识会进一步提高。我们的方法考虑了所有关于银河系的已知数据，它将随着对银河系和太阳运动更精确的测量数据,而变得越来越可靠。科学家们现在正在测量银河系中的物质分布。现在，太空中的卫星正在记录恒星的位置和速度，以帮助我们推测它们所感受到的银河系的引力场 —— 也就是将它们束缚在银河系内的场。这些都会为我们进一步揭示银河系平面的结构。

在这些注定会激动人心的结果中，理论和观测将会把太阳系的运动和地球上的数据结合起来。未来观测到的更多数据将会带来更可靠的预测和更可靠的结果。

第三部分将会回到暗物质模型，并以可以解释陨石坑数据所反映的周期性模型作为结束。关于周期性和地球历史的研究，可以帮助我们思考那些充满宇宙人类却看不见的暗物质的本质，这也是人们探索地球周围的可见世界和飘渺的暗物质世界的一个非常好的理由。

DARK MATTER AND THE DINOSAURS

第三部分

破解暗物质的秘密

THE ASTOUNDING INTERCONNECTEDNESS OF THE UNIVERSE

16

隐形世界中的神秘物质

DARK MATTER AND THE DINOSAURS

> 任何一个与已有实验和观测结果不符的事实都会判一个新模型“死刑”。

过去的一个世纪里，天文学、物理学和宇宙学等领域中，研究数据和理论的长足进步，教给了我们很多不可思议的知识。但宇宙中的很大一部分我们还没有看到，甚至可能永远都看不到。这很大程度上要归罪于我们有限的视力。比如，有些天体无法被观测到的原因就是太远。由于距离遥远，这些天体即使会辐射或反射出光，这些光也会随着距离的增大而急剧消散，并迅速变暗。

首先，尘埃或者天体会遮挡或阻碍我们的视线。尽管空间探测对宇宙中天体的直接探测，在某种程度上的确帮我们避免了这些障碍，但目前还没有一个探测器能到达离我们最近的恒星，更别说最近的星系了。鉴于空间探测器的有限到达范围和低下的分辨率，它们所能提供的帮助是非常有限的。

还有很多因素限制了我们可以看到的东西。即使在我们周围，有些事情也因为太小而被忽略。人眼的成像过程限制了我们在不使用干涉技术的情况下，所能看到的东西。人眼能看到的光的波长在可见光范围内，所以任何小于可见光波长的物体，都超出了人类裸眼的可视能力。在大型强子对撞机（它代表了人类目前最先进的技术）的帮助下，人们可观测到前所未有的小尺度物理学过程。尽管如此，这个令人瞠目结舌的机器也只能展示一百亿亿分之一米尺度上的物质。没有技术的进一步发展，我们依然无法研究与更小尺度上的距离和力学的相关问题。

对暗物质来说，我们之所以无法观测到它们，有着更无懈可击的借口。暗物质本身就不发射光或吸收光，而光是人类视觉有效的根本，这是必须面对的事实。暗物质只能通过引力与其他物质相互作用，除此之外，目前我们还没有发现其他相互作用的途径。第 2 章已经解释过为什么我们知道暗物质的存在，而且我们知道暗物质的一些大致特性，但我们还不能准确地指出暗物质到底是什么。因此，探寻暗物质的本质成为一个紧迫的研究项目。

鉴于本书的终极目标是把暗物质和彗星联系起来，本章我们会从研究太阳系转换到研究暗物质，并介绍几种最有可能解释暗物质本质的候选理论。

一个简洁可预测的模型

尽管相信暗物质是真实存在的，对暗物质的本质我们却一无所知。通过研究宇宙微波背景辐射（CMB），我们知道了暗物质在宇宙中的平均能量密度；通过研究星系中恒星的旋转曲线，我们可以估算出银河系附近暗物质的密度；暗物质是“冷”的，也就是说，暗物质粒子的运行速度要比光速小很多，这个结论是从宇宙中小尺度结构的存在而得出的；根据对子弹头星系团形状的观测可以推测，暗物质之间的自相互作用非常弱，而暗物质直接探测信号的缺乏又说明，暗物质和普通物质的相互作用也非常弱；暗物质本身不携带电荷。

目前为止，我们知道的只有这些。即使暗物质由基本粒子组成，我们依然不知道暗物质粒子的质量，不知道暗物质粒子和外界是否存在非引力作用，更不知道它是如何在宇宙极早期形成的。我们知道暗物质在宇宙中的平均密度，但是具体是一立方厘米内有一个暗物质粒子，还是一立方厘米中有一个质量大 1 000 万亿倍的粒子，就不得而知了。大量的微小粒子和弥散的巨大粒子都能给出相同的暗物质平均密度，而目前天文学家们只能观测到暗物质的平均密度。

大多数物理学家认为，暗物质由一种新的基本粒子组成，这种新的基本粒子不具备标准模型中基本粒子的相互作用方式。想了解这种新的基本粒子，意味着我们必须了解它的质量和它与其他物质的作用方式，而且还要弄清楚这些性质是未知粒子性质的全部，还是只是其众多性质中的一部分。很多物理学家都有自己喜欢的候选未知粒子，但是在没有足够的观测证据之前，我不会轻易地拒绝任何建议。

幸运的是，朝着揭开暗物质神秘面纱这个最终目标前进的过程中，人类的视觉限制只是个不太重要的因素。就算人类目前的技术有能力观测到暗物质，由于极度专注而产生的盲点或者粗心都可能让我们错过它。

人们经常会忽略他们不期待的事物。例如，当观看热播美剧《生活大爆炸》中的某一餐厅场景时，很少有人会注意到我的出现，其实我自己也没有注意到。就算我离主角非常近，也仍然会被忽略（见图 16-1）。

图 16-1

一个关于专注和盲点的例子：《生活大爆炸》中被忽略的我。（感谢吉姆·帕森斯［Jim Parsons］提供图片）

不过，由于专注而产生的盲点是可以被修复的。与魔术师利用人类的这种弱点不同，科学家需要克服这种弱点。我们的目的是确定在不经意间错过了什么。和我一样，建立模型的理论物理学家们尝试着想象：实验物理学家们还有哪些方面没有查看，或者其实信号已经在已有数据中，而他们还没注意到。在模型里，我们猜测着那些被隐藏的信息，而这些信息可以帮助我们解释已知现象。根据指定模型的预言，实验物理学家们可以专注于这个方向的实验，并做有针对性的数据处理，这样就可以确认或否定这个模型。即便是非常难发现的物质也可以找到。

经常有人问我：当我建立粒子物理学模型的时候，是否遵循某种标准。当然，任何好的模型都应该基于合理的物理理念，即这个模型应该是拓展或利用了已有的关于物质、力或者空间的数学理论。但除了这个基本准则外，还有什么其他的指导原则吗？

我和我的同事都比较喜欢一个附加指导原则：**模型越简洁、越有预言性就越好**。如果一个模型有太多的自由参数，那它什么也解释不了；如果一个模型包含了太多的可能结果，也是不科学的。一个能激发人们兴趣的模型需要给出足够明确的预言，这个预言必须是可验证的，并且要明确地区别于其他模型。

如果一个特性能够和现有的模型有所联系，就会很吸引人，尽管这个特性不是必要的。暗物质模型的建立就是一个具有这种特性的例子，我们希望暗物质的候选者来自普通物质标准模型。尽管这种搭配不一定是对的，但建立此种联系的原因在于，它可以避免引入关于全新的粒子和力的附加猜测。

最重要的是，**新模型必须和已有的实验和观测结果保持一致，任何一个与已有实验和观测结果不符的事实都会判一个新模型“死刑”**。这些标准适用于所有模型，包括我们即将讨论的最流行的几种暗物质模型。

候选模型 1：最有潜力的弱相互作用大质量粒子

弱相互作用大质量粒子（weakly interacting massive particle，WIMPs）在过去几十年里，一直是物理学家和天体物理学家心中最有可能用来描述暗物质粒子的候选者。这里的“弱相互作用”指的并不是“弱相互作用力”。绝大多数弱相互作用大质量粒子的相互作用，甚至要比标准模型中弱相互作用的中微子还要弱。当暗物质粒子在宇宙中穿行时，它们不会被散射很多（如果存在散射截面的话），因为暗物质粒子的相互作用实在是太小了。

此外，弱相互作用大质量粒子的质量也在“弱尺度”（weak scale）范畴。粗略来说，和新发现的希格斯玻色子质量相当，这个质能级别也正是大型强子对撞机现在能探索的范围。需要特别说明的是，希格斯玻色子十分不稳定，而且存在自相互作用，它显然不是暗物质粒子的基本组成。但是，具有类似质量的其他粒子就有可能是暗物质了。如果这个假设是正确的，暗物质简直就在我们的鼻子底下，它的身份将很快被揭晓，至少对于为大型强子对撞机工作的实验物理学家们来说，是这样的。

支持弱相互作用大质量粒子假设的证据，是一个引人注目的观测结果，而这个观测结果有可能是偶然的，也有可能是研究暗物质本质的有利线索。如果存在一种质量与最近发现的希格斯玻色子相当，而且自身又非常稳定的粒子，那么存在于宇宙中的这种粒子所携带的能量，也许正是现在宇宙中存在的暗物质粒子所携带的能量。

弱相互作用大质量粒子

假想的大质量粒子，是暗物质数种假想成分之一，这类粒子的相互作用非常弱。

关于暗物质粒子质量的演示性计算是基于以下观测的：**随着宇宙的演化，宇宙的温度会降低，存在于宇宙极早期的大量大质量粒子会变得越来越少。**因为如果在宇宙温度降低的过程中，大质量粒子与其反物质（正反物质是一对等质量的粒子，并且它们会发生湮灭）会因湮灭机制而消失，但由于温度和能量的降低，其逆过程发生的概率却要低得多。结果就是，宇宙冷却后，大质量粒子的数密度会急剧减少。

如果粒子保持了原有的热分布，即特定温度的粒子具有特定的数目，温度的降低会导致大质量粒子最终全部互相湮灭掉。然而，由于大质量粒子丰度会随温度降低而降低，上面的推测就显得过于简单了。如果正反粒子要湮灭，首先它们要找到彼此。但数密度的降低导致它们分布得非常弥散，正反粒子彼此碰面的机会就会小很多。这会导致正反粒子的湮灭效率随着宇宙年龄的增长和冷却而越来越低。

所导致的结果就是，今天宇宙中粒子的数密度要远大于简单的热力学理论所给出的预言。某种程度上，粒子和反粒子会由于空间数密度的过低，而无法碰面并消除彼此。残存粒子的数量取决于暗物质粒子的自身质量，以及推定的暗物质粒子的相互作用截面。通过合理估算，我们可以得到一个神奇又醒目的结论：**和**

希格斯玻色子质量相当的稳定粒子在宇宙中的丰度，恰好和当今暗物质在宇宙中的丰度相当。

我们还不知道这些计算结果是否绝对正确，我们还需要知道更多的粒子性质来确定以上结论的正确性。尽管计算过程有些粗糙，但是表面上看起来毫不相干的两个物理量却神奇地在这里联系到了一起。也许，这一现象反映了一个事实：**弱尺度物理学可以解释宇宙中暗物质的存在，并预言其性质。**

这个结论也导致很多物理学家怀疑暗物质到底是不是由弱相互作用大质量粒子组成的，因为其性质是已知的。弱相互作用大质量粒子模型的优点是其与标准模型的联系。相比于其他暗物质候选模型，弱相互作用大质量粒子更容易被证实或者证伪。弱相互作用大质量粒子暗物质与普通物质除了引力作用，还存在其他相互作用方式。它和标准模型中的其他粒子有非引力的微小相互作用。就算这种相互作用十分微小，人们依然可以用极高敏感度的实验来记录它们的涨落，这种探测行为被称作暗物质的直接探测实验，我会在下一章中描述相关的细节。

到目前为止，弱相互作用大质量粒子的相关探测结果却依然是零。当然不能说完全是零，有时候确实会出现一些诱人的蛛丝马迹，然而没人相信这些蛛丝马迹就是发现暗物质的确凿证据。另一方面，探测设备自身的问题和天体物理背景的理解不当，都会产生类似于我们本来期望观测到的暗物质信号。暗物质存在的证据还不那么一目了然。

尽管缺少观测数据，许多物理学家还是非常喜欢这个想法，依然思考着粒子物理和暗物质的近似于巧合的吻合。而且，他们相信这个吻合如此地真实，完全不应该只是巧合。以上这些还不是最乐观的物理学家，最乐观的物理学家们已经开始研究特定的弱相互作用大质量粒子模型了，比如超对称模型。超对称模型指出：任何一个已知粒子都存在一个还未被发现的超对称的伙伴粒子，这个伙伴粒子具有与前者一样的质量和电荷。但是目前为止，由于无论是超对称粒子，还是弱相互作用大质量粒子都没有被发现，一些相信这些模型的死忠科学家也开始动摇了。

> 至于我自己，我倾向于尝试评估各种模型的可能性。在最近参加的一个婚礼上，我认识了一个神父，他对粒子物理学非常好奇，并一直问我个人认为暗物质应该是什么。我回答："让大自然来决定暗物质到底是什么吧。"显然这个答案让他很失望。作为一个模型的建立者，我对应用超对称模型解释希格斯玻色子的质量，持怀疑态度。甚至在大型强子对撞机的科学家们公布最新结果之前我依然如此，因为我知道，在这种情况下超对称模型要完全自圆其说有多难。我没有，也不会判超对称模型"死刑"，因为这是实验物理学家要做的事情；但我不会说超对称模型绝对正确，甚至也不会说它"好像是对的"。

同样，我愿意讨论任何关于暗物质的候选模型。正如我对神父所说的一样："我并没有偏好的模型。"我在尝试建立可检验的模型，因为只有这样，我们才能知道答案。和超对称模型一样，由于没有观测结果的支撑，以前弱相互作用大质量粒子阵营的支持者们开始怀疑自己相信的东西到底是不是对的。当然在没有观测结果和实验支持的时候，选择相信看上去最有希望的选项，无可厚非。我不知道哪些是最有希望的选项，但也许其他表面上是巧合的自然行为，会给我们提供更好的线索。

候选模型 2：有趣的非对称暗物质模型

除了弱相互作用大质量粒子之外，还有很多暗物质模型，非对称暗物质（asymmetric dark matter）模型是其中最有趣的一个。这种模型下的暗物质和已有模型存在另一个令人惊讶的吻合。这种吻合也许只是个巧合，但也可能帮助我们洞悉暗物质的本质：**宇宙中暗物质的总量和普通物质的总量是可比的**。这太让人惊讶了！

我想，当你第一次听说暗物质能量是普通物质能量的 5 倍时，你也许会得出这样的结论：宇宙中暗物质所携带的能量要远远大于普通物质所携带的能量。但结论恰恰相反，它们的能量密度已经出乎意料地相近了。暗物质的总量曾经可能是普通物质总量的 700 万亿倍，也有可能是一古戈尔[1]分之一。当然，在这些情况下，宇宙的演化过程也会完全不同，但这些比值都是可能存在的。

宇宙中暗物质总量和普通物质总量大致相同。换一种说法：在描述暗物质、暗能量和普通物质的扇形图中，不存在一个扇形图中全是一种物质，或者一种物质所占比例极其微小的情况。暗能量、暗物质和普通物质都是宇宙学“饼”的组成部分（如果我们把宇宙看作一个馅饼的话），只是它们分别占有的权重不同。如果不存在任何未知原因的话，这显然是个巧合。

公平地说，在我们所观测的尺度上，暗物质能量密度和普通物质能量密度是相当的，太小了就观测不到了。有意思的是，今天的观测中，不同的组成部分都具有足够高的能量密度，并且在观测总量中的贡献是可比的。从理论上讲，如果一个物质组分的

[1] googol，等于 10 的 100 次方。——译者注

能量密度远远高于其他物质组分的能量密度，那么其他具有微小能量密度的组分将无法被观测到。但实际情况完全不是这个样子，暗物质和普通物质具有非常相似的能量密度。

非对称暗物质模型

该模型认为，宇宙中暗物质能量5倍于普通物质能量，但它们的质量密度出乎意料地很相近，且具有非常相似的能量密度。

根据非对称暗物质模型，暗物质的能量密度和普通物质的能量密度的相似性并非偶然，而是一个理论预言。非对称暗物质模型可以给出的预言和弱相互作用大质量粒子模型的预言是不同的，这个预言更多的是与暗物质部分湮灭之后所残存的暗物质的能量密度。我们不知道，这些所谓的巧合哪个能真正帮助人们加深对暗物质的理解，但这些模型所给出的预言都足够强，以至于我们必须去注意它们。而且它们其中的一个很有可能是对的。

20 世纪 90 年代初期，一些物理学家比较关注非对称暗物质模型，其中包括位于西雅图华盛顿大学的核理论研究所的现任所长大卫·卡普兰（David B. Kaplan）。这个模型的想法来自 21 世纪第一个 10 年后期的宇宙学观测，领导这个宇宙学观测的人是另一个同名大卫·卡普兰，他曾经在华盛顿大学学习，师从物理学家马库斯·鲁蒂（Markus Luty）和凯瑟琳·祖瑞克（Kathryn Zurek）。还有许多物理学家，包括我，也曾研究过这一类型的模型。

那么这个模型的概念是什么呢？为了理解该模型的设想和动机，我们先看看普通物质的一些性质。像第 3 章提到的那样，无法确定本质的暗物质并不是神秘物质的唯一形式。我们熟悉的普通物质也有一些奇怪的性质，特别是我们今天观测到的宇宙中普通物质的总量。普通物质的能量大部分以质子和中子为载体，也就是我们说的重子（baryon），这些重子是由一种叫作夸克的基本粒子组成。如果大部分由重子物质组成的普通物质的分布都遵循宇宙极早期的最简单假设，即随着宇宙的冷却，普通物质会互相湮灭掉，那么今天宇宙中存在的普通物质的密度要远远低于现有观测。

宇宙有一个关键的特点，我们人类自己也有类似的特点，那就是，和标准热力学理论的预言相反，普通物质会存留下来，并能够存留出足够的数量来形成动物、城市和恒星。这种可能性也许只是因为物质的总量超过反物质的总量，即正反物质在宇宙中的非对称分布。如果正反物质的总量一直相等，那么正反物质粒子会找到彼此然后互相湮灭，最后消失。

显然，在宇宙演化的过程中，正物质的总量要超过反物质的总量。如果没有这种正物质的总量溢出，现存正物质的很大一部分都会消失。但我们并不知道为什么正物质的总量会超过反物质，正反物质总量非对称性的主因，只会是宇宙极早期的一些特殊相互作用和特殊环境。其中的一些物理过程一定已经超出了热力学平衡的范畴（例如某些物理过程非常缓慢，以至于无法跟上宇宙的膨胀），或者正反物质粒子的总量在创生期就是不相等的。进一步讲，也许看起来很自然的对称性在多余正物质被创造之后，是无法实现的。

我们既不知道是什么产生了对称性的破坏，也不知道是什么导致物理行为偏离了热力学平衡。尽管在大统一理论、轻子模型（轻子是指像电子和中微子一样不参与强相互作用的粒子），以及超对称模型中，都给出了一些建议。没人知道哪一个模型是正确的（如果有一个是正确的话），除非有人给出确凿证据。然而，目前这些领域并不存在直接的可观测证据。

尽管如此，我们依然可以相信，一种被称作重子生成（baryongenesis）的过程确实发生过，在此过程中产生了比反物质更多的正物质（正反物质不对称）。如果没有重子生成过程，我们也不可能在这里讨论这个故事了。

非对称暗物质模型指出，因为暗物质的能量密度和普通物质的能量密度如此相似，也许暗物质和反暗物质的产生过程中也存在正反暗物质的不对称。马修·巴克利（Matthew Buckley）和我一起研究过这一课题，那时他还是加州理工学院的博士后。我发明了“X 合成”（Xogenesis）一词来描述这一过程，X 表示未知的暗物质总量。真正有意思的事情是，这些模型允许暗物质可以像普通物质一样产生，这也是普通物质和暗物质之间有联系的最有意思的一个例子。**如果暗物质和普通物质存在相互作用——即使它们之间的作用非常弱小或者曾经比较强，那么暗物质能量密度和普通物质能量密度之间的可比性，就不仅仅是巧合。**这也是这些模型值得被相信的最好理由。

候选模型 3：轴子模型

弱相互作用大质量粒子和非对称暗物质模型是比较常规的模型。弱相互作用大质量粒子类模型引入了弱尺度稳定的粒子，非对称暗物质模型指出了暗物质粒子和非暗物质粒子的非对称性。这两个不同的想法启发我们，要考虑模型建立的多样性，也许存在全新的粒子和相互作用。

轴子模型（Axion model）处理了一个更严格的情况。一个轴子只会出现在与一个特殊情况有关的模型中，这种特殊的情况在粒子物理学中被称作强电荷宇称性问题（strong CP problem），其中，C 代表电荷（charge），P 代表宇称（parity）。电荷守恒定律告诉我们，正负电荷的粒子是密切相关的。宇称守恒告诉我们，

轴子模型

轴子是物理学家及天文学宇宙模型中假想的暗物质构成粒子之一。在宇宙中，大量轴子常处于凝聚状态，轴子间通过极微小的力相互作用。

没有物理定律可以分辨出左右，例如右自旋的粒子和左自旋的粒子具有完全相同的相互作用。然而，在自然界中，不仅这两点对称性各自破坏了，连它们的组合也破坏了，也就是单独破坏 C 和 P，并不会互相补偿。

由于某种未知原因，电荷 - 宇称对称性破坏——因为 C 和 P 组合的对称性是可知的，只会发生在一些特定情况下。为什么 CP 守恒只限制在一些相互作用中，在标准模型里还无法解释，我们称之为强电荷宇称性问题。轴子被创造出来的目的，就是解决这个复杂的问题。

解释这些是为了方便读者理解。如果没有粒子物理学的相关知识储备，或者没有读过一本关于相关理论的书籍，我担心读者理解这些概念会非常困难。幸运的是，如果只为了理解轴子在宇宙尺度的预言及其成为暗物质粒子候选者的可能性，你不需要掌握粒子物理学的专业知识。轴子在宇宙尺度上的预言，只依赖于轴子是否足够轻，以及是否只具有极其微弱的相互作用。

你也许会认为，这些特性会使轴子变得不具破坏性，事实上，大部分物理学家一开始也是这么想的。但在一篇著名的文章里，理论物理学家约翰 · 普瑞斯基尔（John Preskill）、弗兰克 · 维尔切克（Frank Wilczek）和马克 · 怀斯（Mark Wise）解释了为什么即使超级轻、超弱相互作用的轴子也不一定是毫无破坏性的。他们指出，由于轴子太轻，而且相互作用又非常弱，所以轴子的存在不会影响早期宇宙的能量构成。没有任何物理过程明确指出轴子粒子的存在总量。只有当宇宙演化到足够冷后，它们才会起作用。

因为轴子的密度在宇宙早期无关紧要，当最终轴子可以影响宇宙演化的时候，它的存在总量将不遵从宇宙中最普遍的方式，例如最低能量。宇宙中会因此出现大量的轴子粒子处于凝聚状态，所以即使轴子粒子非常轻，轴子凝聚态下的能量也会非常可观。一个令人惊喜的转折是，轴子的相互作用不会过弱或者说宇宙中的能量要比之前理论预言的多。

基于上述考虑，我们可以限制出轴子的相互作用范围。把这一假设推演到观测中：如果轴子的相互作用比较弱又不是非常弱，轴子会携带较高的能量密度，但又不用高到违反观测。事实上，如果轴子的相互作用恰好满足我们的假设，暗物质是有可能由轴子组成的，并精确地等于暗物质的能量密度。

轴子的质量完全不同于前面所描述的其他暗物质候选者。在那些理论中，暗物质粒子的质量应该在弱相互作用尺度上或者是其百分之一，而轴子理论预言的是极轻粒子，质量大约是弱相互作用尺度的十亿分之一。

轴子的相互作用也不同于其他暗物质候选者。从宇宙学和天体物理学的观测，轴子模型可以被限制到一个非常狭窄的质量窗口与相互作用强度的窗口。相互作用不能太弱，否则轴子携带的能量密度会过高；相互作用也不能太强，否则我们就可以在粒子物理学实验中或者恒星的内部观测到相关现象。因为在恒星内部，如果轴子的相互作用足够强的话，恒星会被冷却掉。关于超新星冷却率的观测表明，并不存在非标准模型没有预言的冷却贡献，这限制了轴子相互作用的强度。

理论上讲，考虑到轴子的相互作用窗口，我发现轴子模型有一个比较奇怪的地方：通过实验测定的相互作用窗口看上去像是随机的，它与其他物理机制并不存在明显的相关性。我有点怀疑通过实验寻找轴子是否会有正面的结果，但我的很多同事却都比较乐观。在目前正在实施的轴子探测试验中，人们假设轴子与光之间有着非常微小的作用。轴子探测器被放置在一个巨大的磁场里，人们通过探测轴子和磁场相互作用后所产生的辐射来搜寻轴子。对于这类实验，只有时间能告诉我们，自然界中是否存在轴子，以及它们是否确实组成了暗物质（如果轴子存在的话）。

候选模型 4：中微子，被否决的暗物质候选者

目前为止我所介绍的模型有一个共同点：它们都包含着一些暗物质与普通物质的联系。例如，弱相互作用大质量粒子模型中的相似质量巧合，非对称暗物质模型中的近似能量密度，以及用于解决强电荷宇称性问题的轴子。轴子模型本是为解决粒子物理学问题而提出的假设，但也许对暗物质有用。弱相互作用大质量粒子属于粒子物理学范畴，它基于超对称理论。非对称暗物质模型也许同样存在于理论中，尽管暗物质和普通物质的相互作用假设是与已有理论无关的一个附加假设。

暗物质可能是纯引力相互作用的，或者只有某些暗物质是这样的。也许暗物质还存在自相互作用力，这些力无法被普通物质所感知到。

在提出“暗物质可能以一种独立于普通物质的形式存在”的假设之前，物理学家们最先考虑的是，是否存在一种普通物质，这种物质相互之间存在一种自相互作用，从而使之看起来像是暗物质。这样，问题就变成了：**在标准模型的理论框架下，是否存在一种由标准模型粒子组成的物质，它可以成为暗物质的候选者，而不需要引入额外的粒子？**

这种假设最早想到的一种基本粒子叫作中微子（neutrino）。在一个被称作 β 衰变的辐射过程中，中子会衰变成光子、电子以及中微子（严格来说应该是它们的反粒子：反中微子）。与电子及它的对应重粒子（被称作 μ 子和 τ 子）一样，中微子不参

与原子核的强相互作用，并且中微子自身不携带电荷，也就是中微子自身不直接参与电相互作用。中微子的一个有趣特点是，除了引力之外（当然所有粒子都参与引力相互作用，尽管作用程度非常微小），它们只直接参与弱相互作用。另外一个性质是，中微子非常轻，质量至多是电子的百万分之一。

中微子

轻子的一种，是组成自然界的最基本粒子之一，它自身不带电，不参与原子核的强相互作用，也不直接参与电相互作用，可以自由地穿过地球，被称为宇宙"隐身人"。

由于它们的相互作用非常弱，所以中微子开始看起来可能是暗物质的候选者之一。但现在这种猜想已被否决，原因如下：中微子在标准模型中通过弱相互作用力实现相互作用，但是在下一章提到的直接探测实验中却没有发现相关的暗物质信号。最主要的是，我们所了解的常规中微子不可能是暗物质，因为它们的能量密度实在是太低了。如果宇宙中的中微子想达到已知暗物质的能量密度，那么中微子的质量要比已知中微子质量重得多。

事实上，轻中微子可以形成热暗物质（hot dark matter），这些暗物质粒子的运行速度接近光速。热暗物质会抹除小于超星系团尺度的所有结构，然而，我们可以观测到星系和星系团的结构，所以热暗物质在解释小尺度结构形成的时候，会出现问题。**因此，标准物理模型范畴内的中微子并不能成为暗物质的候选者。**随后物理学家们尝试着修改标准模型，结果也失败了。像中微子一样相互作用的粒子，就算是修改标准模型之后，也无法顺利解释第5章所介绍的结构形成。

从理论上讲，如果小尺度结构不是直接形成的，而是从大尺度结构碎裂而成的，那么热暗物质依然有存在的合理性，而且这个理论已经通过数值模拟给出了一些预言。但是，这些预言都无法与观测吻合。所以尽管存在一些新的轻中微子和关于中微子暗物质的头条报道，但中微子真的不是暗物质。中微子至多可能是目前存在的暗物质密度的一小部分。这就是为什么物理学家更愿意关注冷暗物质（cold dark matter）模型。在这种模型下，暗物质粒子的运动速度会很慢，质量通常更高。热暗物质模型（即像中微子一样质量很轻且运动极快的粒子模型）已经被排除了。

候选模型 5：晕族大质量致密天体

最后，让我们了解一下暗物质。这种物质不需要新的基本粒子，由无法燃烧的粒子组成（即无光的辐射）、无反射的宏观结构的可能性。我们无法观测到这些天体，就像我们在黑暗的房间里什么也看不见一样。**从某种程度上讲，并不是这些物质不与光发生相互作用，而是因为你周围没有足够的光来发现它们。**在接受暗物质存在之前，大多数人都想知道（无论具有科学的态度与否）：为什么看起来如此显而易见的可能性是不对的？

具有上述特性的暗天体被统一称作晕族大质量致密天体（Massive Compact Halo Objects，MACHOs），这个名字的命名和弱相互作用大质量粒子异曲同工。因为晕族大质量致密天体仅有一点甚至没有可观测的光的辐射，所以这类天体尽管由普通物质组成，依然藏身于黑暗的宇宙中无法被直接观测到。晕族大质量致密天体的候选者包括黑洞、中子星和褐矮星。

我们前面介绍过，黑洞是物质超级紧密的一种引力束缚态，不发光也不反射光。中子星，可能由超新星爆炸后坍缩而成，是质量较大的恒星的超新星爆发后的遗迹，这些恒星的质量不足以形成黑洞，但其超新星爆发之后会形成致密的由中子组成核心。褐矮星是大于木星却小于正常恒星的一类天体的统称，它们由于质量太小而无法触发核聚变，只能通过引力收缩来加热自身星体。

晕族大质量致密天体

表面上和暗物质行为很相似的一种普通物质，由无法燃烧的粒子组成，无反射的宏观结构。这类天体尽管由普通物质组成，依然藏身于黑暗的宇宙中无法被直接观测到。

上面提到的天体看起来有很大的可能性成为暗物质的候选者。但就算在以前的观测中，这种可能性也已经得到了严格的限制，晕族大质量致密天体不太可能是暗物质的候选者。第 4 章中提到了一个关于标准宇宙大爆炸理论的早期检测：原子核来自早期宇宙的核合成过程，这个过程被称作原初核合成。而这一过程只会发生在普通物质的某一特定能量密度范围内。大部分的晕族大质量致密天体模型都需要过多的普通物质，才能给出正确的核丰度预言。最重要的是，就算普通物质形成了这些密度很高的天体,但是搞清楚它们为什么通常分布在星系晕中而不是星系盘中，会是另一个重要的挑战。

即使如此，天体物理学家依然对各种模型保持一种开放的态度。暗物质是个非凡的研究课题，任何能证明常规解释无效的努力都是值得的。20 世纪 90 年代，物理学家通过一种叫作微引力透镜（microlensing）的方法寻找晕族大质量致密天体。根据这个细致而美妙的想法，晕族大质量致密天体会偶然地在一个恒星的前面通过。因为光线会在晕族大质量致密天体（或者其他大质量天体）周围产生弯曲,所以这类天体会扮演着一个透镜的角色：它周围的引力扰动会临时放大背景恒星的亮度，使背景恒星先变亮，然后又恢复到正常亮度。当然，要观测到这一现象，这一光变过程的时间尺度需要足够小，光变尺度也需要足够大。通过这个方法，天文学家们给出了这样的结果：质量在 1/3 月球质量到 100 个太阳质量的范围内的晕族大质量致密天体，不可能是暗物质，因此其很多候选者都被排除了。

尽管晕族大质量致密天体的相关观测已经排除了中子星和白矮星是暗物质的可能性，但是一个狭小质量窗口内的黑洞依然可能是暗物质。不考虑没有足够的理论原因让我们相信在任意给定质量区间的黑洞的总量，恰好满足解释暗物质的要求，黑洞给出的引力扰动以及黑洞存在的时间，会对这个假设给出进一步的限制。太小的黑洞会在很短的时间内通过辐射光子而衰变掉，这个黑洞辐射过程被称作霍金辐射，以第一个指出这一过程的物理学家史蒂芬·霍金的名字命名。而大质量黑洞的预言现象还没有被观测到。这些预言包括：双星系统的引力扰动，可以加热和拓宽银盘结构的散射，黑洞对其他物质的吸积和辐射，以及通过精确测量脉冲星得到的黑洞引力波信号。把这些限制都放在一起，黑洞质量可能会被严格限制在一百万分之一个月球质量到一个月球质量之间，而在这个质量范围外的黑洞将被排除成为暗物质的可能性。对于中子星性质的细致观测，也许会把仅存的这个质量范围或多或少地再排除掉一些。

就算这个非常小的质量窗口依然存在，但弄清楚为什么只有黑洞会在这个质量范围内产生并保留下来，仍然非常困难。当然，考虑这种可能性无可厚非，可是根据核合成理论以及创建模型应该遵循的一些限制，黑洞（尤其是只有普通物质创造出来的黑洞）是暗物质的可能性是极小的。

是时候重新开始了

上面的模型包含了最常见的几种暗物质候选模型，这些候选模型也是物理学家们认为“具有合理存在的可能性”。但我们几乎可以断定，它们并不是仅有的选择。尽管其中一些想法看起来很有前途，但在这些特定模型被实验证实之前，我们有足够的理由怀疑其正确性。

另一方面，我们十分确信暗物质是存在的，尽管还不知道它到底是什么。现在，是时候让理论物理学家和实验物理学家重新考虑一个完备度更高的暗物质模型候选范围了。这些新理论大部分都具有不同的探寻策略。不同的模型会有助于制定探寻策略。

不过，在开始尝试新的想法之前，我会首先回顾一些已经存在的暗物质探寻技术，以便读者们具有足够的背景知识。我们会看到：虽然已经拥有了丰富的天体物理学数据，但既有模型观测的证据却仍然十分匮乏，这是督促实验物理学家和观测物理学家们抛弃过去的观测技术和策略的好理由，去开发出一些更加先进的寻找暗物质的观测方法或实验方法。

充满荆棘的旅程：在黑暗中探寻

> 寻找暗物质是一段充满荆棘的旅程。

布朗大学的理查德·盖茨夏尔教授（Richard Gaitshell）是暗物质探测实验 LUX（the Large Underground Xenon Detectro, 大型地下氙探测器）项目的理论研究员和联合发言人。他于 2013 年 12 月在哈佛大学做过一次报告，台下众多全神贯注的听众来自哈佛大学物理系。他高兴地谈及，他及合作者们还没有发现暗物质。其实验的成功之处在于,他们已经排除掉很多暗物质候选者，其中包括一大类模型，甚至还得到了一些目前来看不可信的实验结果。尽管现在让人有些失望的是，还没有暗物质被实验发现的物理学新闻，但盖茨夏尔教授的高兴却并不是毫无理由的。他们设计并进行了极具挑战性的实验，实验按照他们当初的期望正常运行着。没有发现暗物质并不是盖茨夏尔教授和他同事的错，而是大自然不合作：大自然没有提供一个粒子质量足够大并相互作用足够强的暗物质候选者，以便让他们的仪器观测到。

这只不过是LUX实验公布的第一组实验结果。科学家们会继续通过LUX实验来收集更多数据，而这些新数据会超过之前结果的涉猎范围，而且一些设计更加巧妙的新实验设备也将投入使用。盖茨夏尔教授和他的合作者们创立了一个非常干净的环境，这个环境保证了实验的最初结果就足够令人信服，并取代了以前其他仪器的结果。在暗物质探测试验中，如果一个粗心的实验物理学家不小心留下了指纹，这个指纹所造成的放射性信号的强度会是暗物质粒子辐射信号的10亿倍，而盖茨夏尔教授的实验在避免污染方面做得非常出色。这些仪器得到的纯净又可靠的数据，反映了他们所设计出的仪器精确地按照设计初衷工作着，既以极高的敏感度探寻暗物质信号，又能可信地排除任何一种误导信号。

许多数据都是通过当今最先进的技术收集到的，而这些在当今人们的消费领域中是看不到的。今天数据的积累会给粒子物理学、天体物理学、宇宙学以及其他科学领域带来长足的进步。尽管目前为止没有试验确定地发现了暗物质，但很多实验都得出了令人兴奋的结果。有时候，类似于盖茨夏尔教授等人的实验能排除的许多模型的可能性，这是以前的设备所无法做到的。盖茨夏尔教授的实验和其他先进的实验会继续搜索暗物质，并期望在不久的将来寻找到足够可信的暗物质信号。

寻找暗物质是一段充满荆棘的旅程。由于引力是一种非常弱的作用力，寻找组成暗物质的粒子需要准确地发现暗物质固有的相互作用，而对此，我们却一无所知。

> 如果暗物质只通过引力相互作用，或者普通物质无法感受到的新相互作用，传统的暗物质探测方法是永远也不会找到它的。即使标准模型的力也作用于暗物质粒子，

我们依然无法确定这种作用是否强到可以被当今的仪器探测到。”

如今的暗物质探测实验都依赖一个冒险的假设：**尽管暗物质几乎是不可见的，但与其相关的相互作用可以被由普通物质制造的探测器捕捉到**。这个假设算是一种一厢情愿，这种乐观也来自我们前文所讨论的弱相互作用大质量粒子模型的一些暗示。大部分弱相互作用大质量粒子暗物质候选者应该与标准模型中的粒子存在微小的相互作用，虽然小，至少存在被当今的精确实验器材观测到的可能。现在的探测已经到达了一个临界点，超过这个临界点，要么绝大部分弱相互作用大质量粒子模型被排除，要么这些模型的粒子被观测到。我们在等待着这些实验的最终结果。

在第 16 章中，我们研究不同的暗物质模型，按理说这里我应该展示这些模型彼此不同的观测特性。但在本章，我只专注弱相互作用大质量粒子暗物质模型，以及现在比较流行的三种观测方法（见图 17-1）。暗物质很难被捕获，但实验物理学家们利用他们的实验器材，无所畏惧地寻找着这些微小的可观测信号。

暗物质的直接探测实验

第一类搜寻弱相互作用大质量粒子的实验被归类到暗物质的直接探测实验中。直接探测暗物质的实验主要是应用地球上巨大但极其敏感的人造仪器。之所以要建设巨大的实验设备，是为了补偿暗物质极小的相互作用强度。这类实验的基本想法是，暗物质在穿过实验器材时，会与其原子核产生微弱的相互作用。这种相互作用会产生碰撞的热量或能量，理论上可以被观测到。当然，观测仪器的温度要非常低，或者建设观测仪器的材料要非常敏感，这样暗物质与原子核相互作用产生的能量才会被吸收或者记录下来。如果暗物质粒子穿过直接探测的实验器材，并被探测器的原子核轻轻弹开，那么实验器材就会记录下这个微小的能量变化。这个微小的能量变化可能是暗物质通过的唯一可观测证据。尽管这种相互作用发生的概率很低，但加大器材尺度和提高敏感度可以提高这一概率，这也是为什么这类器材都建得非常巨大的原因。

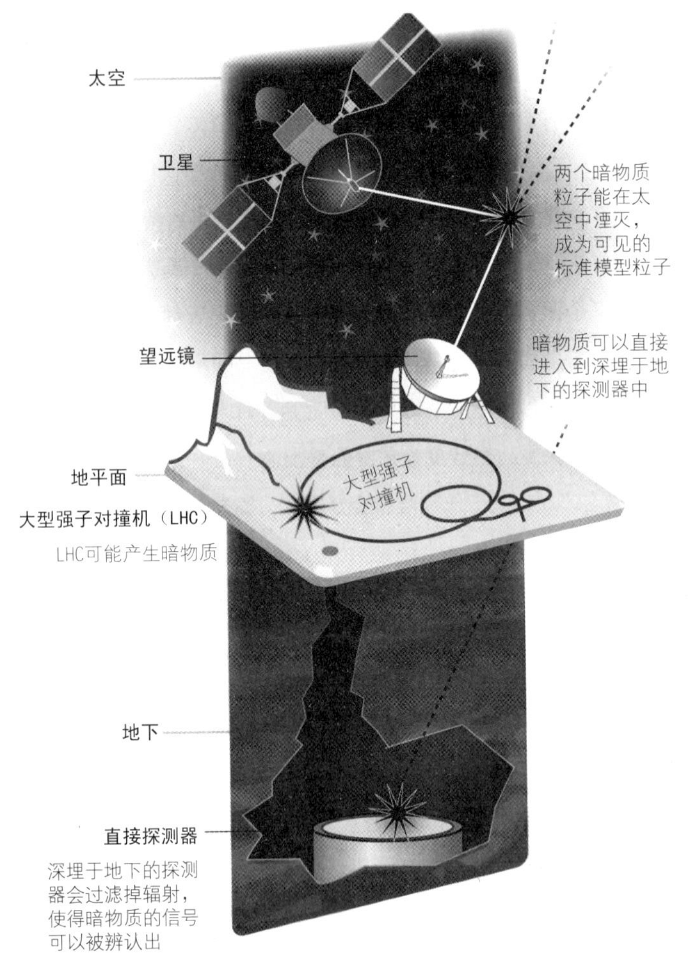

图 17-1

寻找弱相互作用大质量粒子的三种主要方法。地下探测器主要寻找直接撞击靶核的暗物质。在大型强子对撞机中进行的实验主要寻找由大型强子对撞机产生的暗物质。卫星和望远镜则通过观测暗物质湮灭所产生的可见物质，来间接寻找暗物质粒子。

低温探测器（Cryogenic detectors）是由温度非常低的结晶吸收体（例如锗元素）构建而成。它们会通过仪器内部的超导量子干涉仪（superconducting quantum interference devices，SQUIDs）来对极少的热量作出反应。这种接收器的工作原理是，只要暗物质与原子核碰撞产生的极小热量接触到探测器，探测器中的极低温超导体就会失去超导性，从而把这一可能的信号记录下来。这类实验器材包括低温暗物质搜寻（Cryogenic Dark Matter Search，CDMS）、低温罕见事件探测器（Cryogenic Rare Event Search with Superconducting Thermometers，CRESST）、地下弱相互作用大质量粒子探测站（法语：Expérience pour Détecter Les Wimps en Site Souterrain，即 Experiment to Detect WIMPS in an Underground Site，EDELWEISS）。

低温探测器并不是暗物质直接探测的唯一方式。另一种方式要用到一种非常昂贵的液体，这种方式现在变得越来越重要。尽管暗物质与光不直接作用，但暗物质与氙或者氩相互作用所产生的附加能量，有可能会产生一种特性明显的闪烁。这类实验包括氙基暗物质探测实验 XENON100 和大型地下氙探测器 LUX。这里所提到的实验同样存在氩基版本的探测器，分别被叫作 ZEPLIN、DEAP、WARP、DArkSide 和 ArDM。

XENON 和 LUX 在接下来的几年里都会有一个尺度和精度上的升级，它们被称作 XENON1T 和 LUX-ZEPLIN 合作项目。为了表明升级带来的进步，前面提到的“100”以千克为单位，而升级后的 1T 则表示 1 吨。LUX-ZEPLIN 的升级会更加明显，届时探测器中的液体体积将达到 5 吨。

低温探测器和惰性气体探测器都是为了记录暗物质与其原子核相互作用而可能产生的微小能量。尽管这种信号的存在令人印象深刻，但是探测到如此小的信号并不足以说明暗物质粒子确实在此通过。实验物理学家们还需要确定他们所记录的信号不是来自背景辐射。因为，这些背景辐射同样可以产生类似于暗物质与试验物质相互作用而产生的微小能量。而且，背景辐射与实验物质的作用要比暗物质还要强。

这种情况就比较棘手了。扰乱高灵敏度暗物质探测器的辐射到处都是。宇宙线中的 μ 子是电子较重的“兄弟”，可以打到岩石上并产生其他粒子，其中包括一些中微子[1]可以产生类似于暗物质的行为。就算对暗物质粒子的质量与相互作用强度作出乐观假设，背景电磁事件依然主导着信号，并且这一信号的强度是暗物质信号的 1 000 倍都不止。而且，这一估计还没算上所有的原始效应，大气中存在的人造辐射污染，环境以及探测器本身等。

设计这些实验器材的科学家对这些背景噪音非常了解。天体物理学家和暗物质实验物理学家管这个游戏叫作“遮挡和鉴别”（shielding and discrimination）。为了防止仪器受到危险辐射的影响并分辨出潜在的暗物质信号，实验物理学家们把探测器建在很深的矿井中或者大山之下。这样，宇宙射线就会打到周围的石头而不是探测器本身。这样，大部分背景辐射都会被屏蔽掉，而暗物质与其他物质的极弱相互作用就会无阻挡地作用到探测器上。

幸运的是，大部分为商业目的而建造的矿井和隧道都能够容纳这些实验设备。矿井存在的部分原因（如前面提到的一样）是寻找向地心沉积的重元素，但某些重元素偶尔也会上升而储存到地下的矿石中。DAMA 实验是 XENON10 的延伸项目，并且比 XENON100 还要大，甚至达到 CRESST 的尺度。DAMA 实验主要使用钨，隶属于格兰萨索国家实验室（Gran Sasso National Laboratory），被建造在意大利 1 400 米深的地下隧道内。

---

[1] 此处原书写的是中子，但估计是排版错误。——译者注

LUX 实验位于一个 1 500 米深的洞穴中，位于南达科他州的霍姆斯特克矿井（Homestake），这个矿井最初是为了挖掘黄金而建造的。霍姆斯特克矿井在物理圈非常著名，因为另外一个著名的探测器也建设于此：该探测器是用于探测太阳中微子的，正是这个实验为人类揭示了中微子的非零质量。低温暗物质搜寻实验则建在位于地下 750 米地下的苏丹（Soudan）矿井中。还有位于加拿大安大略的萨德伯里矿井，它最初用于挖掘 20 亿年前撞击地球的一个小行星中的矿物质，这个矿井里面也有几个暗物质直接探测器。

并不是所有矿井和隧道上的石头都能够保证对探测器的零辐射影响。实验物理学家们会尝试不同的方法来保护探测器不受外界辐射影响。我所知道的最有趣的防护屏障是一种古老的铅，这些铅来自一艘已经沉没于海底的法国大帆船。铅是一种致密的吸收性材料，年代久远的铅则已经没有了自身的辐射，所以它能有效吸收外来辐射，而不产生自己的新辐射。

另外，随着更先进的屏蔽措施不断出现，例如，聚乙烯会因为有相互作用而发光，这些相互作用因为过强而不可能来自暗物质。在惰性液体探测器中，例如氙基探测器，容器本身就是一个屏障。这些探测器的吸收区域非常之大，以至于实验物理学家们可以忽略来自探测器外部的信号。其实，这些外部的氙就是用来屏蔽背景辐射的。

鉴别实验结果也很重要，粒子物理学家称其为粒子识别码（particle ID）。与屏蔽过程相反的鉴别过程，主要是区分信号中属于暗物质事件的部分和背景噪音的部分。通过测量电离和固有闪烁，实验物理学家们可以确定哪些信号是来自背景的。

闪烁暗物质探测实验 DAMA 的负责团组已经声称发现了一些暗物质事件的可能信号。但这个实验缺少背景信号和事件信号的鉴别过程，只有“信号”出现的时间信息，加上其他人的实验并不能重复 DAMA 实验的结果，大部分物理学家对其结果的真实性持怀疑态度。

其他实验也记录了一些潜在的信号，但次数极少，并且都是在低能标区域（人们当然也有足够的理由怀疑这些结果）。这些探测器主要是测量反弹时的能标变化。如果能标过低甚至低于探测设备的敏感度极限，探测器将无法记录这些事件。这些事件的最低能标已经非常接近低能标探测的极限。所以对低能标信号的怀疑是合理的，只有更多的数据或其他实验对某一结果作出双重确认，人们才会相信这些信号来自暗物质。

暗物质的间接探测

直接寻找穿过地球的暗物质实验可能会成功，并发现暗物质粒子。其他一些可行的暗物质探测方法也开始兴起，比如基于暗物质粒子湮灭的间接探测（相同种类的粒子可以发生湮灭）。这些湮灭可以将暗物质粒子的能量转化成其他形式的能量或物质，我们希望这些能量或物质是可见的。暗物质湮灭也许不会发生得非常频繁，因为宇宙中暗物质的分布非常稀薄。这并不意味着暗物质完全不会湮灭，湮灭概率取决于暗物质粒子的自身性质。

当暗物质湮灭发生时，地球上或者太空中的实验器材也许会发现湮灭过程中所产生的粒子，这一过程被称作间接探测。这种探测寻找的是暗物质粒子湮灭消失过程中所创造出来的粒子。如果我们足够幸运的话，这些新创生的粒子中可能包含标准模型框架下的粒子和反粒子，例如电子和它的反粒子，即正电子。或者，湮灭的过程可以产生光子对，而这些光子有可能被地球上或太空中的探测器所捕捉到。反粒子和光子信号是暗物质间接探测中最有希望的搜寻目标，因为反粒子在宇宙中非常稀少，所以暗物质湮灭所创生出的反物质会很容易被观测到。湮灭过程产生的光子信号也非常有用，因为这些源自暗物质湮灭的光子，会和天体物理学中的其他过程产生的光子具有不同的能量和空间分布。

大部分用于寻找暗物质湮灭所产生标准模型粒子的探测器，一开始并不是为暗物质探测而专门设计的。地球上或太空中用于暗物质间接探测的望远镜和探测器，最早主要用于记录太空中的天体所发射的光信号或者粒子信号。目标天体都是我们目前比较熟悉的恒星、脉冲星或其他天体，而这些天体所发射出的信号对于搜寻暗物质的实验物理学家们来说，都是背景或噪音，这些信号甚至还有可能给出假的暗物质间接探测信号。

从另一个角度来说，由于天体物理学的背景源和假定的暗物质湮灭过程，都能发出相似的粒子辐射，所以现有的望远镜同样有可能告诉我们有关暗物质的信息。如果天体物理学家能够很好地理解传统源的粒子辐射，他们就可以通过扣除已知辐射，来计算暗物质湮灭所产生的多出来的粒子辐射信号。尽管还有一些模糊不清的解释，但如果传统源已经完全搞清楚并能确保它们可以完全被排除出去，那么暗物质间接探测就算成功了。

有一个暗物质间接探测装置位于国际空间站上。来自麻省理工学院的诺贝尔奖获得者丁肇中有一个聪明的点子：人们可以在国际空间站上安装一个寻找正电子和反质子的探测器。这个被称作阿尔法磁谱仪（Alpha Magnetic Spectrometer，AMS）的粒子探测器被最终发射到太空中。它的科学目的是继续一个原来由意大利负责的 PAMELA 卫星的科学任务。PAMELA 卫星于 2013 年发布了第一份科学报告,而现在它的使命已经完成了。

尽管一些实验数据在一开始看起来非常有趣，但源自暗物质的可能似乎不太大，因为 PAMELA 和 AMS 的信号要求宇宙极早期有大量的暗物质，而这些暗物质对宇宙微波背景辐射的扰动应该能够被普朗克卫星探测到。目前来看，一开始令人惊讶的结果应该是由于天体物理学家对类似脉冲星这类天体的理解不透彻。如果传统天体可以给出这些信号的合理解释，那么这些信号是不足以证明暗物质的存在的。

暗物质也有可能湮灭成夸克和反夸克，或者直接变成胶子，而胶子是可以直接参与强相互作用力的。事实上，大部分弱相互作用大质量粒子类的模型预言，这一湮灭过程所释放出的信号是标准模型框架下最有可能观测到的信号。天体物理学领域里最明显的目标应该是反质子，而那些低能量的反氘原子却十分稀少。因为，反质子和反中子会非常微弱地束缚在一起。实验有可能通过暗物质湮灭到这些低能态所放出的能量，寻找暗物质。一个建在气球上的暗物质探测设备 GAPS 将于 2019 年在南极大陆升空，用来寻找此类数据。

不带电的中微子通过弱相互作用力也可以帮助人们实现暗物质的间接探测。假设暗物质也许会被束缚在太阳或者地球的中心，这些暗物质的密度要比宇宙中暗物质的典型密度高出很多，从而大大提高了湮灭概率。在这一湮灭过程中，唯一可以逃离并可能被探测到的粒子便是中微子，因为中微子和其他粒子最大的不同就是，中微子与其他粒子的极弱相互作用无法阻止其逃逸。一些建设在地下的大型探测器，例如 AMANDA、IceCube

和 ANTARES，就是用来寻找这些高能标中微子的。

还有一些探测器，人们用它们寻找高能光子、电子以及正电子。高能全息系统（the High Energy Stereoscopic System，HESS）位于纳米比亚，高能辐射成像望远镜阵列系统（the Very Energetic Radiation Imaging Telescope Array System，VERITAS）位于亚利桑那，它们都是建在地球上为寻找星系中心的高能光子而建造的。下一代高能伽马射线观测站，契伦科夫望远镜阵列（Cherenkov Telescope Array），灵敏度会更高。

> 在过去几十年里，最重要的暗物质间接探测仪器可能要数费米伽马射线太空望远镜，常被简称为费米，其命名是为了纪念已故意大利物理学家恩利克·费米，费米子也是以他的名字命名的。费米天文台放置在一个卫星上，它于 2008 年初发射，轨道高度是 550 公里，绕地球一周为 95 分钟。地球上光子探测器的最大优点是，人们可以把设备做得很大。但是费米卫星上的精确设备具有更好的能量分辨率和定位信息，对低能光子更加敏感，并具有更大的视场。

费米卫星一直被认为是诸多暗物质有趣推断的源头。自从费米卫星开始工作以来，有几次看上去比较真实的暗物质间接探测的信号出现过，但没有一个是决定性的证据。然而，所有这些数据都可能帮助我们了解暗物质到底是什么。最强的信号报告来自费米国家加速器实验室（FNAL）的物理学家丹·胡珀（Dan Hooper），这个实验室位于伊利诺伊州的巴达维亚，离芝加哥很近。丹·胡珀和他的合作者通过仔细的观测和数据处理发现，银河系中心的弥散光子辐射要超出天体物理学家给出的预言。

和先前令人惊讶的正电子结果一样，观测数据确实表明与理论预言的不符。问题再次变成：这些未被观测到的物质到底是一些被忽略的天体物理源，还是真正的暗物质？天文学家们还在为寻找答案而努力着。目前为止，并没有一种完全直接或令人信服的解释。

另一个信号是一个几电子伏的 X 射线发射线，大约只有电子携带能量的 1%，然而目前看来，并没有传统的天体物理源可以产生这类信号。观测表明这个 X 射线信号是一个发射线，也就是说，那些高出理论预言的光子来自一个特定的能量区间，并且区间很窄。另外提醒一下读者，在原子和分子级别的辐射过程中，不同能级的跃迁辐射可以给出类似的发射线，但信号通常都不会非常强，所以我们还不知道这是不是一个关于暗物质的重大发现。由于可信证据的匮乏，基于轴子或衰变暗物质源的研究也未停止。在进一步的数据和理论研究表明这个信号确实是一个扰动，或是背景，或是真正发现了一些新东西之前，我们什么也不知道。

我要提的最后一个推测信号是一个具有 130Gev 能量的光子信号，这是一个费米望远镜所能观测到的信号量级。这个信号着实非常有趣，它和希格斯玻色子的质量相当（希格斯玻色子的质量大约是 125GeV）。由于缺少合理的天体物理辐射源的解释，一些天文学家认为，这个信号可能来自暗物质湮灭。

我过去认为这些先前的证据都经不起时间的考验（或者说新数据的考验），现在看来都是错的。在尝试解释这些信号可能来源的过程中，我的同事马特 · 里斯、范吉吉（JiJi Fan）、安德雷 · 卡茨（Andrey Katz）刚刚完成了一类有趣模型的研究，这类模型为我们展示了以前从未被发现的其他方面。经过很多科学性的发展，这类模型变成了一个超越其初始动机的模型，我会很快对这一模型加以解释。

大型强子对撞机中的暗物质

尽管目前看来弱相互作用大质量粒子是暗物质的可能性越来越小了，但它们依然有可能出现在大型强子对撞机中。大型强子对撞机是位于法国和瑞士交界处的日内瓦附近的环状巨型粒子加速器。两束质子流会以相反方向环绕周长约为 27 公里的环形粒子加速器，并最终以极高的能量相互碰撞。大型强子对撞机跨越了很大的能量范围，其中包括希格斯玻色子创生与发现的能量段。也许大型强子对撞机还可以产生其他假设的粒子，例如稳定的弱相互作用大质量粒子。如果这是可能的，那么弱相互作用大质量粒子和标准模型中粒子的相互作用，也许会在大型强子对撞机中得以发现。

就算大型强子对撞机发现了新的粒子，人们依然需要其他实验设备的辅助，来确定这些新创造出来的粒子就是暗物质。例如，我们需要其他地下或者太空中的暗物质探测器来对新粒子的性质进行反复确认。不管怎样，在大型强子对撞机实验中发现弱相互作用大质量粒子都将是一项重大发现。我们也许还会发现暗物质粒子的其他性质，而对这些性质的研究，是其他探测方法很难实现的。

暗物质粒子与质子的相互作用就算在大型强子对撞机的高能碰撞条件下，依然很弱，因为其碰撞截面实在是太小了。尽管如此，其他粒子却可能通过衰变转化成暗物质粒子。这样，问题就变成了，如何确定大型强子对撞机已经创造出了暗物质。因为暗物质不会与探测器相互作用,因此也无法产生相应的可观测证据。

带电粒子的衰变是一个值得关注的点。带电粒子在衰变时不会简单地变成中性的暗物质粒子，因为这样的衰变过程是电量不守恒的。通过搜寻衰变后的带电粒子，人们可能发现，最终被发现的粒子所携带的能量与开始时的不一样了。这是由于暗物质可能带走了一部分能量和动量，一类微弱相互作用粒子可能由此被发现。

暗物质产生的征兆是，除了和预言的事件发生率以及数据中的信号一致之外，能量无法准确地等同于实验装置探测到的能量。除非这一过程中存在的物理定律与已知物理定律有着根本不同，否则丢失的能量以及角动量的唯一解释是，这一过程创造出了没有探测到的未知粒子，而这种粒子有可能就是我们说的暗物质。

尽管弱相互作用大质量粒子与普通物质的相互作用极弱，它们还是可以直接被成对地创造出来。两个碰撞的质子很有可能制造出两个弱相互作用大质量粒子。这个过程是两个弱相互作用大质量粒子湮灭产生普通物质的逆过程，而关于弱相互作用大质量粒子湮灭的计算，则能给出宇宙已知残余物质丰度的结果。质子碰撞生成弱相互作用大质量粒子的发生概率，在不同模型下会非常不同，毕竟弱相互作用大质量粒子不是必须湮灭成质子，所以这个逆过程也无法保证质子碰撞就产生这类粒子。但对于很多模型来说，这一逆过程是寻找暗物质粒子的一个有效途径。

重申一遍，实验物理学家们需要解决的，不是探测暗物质粒子本身，只有在生成暗物质过程中所产生的伴随粒子可以被观测到。但实验物理学家们可以观察产生暗物质粒子过程中伴随生成的光子或胶子（一种联系夸克间强相互作用力的粒子）的行为。而且，理论物理学家们也指出，这种观测策略可能得到足够强的观测信号。

目前为止，大型强子对撞机的研究结果中并没有发现有关暗物质产生的信号。物理学家们不确定，是不是因为机器的能标过低，或者因为理论上值得关注的伴随粒子会在这一能标区间被发现的预言，是一种误导。但在大型强子对撞机的能标区间内寻找因碰撞而产生的伴随粒子，是非常可能的。而这些粒子也许有一种正是暗物质。

如何用引力寻找暗物质

与“绝地武士”欧比旺·克诺比（Obi-Wan Kenobi）不同，弱相互作用大质量粒子不是我们唯一的希望，尽管目前所有的探测方法都喜欢寻找这类粒子，它们却只是我们众多选择中最好的一个。暗物质直接探测可行的基础，是暗物质与标准模型粒子之间存在着相互作用，而弱相互作用大质量粒子模型确保了这种可能。另外，热产生保证了暗物质粒子与反暗物质粒子（或者说暗物质粒子就是它自己的反粒子）的总量相等，这样暗物质湮灭理论是完全可能的。但我们如何寻找其他模型预言的暗物质呢?

然而，其他还没被排除的暗物质候选者好像比弱相互作用大质量粒子更加难以探测。针对不同的模型，人们要选择特定的探测策略。有些探测策略的可行性甚至超出了人类目前的技术极限。也许我们比较幸运，暗物质不是完全透明的，它只是非常透明，基于目前标准模型相互作用的乐观假设还无法发现它。但根据既有的不确定性，我的观点是：是时候更多地关注一下如何用引力寻找暗物质了。暗物质与自身以及其他不可见物质的相互作用也许不会直接呈现在我们面前，但我们可以通过宇宙中物质的分布来寻找这些物质的相互作用，而这些相互作用会让暗物质自己呈现在我们的面前。

暗物质的社交天性

DARK MATTER AND THE DINOSAURS

> 暗物质并不是我们想象的样子。就像当我们过于关注黑与白的时候，往往会忽略灰的存在，更不用说斑点和条纹了。

城市化已经成为现代社会进步的必要因素。把足够多的人连接起来可以让思想闪耀，让经济繁荣，让其他大量有益的事情得以发生。城市的成长源于城市的扩张，城市会不断地吸引越来越多的人到来，因为这里有更多的工作机会、有更好的工作和生活的条件。但是，一旦城市变得非常拥挤，房价不断升高，犯罪率居高不下，或者出现其他城市综合征，就会致使人们搬到人口没有那么密集的城市周边，甚至更远的地方，完全远离市中心。城市的其他部分也许会按照规划正常地发展，但是城市开发者那过于乐观的态度，很可能被市中心高楼林立却依然不足以提供住处的现状所打击，这一现象讽刺地反映了城市的过快发展。另一方面，没有稳定的市中心，郊区的社区也无法繁荣起来，这样，购物中心的开发者们也会非常失望。

这些现象看起来和宇宙结构的形成与演化颇为相似。我已经解释了人们今天对暗物质的理解。现在的很多观测以及预言都表明，暗物质与普通物质的相互作用非常微弱。在基于暗物质的数值模拟中，假设暗物质与普通物质只存在引力相互作用，由此给出了关于星系和星系团的尺度、密度、集中度分布以及形状的相关预言。与对大尺度城市的成长预言一样，宇宙大尺度结构的预言与观测符合得非常好。

精确的宇宙学数值模拟在小尺度上与观测符合并不怎么好。星系或者星系团中心部分的质量分布，以及银河系周围的小质量矮星系的数目，与理论预言相差很多。就像人口密度没有那么高的城市中心部分和欠发达郊区一样，数值模拟对星系中的密度以及卫星星系数目的预言都太高了。仙女座星系以及其他星系中矮星系的数目，与理论预言的空间分布也有很大偏差。

这也许说明了，数值模拟存在问题或者观测数据还非常不完善。但在小尺度结构上理论与观测的不符也给了我们一些暗示：暗物质并不是我们想象的样子，也许暗物质自身的相互作用一点都不弱。

尽管暗物质与普通物质的相互作用很小，一个暗物质粒子与另一个暗物质粒子的相互作用却可能很大。这种自相互作用暗物质由于探测设备限制，并没有受到很强的观测限制，因为目前的暗物质直接探测实验，都是研究暗物质与普通物质的相互作用。这些自相互作用也许会大到值得人们去关注。

我们现在可以确定宇宙中结构的形成与演化的基本概念，但这些可能的理论与观测的不自洽表明，科学还没有发展到给暗物质本质下定论的程度。对于研究者来说，这非常好。我们必须学习很多新东西，不管结果怎样。这一章我会阐述宇宙小尺度结构（Small-scale structure）的相关问题，并说明为什么自相互作用暗物质可以解决这些问题。

小尺度的不吻合问题

第 5 章提到，暗物质粒子的引力作用如何决定了宇宙的结构形成。暗物质通过早期宇宙的密度涨落，演化成拥有较深引力势阱的暗物质晕，星系则从这个暗物质晕中诞生并成长，这里大部分利用的是引力的吸引作用。星系一旦形成，便开始向位于大尺度薄片结构和网状结构中的星系团中合并，这样就为其他结构的形成提供了基本的平台。尽管单个星系或者星系团的演化细节取决于其所在位置的原初条件，但天文学家们可以预言星系和星系团统计上的性质分布，而且这些预言大部分与观测符合得非常好。

对于小尺度结构（即矮星系尺度的结构）的预言却不那么可靠。关于星系中心密度分布的计算给出的预言太高了，关于银河系周围的卫星星系数目的计算，给出的预言也高出观测很多。观测天体物理学家无论是在大质量的晕中，还是独立的、小质量的晕中，都没有发现足够数目的小尺度结构。这和等级式成团理论的预言完全不符，并且这个问题一直持续到今天。

此类问题最著名的应该是核 - 尖峰问题（core-cusp problem）。天文学家和宇宙学家不但预言宇宙中存在天体的种类，还能预言出这些天体中物质是如何分布的。关于星系中心质量分布的预言是：星系或星系团的密度轮廓（denstity profiles，即密度随半径变化的方程），在中心处应该存在一个尖峰结构（cuspy）。这就意味着，暗物质的密度在星系或者星系团的中心会升高得异常快，并在中心区域形成一个极端高密度的区域。

然而，观测天体物理学家们所测量的密度，在某种程度上无法和这个预言相一致。事实上，根据现有的观测数据，大多数星系不存在核 - 尖峰结构，而是存在一个平缓的核结构（cored profiles，见图 18-1）。这让人迷惑不解，并不只是因为三星智能手机的"Galaxy Core"。对于大多数人而言，核结构应该是一个很高密度的结构，比如地球的熔岩核。这里的核结构却恰好是相反的情况。核结构意思是说，本来的中心高密度区域被磨平了，就像你从一个苹果中切掉了苹果核一样。当然，没人把星系的整个内核挪走。但观测表明，星系中心的物质密度并不像预言所描述的核 - 尖峰结构，而是密度分布相对平缓的核结构。星系团的情况也十分类似。

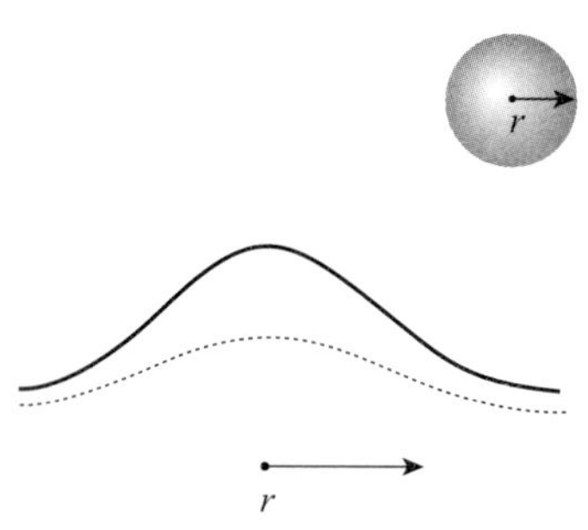

图 18-1

数值模拟预言：在星系中，暗物质的质量分布会在星系中心呈核 - 尖峰结构，也就是说，很大一部分物质会存在于星系中心。但是，观测给出的却是一个平滑低密度的核结构。图中给出了这两种密度分布的示意图，但是核 - 尖峰结构在中心的密度分布比图中展示的更为陡峭。

解释为什么星系或者星系团中心的质量分布是平缓的核结构，而不是暗物质数值模拟所预言的核 - 尖峰结构，已经成为最简单暗物质模型的最重要挑战。这个问题和丢失的卫星星系问题（missing satellite problem，中心星系的卫星星系数目远小于理论预言），以及大质量星系理论与观测不符问题（too big to fail problem，即最致密、最大质量星系的相关观测与理论预言不符），也许指出了标准暗物质模型的不足。

另外，最近还有更多值得注意的暗物质预言问题，例如暗物质盘模型，这个我很快会谈到。还有，大星系周围的卫星星系空间分布并不是天文学家所预料的那样。以前，天文学家们认为，卫星星系应该或多或少呈球对称分布，但是仙女星系中的大约30 个卫星星系中，几乎有一半都在一个近似平面内运行，而且这些卫星星系的轨道方向也大体相同。银河系的卫星星系有些也遵循这种奇怪的分布。

矮星系的这种近似在同一平面且相同旋转方向的性质也许说明，它们起源于合并星系的盘结构。就算合并能解释矮卫星星系的空间分布，却无法解释矮卫星星系中包含了太多的暗物质。这时也许需要一种非标准的暗物质模型，来解释暗物质主导的矮星系为什么会沿着一个平面分布。

对于现在已知的差别，数值模拟的结果和观测结果都还很初级。如果我们假设观测结果或者数值模拟有一个是错的，其中一些问题就能被解决。更高精度的数值模拟也许会证明原来结果的不准确，或者我们对普通物质的行为了解不足，比如超新星对结构形成的影响。在这种情况下，保守的暗物质模型也许可以解释现在在宇宙中观测到的结构，甚至不用对暗物质的性质做任何修改。但如果问题依然存在，这种差别会让人怀疑最简暗物质模型的可靠性，并进一步说明我们需要更加复杂的暗物质模型。

仔细观察现有的结果，来自 20 世纪 90 年代的一些记忆也许会让我们稍微振作一点。早期的数值模拟结果与观测数据非常不符，因为当时并没有引入暗能量。许多科学家都有类似的想法：这些早期的数值模拟和观测结果都不可信，人们需要不断改进观测和数值模拟的结果，来使理论预言和观测数据符合得更好。当人们把暗能量（一个全新的发现）加入到数值模拟中时，理论和观测的不符消失了。为此，我们应该向这些早期的数值模拟致敬，正是这些数值模拟给出的精确结果表明：想解决这些问题，人们需要考虑新事物。也许当今关于小尺度结构与观测不符的窘境和当时的情况类似，当我们发现宇宙中物质和能量的新的不为人知的物理学特性时，这个问题就会得以解决了。观测科学和计算科学在接下来 10 年的发展将带来新的结果。

可能的暗示

尽管还没有确定的结论，很多天体物理学家和宇宙学家已经开始认真地研究这种小尺度的不吻合问题，而且已经开始研究暗物质粒子除了参与引力作用之外的其他相互作用的可能性。有些科学家甚至走的更远，例如，认为爱因斯坦的引力方程并非完全正确。尽管有一少部分物理学家专心于修正对引力的认识，但是我发现这个方向也许要比暗物质的相互作用更加让人难以置信。因为我前面已经讨论过，常规引力与暗物质作用的证据还是非常令人信服的。

解释类似于子弹头星系团的观测，是对修正引力最有难度的挑战。对于这种或者类似于这种正在合并的天体，在合并过程中那些相互作用较强的热气体会被留在天体的中间，而相互作用较弱的暗物质会相互穿过而留在天体的外部，这类观测的最佳解释就是,微弱作用的暗物质只参与了引力的相互作用。任何情况下，在考虑没有理论基础的激进变革之前，我们应该先考虑其他一些比较“乏味”的尝试。例如，有些理论预言也许给了我们误导的结果,比如普通物质在结构形成中的作用也许比我们想象的要大，或者暗物质的性质要比保守理论的期望复杂得多。

我最近参加了两个会议，会议的主题是小尺度结构问题和可能的解决方案。第一个是一个小规模的研讨会，是由在哈佛大学物理系粒子物理学领域的同侪组织的，主题是关于自相互作用暗物质。来自哈佛大学天体物理中心的天体物理学家们组织了第二个会议，会议的主题是“关于暗物质的辩论”,这个会议在 2014 年春天举行。幸运的是，这次辩论是关于本质而非看法。因为，有时过于强调看法也许会使讨论偏离科学性。

我认为这两次会议值得参加的原因是，它们给与会者提供了很多与来自哈佛大学的物理学家和天文学家交流的机会。哈佛大学天体物理中心是天文学家工作的场所，创建于1847年，位于坎布里奇城的最高点，主要用于存放一个直径大约为130厘米的望远镜，这在当时是最大的望远镜。尽管这个望远镜现在不再用做科学用途，但天文学家们依然在此工作。不过这使得天文学家和物理学家相隔2 000米左右，所以两帮人从未在饮水机旁或者咖啡机旁偶遇过。这个会议使得我们以及很多来自世界各地的物理学家和天文学家得以共处一处。

会议的主要成果是，它所展示的结果都是原创的，而且非常新颖。会议报告的题目涉及一些关于小尺度结构问题令人兴奋的证据，以及可能的解决方案。与会者对此也讨论了到底是对普通物质作用的错误估计导致了小尺度问题，还是像暗物质自相互作用这类新颖的理论可以解决小尺度问题。

会议报告讨论了，为什么普通物质可以在小尺度上影响结构的形成，并且在数值模拟中引入了普通物质，这算是小尺度问题最无新意的解决方案。但要解决观测和理论的差别，这一尝试还有很长的路要走。原来的数值模拟假设：暗物质主导动力学和宇宙的结构形成与演化，相反，普通物质只是简单地落入暗物质晕的引力势阱中。尽管普通物质会在恒星形成后照亮大质量、高密度区域，但普通物质除了可以点亮暗物质高密度区域外，它们对结构形成的影响可以忽略不计。

物理学家们则不这么认为，普通物质不会明显地影响结构的形成和演化，只是为了计算简单，而不能作为一种可靠的假设。就算今天，当天文学家们尝试着引入普通物质的一些作用时，也会同时引入大量的不确定性。根据现有的存储能力和计算能力，没人能够把所有物理细节都模拟到，所以天文学家们在做数值模拟时,需要做一些近似和假设。尽管目前数值模拟存在诸多限制,但引入普通物质的行为,确实缓解了一些小尺度结构不吻合问题。

几个效应改进了数值模拟和观测的不符合。标准模型下的普通物质除引力之外还存在其他相互作用，所以尽管它们原初的引力扰动相对小一些，但它们对结构的影响，尤其是小尺度结构的影响也许并不会那么小。例如，丢失的卫星星系问题的一个潜在解释是，这些卫星星系太暗了，我们还无法观测到。星系间气体可以被来自恒星的紫外辐射加热，这个辐射与普通物质相关。一旦这一过程发生，小质量的暗物质晕会很难再有效地吸积气体。如果这些暗物质晕没有足够的气体，它们就无法形成恒星，从而使得它们由于太暗而无法被现有的望远镜观测到。

超新星爆发

它是某些恒星在演化接近末期时经历的一种剧烈爆炸。它所产生的亮度足以照亮其所在的整体星系。超新星爆发所释放出的能量会电离和加热星系外围的气体。

卫星星系不足以及星系中心核结构问题的另一个解释是，超新星爆发会把宿主星系内部的一部分质量推出去，这样宿主星系核结构的密度就会被大大地降低。这使得星系中心的暗物质分布和城市中心的人口分布具有一定的可比性。例如，城市中心若发生骚乱，暴力事件发生过后，会使附近的人口停止增长，且留下一个荒芜的核心。星系中心会发生非常多的超新星爆发，而这些超新星爆发不会使中心密度增长，这个效应的结果要比人口稀少的城市中心更加明显。

进一步说，超新星爆发所释放出的能量会电离和加热星系外围的气体。这个效应会吹走本应在暗物质子结构中形成恒星的气体。这些被吹走的气体会围绕一些更大的暗物质晕运动，或者阻止其他气体落入暗物质晕的引力势阱并形成恒星。这些外围矮星系会相应地具有比较少的普通物质而且也许会更暗，从而使它们更难被观测到。

支持与反对普通物质在小尺度结构形成中更大效应的证据，会随着计算能力和研究方法的改进而不断演化。这两次会议上还出现了几个很有意思的讨论，尽管这些讨论是由粒子物理学家提出的，天文学家们却非常开心与欣慰。因为这里每个人都希望寻找到正确答案，并不只是为维护自己的领域，而图一时口舌之快。尽管这些强调重子物质重要性的人指出，重子物质也许不是解决所有差异的万能钥匙。例如，小尺度结构问题存在于独立矮星系的时候，超新星爆发对结构形成的反馈非常之小。如果这一论点是正确的，那么根据目前的观测，一些超越普通暗物质的模型仍然有必要讨论。尽管与会的每个人都同意，普通物质的引入是解决数值模拟和观测数据差异的正确方向，但物理学家和天文学家都意识到，想要彻底解决丢失的卫星星系问题，对于标准无相互作用暗物质模型的大幅度修正，也许是必要的。

暗物质间的“黑暗之力”

当数值模拟和观测数据相碰撞时，会发生有意思的问题，所以修改暗物质模型来解决这些问题也变得有意思起来。最让人感兴趣的可能性便是，以前无相互作用的暗物质模型是错误的，而暗物质的自相互作用会影响宇宙中的结构形成。这种可能性会启发物理学家研究暗物质粒子的自相互作用、可能存在的作用力。不管结果如何，已有的观测以及不断改进的数值模拟，都可以告诉我们越来越多有关暗物质的性质。就算前面讨论的问题不存在，我们依然可以更好地理解暗物质的性质，以及暗物质和普通物质是如何影响宇宙结构的形成与演化的。但如果这些问题依然存在，也可以证明暗物质自相互作用存在的合理性。

自相互作用暗物质算是一项比较可靠的建议，部分原因是，我们对暗物质的性质知之甚少。就像普通物质会参与像电磁相互作用一样的引力之外的相互作用一样，暗物质也有可能参加除引力之外的相互作用。尽管常见的假设是，暗物质会参与引力作用，并有可能与重子物质存在非常弱的相互作用，但现有的暗物质直接探测装置，并不会告诉我们有关暗物质自相互作用的任何信息。自相互作用的暗物质粒子会吸引还是排斥其他暗物质粒子，都和我们熟悉的物质完全不同。暗物质可能参与的是目前为止还没有被观测到的黑暗之力，只会影响暗物质粒子，而不会影响普通物质。就像电磁力只能作用于普通物质一样，黑暗之力只能作用于暗物质，这样，暗物质粒子和普通物质粒子最终彼此依然是毫不相干的。

自相互作用暗物质与普通物质一样，具有一定的社交性，同时又具有一定的排外性，即它们只和同类相互作用。暗物质粒子可能只会散射其他暗物质粒子，但是普通物质对于暗物质来说是隐形的，就像暗物质对于普通物质是隐形的一样。因为暗物质直接探测只寻找暗物质与普通物质的相互作用，所以自相互作用并没有被排除掉，并且这个假设还可能支持结构形成的相关研究。

如果暗物质确实是自相互作用的，那我们对其性质知之甚少。但我们可以推断：存在于暗物质粒子之间的力以及暗物质粒子的自相互作用力，不可能非常强。还记得那个存在于由普通星系团合并，而产生的子弹头星系团中非常著名的暗物质信号么？这个例子很好地限制了暗物质与其他物质的碰撞强度。引力透镜的观测告诉我们，在一个星系团的暗物质穿过另一个星系团的暗物质晕时，整个过程几乎是没有阻挡的。因此会产生两个圆鼓鼓的结构，而气体却被留在中心区域。

如果所有暗物质都存在非常强的自相互作用，甚至和重子物质一样强，那么暗物质会像气体一样存在于中心区域。但双球状的外部结构告诉我们，暗物质并没有存在于中心区域，而是会穿过彼此。这并没有告诉我们，暗物质完全不自相互作用。但这确实限制了相互作用的强度和距离尺度。暗物质自相互作用的强弱也受星系形状的限制，因为星系的形状受暗物质自相互作用的影响也非常大。

这些并没有排除自相互作用暗物质存在的可能性。它们只是为自相互作用的强弱和形式设置了一些限制。就算遵循这些限制，暗物质的自相互作用在理论上讲，依然可以解决小尺度结构问题。参加这两个会议的报告人讲述了，为什么暗物质的自相互作用可以帮助我们部分地解决一些潜在的结构问题。例如，它们可以降低那些大质量卫星星系的中心密度，从而使理论和观测符合得更好。

例如，自相互作用暗物质可以解决星系中心密度被预言得过高的问题。在没有非引力相互作用时，暗物质运动得非常慢，容易落入已有结构的中心势阱，这使得暗物质晕中心的密度变得非常高。**而互相排斥的自相互作用，会让暗物质粒子彼此分开，从而防止它们离得非常近。这就像在一个拥挤的火车站，每个人都被自己的行李围绕，那么人与人之间的距离就会保持在一个手臂的长度。**暗物质粒子间的自相互作用会通过类似的过程，为各个粒子之间建立一个壁垒，这个壁垒可以防止暗物质的密度过高。

引入自相互作用的暗物质数值模拟确认了这一预言，并且确实产生了一个低密度的核结构。这些核结构具有平缓密度分布的内部区域，而不是产生类似于核 - 尖峰的高密度结构。物质的密度分布在向星系或者星系团的中心变化时，在暗物质粒子饱和之前，密度有一个快速提升，而饱和之后，密度则不会有明显的变化。现存的所有有关小尺度结构的问题，都可能通过引入暗物质的自相互作用得以解决。

自相互作用暗物质模型关于星系和星系团的预言，一定能在将来的观测和数值模拟中告诉我们关于暗物质以及星系的更多信息。并且，不同自相互作用模型的预言也会不同，这样通过比较数值模拟与观测的结果，我们甚至可以确定哪种自相互作用模型更加合理。

通过考虑不同的可能性，我们还可以根据大量有关宇宙中结构形状的数据，进一步了解其意义。也许暗物质存在自相互作用，从而影响了结构的形成和演化，所以数值模拟和观测会符合得更好。或者，也许普通物质在结构形成与演化的过程中，扮演了比理论预言更重要的角色，甚至比自相互作用暗物质的角色还要重要。我们可以在数值模拟和观测数据都足够可靠的时候，排除上述某种或全部可能性，并给出确定的答案。无论结果怎样，我们都可以从获得一些超越保守的弱相互作用大质量粒子模型探测实验的信息。

自相互作用暗物质本身虽然非常有趣，但它并不是我研究的重点，下一章我会着重介绍一下。毕竟，自相互作用暗物质和非自相互作用暗物质都不是唯一的可能性。就像当我们过于关注黑与白的时候，往往会忽略灰的存在，更不用说斑点和条纹了。如果我们相信暗物质要么不相互作用，要么完全相互作用，就会使我们忽略世界的多样性。下一章我会介绍一个有趣的新想法，即暗物质和普通物质一样复杂。也许，暗物质既有不相互作用的组分，又有自相互作用的组分，而这些组分会共同作用于宇宙结构的形成与演化。

黑暗的速度

DARK MATTER AND THE DINOSAURS

> 尽管科学家更喜欢简单的想法，但简单的想法往往不能囊括全部。

不论是外行还是科学家自身，在评价科学方案时都经常使用“奥卡姆剃刀”作为指导。这个经常被提及的原则是指：**在解释一种现象时，最简单的理论极有可能是最好的。**它用听起来很合理的逻辑指出，在更精简的方案存在的情况下，再构建一个复杂的结构并不是什么好想法。

不过，有两个因素会削弱“奥卡姆剃刀”的权威，至少，它们提醒我们在把“奥卡姆剃刀”作为“拐杖”使用时要谨慎一些。我曾艰难地学会了小心使用这些“拐杖”——在心理上和生理上都是，为了复原受伤的脚踝，我曾经使用过拐杖，由于使用姿势不正确，导致我胳膊上的神经受损。同样，那些服从“奥卡姆剃刀”原理的理论，会在解决一个显著难题的同时，在其他地方产生问题——通常是这个理论的其他方面。

最好的科学原则总是应该解释尽可能广泛的观测，或者至少与之保持一致。真正的问题是，什么才能够最有效地解决整个体系中无法解释的现象。一个起初看起来简单的解释，在面临更多问题的时候，可能会演变成鲁布·戈德堡（Rube Goldberg）❶式的漫画。另一方面，一个解释可能在应用到最初的问题时显得过分烦琐，但通过科学的眼光来看，也许会显露出它隐藏的优雅。

我对"奥卡姆剃刀"的第二个顾虑与一个真相有关。这个世界比我们任何人所能够设想的都更为复杂。一些粒子及其特征似乎于任何重要物理过程而言，都无关紧要——至少迄今为止我们发现的是这样，但它们依然存在。有时候，最简单的理论并不一定是正确的那个。

第18章提到的"关于暗物质的辩论"的会议中，多次对这个话题进行了讨论。在关于可观测到但却无关紧要的粒子的报告中，粒子物理学家娜塔莉亚·多罗（Natalia Toro）辩称，一个比"奥卡姆剃刀"更恰当的理论指导是"威尔逊的手术刀"（Wilson's Scalpel）。她用物理学家肯·威尔逊（Ken Wilson）来命名。威尔逊开发了一个大体框架，来理解如何通过只用可测量元素来做科学实验。娜塔莉亚提出，以威尔逊名字命名的手术刀可以用来调整（而不是剔除）一个理论。无论我们能否将其归属于某个基本的意义，都要完好地留下所有的可测试元素。当我接着她发言时，我开玩笑地建议"玛莎的桌子"（Matha's Table）原则才是一个更好的概念。至少你不会在餐桌上只摆刀子。你会摆放上能让你优雅地吃上一顿饭所需要的所有餐具。若拥有玛莎·斯图尔

❶ 鲁布·戈德堡，美国犹太人漫画家，画了许多用复杂方法做简单小事的漫画，赢得了许多读者。——译者注

特（Martha Stewart）[1]的才华，你可以让一切保持井然有序，不论你要布置多少盘子和银器。

科学同样也需要合理的摆桌——用一个理论来解释许多我们观测到的现象。尽管科学家更喜欢简单的想法，但简单的想法往往不能囊括全部。

以上讨论是对我接下来要介绍的理论的一个序曲。这种被我与合作者称为“部分相互作用暗物质”（partially interacting dark matter）的概念，引出了“双盘暗物质”（double-disk dark matter, DDDM）这一类模型。两种体系的模型都认为，暗物质的结构也许并不简单。就像普通物质的粒子一样，暗物质粒子也许不止一种。具有不同类型相互作用的新型暗物质也许是存在的，未来也许能被观测到前所未料的结果。即使具有相互作用的只是很少一部分暗物质，它们也可能对太阳系和银河系产生重要影响，也许对恐龙也产生过影响。

普通物质沙文主义者

尽管我们知道普通物质仅占宇宙总能量的 5%，约占全部物质的 17%（剩下的部分由暗能量组成），我们仍然认为普通物质是重要的组成成分。尽管普通物质在总能量组分上微不足道，但除了宇宙学家外，人们的关注点都在普通物质上。

当然，我们更关注普通物质是因为我们由它组成——我们生活在有形的世界中。但我们关注它也是因为它具有丰富的相互作

[1] 玛莎·斯图尔特，美国企业家，几经挫折最终跻身全美第二女富豪。她在烹饪、园艺和室内装饰等方面颇具才华。——译者注

用。普通物质的相互作用有电磁力、弱相互作用力和强相互作用力，帮助周围世界中的可见物质形成复杂致密的系统。不只是恒星，也包括岩石、海洋、植物以及动物，它们的存在都是因为普通物质在通过自然界这种非引力相互作用。就像是在啤酒中只有很少量的酒精，喝多了照样能让人大喊大叫一样，携带了很少能量密度的普通物质，相对于仅仅会路过的天体，会更明显地影响它自身以及它周围的环境。

我们熟悉的可见物质可以被认为是物质中有特权的一部分，约有 15%。正如在政治和经济中，有影响的 1% 人口主导了决策和政策的制定，而剩余 99% 的人口则提供基础设施支持和其他各种支持，例如维修建筑、保证城市运转、为人类的餐桌提供食物等。同样，普通物质几乎主导了我们所有的观测；而暗物质，虽然丰富且无处不在，帮助创造了大星系团和星系，促进了恒星的形成，却对此刻我们周围的环境影响有限。

对于近邻结构，普通物质在起主导作用。它支配着我们躯干的运动，社会经济的能量来源，你读这本书时面对的电脑屏幕或者纸张，以及任何你能想到的和关心的东西。如果某些事物都有可被测量的相互作用，它就值得被关注，因为它会更快地影响周围的事物。

在通常的理论中，暗物质缺乏这种有意思的作用和结构。一个通常的假设是，暗物质是连接星系和星系团的“胶水”，但只存在于其周围非固定形态的云中。但有没有可能，这个假设不对，只是我们的偏见和无知造成的，从而让我们走上了这条可能是错误的路？如果一部分暗物质就像普通物质那样也存在相互作用，又会怎样呢？

标准模型包含 6 种不同的夸克，包括电子在内的 3 种带电轻子、3 种类型的中微子。这些粒子都会承载力，包括最新发现的希格斯玻色子。如果暗物质的世界——即使没那么普遍，粒子类型也相当丰富呢？在这种情况下，大部分暗物质的相互作用可以被忽略，但少数会像普通物质那样受力相互作用。标准模型中粒子和力的丰富而复杂的结构，创造了许多有意思的现象。如果暗物质中也有一种会相互作用的成分，这个成分也许会产生一定的影响。

如果我们是由暗物质组成的生物，并假设普通物质的粒子都为同一种类型，那么我们将大错特错，也许我们这些由普通物质构成的人类在犯着同样的错误。标准粒子模型描述了大部分我们所知物质的基本成分，鉴于其复杂程度，假设所有的暗物质只由一种类型的粒子构成，是非常奇怪的。为什么不设想，一定比例的暗物质在受它自己独有的力呢？

在这种情形下，就像普通物质包含了不同类型的粒子，且这些基础组件通过不同的荷组合相互作用一样，暗物质也许有不同的基础组建，并且在这些完全不同的新粒子类型中，至少一种可以发生非引力相互作用。标准模型中的中微子不会有强相互作用力和电力，但 6 种夸克可以。相似地，也许一种类型的暗物质粒子会有微弱的或者没有引力之外的相外作用，但是它的一部分（也许 5%）会有。基于我们在普通物质领域所了解到的，也许这种理论比通常假设的具有单一弱相互作用或无相互作用的暗物质粒子更可行。

从事外交关系的人常会犯的一个错误是，一概而论地评价其他国家的文化，假设他们不像我们自己一样拥有多样化的社会。

一个好的谈判专家在试图平等对待两种不同的文化时，不会假设一个社会团体优先于另一个。同样，一个无偏见的科学家不应该假设暗物质不像普通物质那样有趣，并假设它一定缺少物质的多样性。

科学作家科里·鲍威尔（Corey Powell）在《发现》杂志上报道我们的研究时，以宣称他自己是“轻度物质沙文主义者”来开头，并且指出实际上每个人都是。他用这个词来表示，我们常认为自己熟悉的物质是目前最重要，也是最复杂有趣的。这种想法实际上已经被哥白尼革命所颠覆[1]。然而大部分人仍坚持臆想，他们关于自身重要性的观点和信念，是与外部世界一致的。

普通物质的许多组分具有不同的相互作用，对世界有不同形式的贡献。所以暗物质也许同样有不同的粒子，有不同的行为，并可能会对宇宙的结构具有可测量的影响。

部分相互作用暗物质

我与合作者把这种小部分暗物质会发生非引力相互作用的理论称为“部分相互作用暗物质”。我们第一次调研了最简单的模型，它仅包含两种成分：主导成分仅通过引力相互作用，是常规的暗物质，存在于星系和星系团周围的球形晕中；第二种成分也通过引力相互作用，但此外还有另一种类似电磁作用的力。

这两类暗物质理论也许听起来有点怪异，但是请记住，同样的描述方法也适用于普通物质。夸克受强相互作用力，但像电子一样的粒子并不受这种力影响。这就是为什么夸克被束缚在质子

[1] 即关于地球和太阳谁是宇宙中心的问题。——译者注

和中子中，而电子没有。同样，电子受电磁力影响，但中微子对之浑然不觉。所以，如果推翻我们惯用的沙文主义，允许暗物质的世界有类似的多样性，就不难想象，暗物质的一部分也通过类似但不同于构成我们的物质的力相互作用。

不过请牢记，部分相互作用暗物质与标准模型物质有一点不同。比如，尽管电子不直接受强相互作用力，但它们可以和夸克相互作用，所以会受到间接影响。**新提出的暗物质粒子在它自己的相互作用中是完全孤立的，大部分暗物质甚至不会受这种新引进的力的间接影响**。我们还不知道暗物质的成分之间是否会相互作用，甚至不知道暗物质是否有多种成分。最初最简单的假设是，只有新类型的电磁力和新的带荷粒子受力外，没有其他新的相互作用。在这种理论中，大部分暗物质粒子完全不会受这种新型力的影响。

出于好玩，我把这种相互作用的暗物质成分所受的力称为“暗光”（dark light），或者称其为“暗电磁力”（dark electromagnetism）。选择这个名字是为了提醒其他人，**这种新的暗物质受到一种类似电磁力但又与我们世界的普通物质无关的力**。普通物质带电荷，所以它才能辐射和吸收光子；这种新型的暗物质成分只能辐射和吸收这种新型的光，普通物质则根本感觉不到它的存在。

这种暗电磁力会类似于平常的电磁力。但这是作用在一种全新粒子荷上的完全不同的作用，通过一种全新的粒子来传递——你可以称其为暗光子（dark photon）。尽管这种新型的暗物质成分不会和普通物质相互作用，它会有自相互作用，从而使得它表现得像我们熟悉的普通物质，也不会和其他暗物质相互作用。

普通物质和暗物质都带电并受力，但这些电和力并不相同。这些受新暗力影响的带电粒子会彼此吸引或排斥，其形式就像普通带电粒子的行为一样。但是暗物质层的相互作用会对普通物质透明，因为暗物质用它自己独特形式的光作用，而不是通过我们熟悉的那种光。仅有暗物质粒子会受这种新型力的影响。

尽管遵守着相似的物理学定律，也许在空间上也相互接近，暗物质和普通物质依旧拥有着各自的世界。普通物质和暗物质甚至可以空间上重叠却又无任何相互影响。它们会通过各自独特的力相互作用，除了它们极其微弱的引力外，带电普通物质和带电暗物质对对方的存在都浑然不觉。

在同一位置的两种类型的带电粒子而不与对方相互作用，并非匪夷所思。这有点像普通物质通过 Facebook 互动，而带电的部分相互作用暗物质模型通过 Google+ 互动一样。它们有相似的作用方式，但仅在各自的社交网络上接触。互动发生在一个网络或者另一个上，但不会两个都用。

我们再打一个比方。这就像是左派和右派各自的电视节目，他们遵循着差不多相似的程序规则，都能在同一个电视上播放，但是他们实体完全不同，并各自在加强自己确信的偏见。尽管他们形式类似，有采访的主持人，有专家和嘉宾，用图表阐述他们的观点，并且在屏幕下方弹过随机、无关的新闻快讯，但这两类节目的真正内容和结论以及其中的广告非常不同。很少有相同的嘉宾或议题会同时出现在两类节目上，他们的产品及拥护的参选人也会不同。

就像罕有个人用户既看福克斯新闻，也听 NPR（美国国家公共电视台）一样，大部分（也许是全部）粒子会通过这种或那种力相互作用。这个模型就像是媒体一样，提倡坚持一种观点。即使理论上应该有一种中间态的粒子会参与两种相互作用，但大部分粒子要么带有一种类型的电荷，要么是另一种，因此相互之间不会传递作用。

公平地讲，物理学家排斥接受暗物质受到一种新型电磁力影响的观点，并不仅仅是因为偏见。相互作用通常有可被探测的结果。物理学家对暗力和自相互作用暗物质这种想法退避三舍，是因为他们认为这种理论很受限，甚至可以被排除。然而，如第18章中介绍的那样，即使所有暗物质都受这些力，这些限制条件也不会太严苛。但是，相互作用必须在观测所得到的限制范围内才可以。

不过，如果只有少量暗物质有自相互作用的话，限制就会弱一些。回想一下关于自相互作用两种类型的限制条件。第一种与暗晕自身的结构相关：暗晕必须是球形的——仅有被称为三轴结构（triaxial structure）这一点非均匀性。第二种与暗晕的并合有关，举个最著名的例子，子弹星系团，就是星系团并合的结果。气体很清楚地位于中心区域，而从引力透镜观测到的暗物质，无障碍地相互穿过并创造出两个额外的半球结构。这有点像米老鼠的两个耳朵。

如果所有暗物质都相互作用，那么这两种限制都将非常显著。但没有哪个能清楚地告诉我们，是否只有一小部分暗物质有相互作用。如果只有一小部分的成分相互作用，那么大多数的暗物质晕会是球形的。相互作用也不会抹消三轴结构，除非有相互作用的是主导成分，或者弥散比预期的大得多。

类似地，子弹星系团中的暗物质和气体比例也没有好到能标记出很小一部分暗物质成分，因为它们毕竟只是星系团的很小一部分。这种成分有可能会相互作用，并与气体一样留在中心区域——没有更好的地方了。也许，将来这类关于子弹星系团的测量会精确到可以限制我所描述的部分相互作用理论。目前肯定的是，部分相互作用暗物质依然是一个可行的、有希望的可能性。

灵感来源

我与新进入哈佛大学物理系的马修·里斯以及两个博士后范吉吉和安德雷·卡茨一起提出的这个想法，一开始并不明确。就像其他一些后来变得极为有趣的研究项目一样，我们最终关注的并不是一开始想要研究的东西。而我们本来是在尝试理解来自费米卫星的一些有趣数据。费米卫星隶属于美国国家航空航天局的空间天文台，用来扫描全天的伽玛射线，这是一种比可见光和 X 射线能量更高的光。

大多数天体物理过程都会产生辐射，这些辐射在一个宽广的频率范围上平滑分布。这说明，光子的数目不会在某个特殊波段显著变化。所以当阿姆斯特丹大学的克里斯多夫·韦尼格（Christoph Weniger）及其合作者发现费米数据中的过量辐射全集中在单一频率上时，这引起了我们以及许多其他物理学和天文学同行们的兴趣。

韦尼格及其同事们辨认出的这个辐射密度（这里的辐射只代表光子和光）上的峰值显示，它在星系中心出现，那里暗物质高度聚集，但却不可能是由常规的天体物理源产生的信号。在缺乏更常规的解释或者一个错误的解释的情况下，光子数的这个峰值只能代表某些新的东西。

最有趣的解释是，这个信号可能是暗物质湮灭产生光子（第 17 章介绍的一种间接信号）的结果。暗物质粒子之间也许会相互碰撞，然后通过公式 $E=mc^2$ 转变成为光子，之后被费米卫星探测到。对这个理论更进一步的支持是，被观测到的超额光子的能量，刚好位于预期的暗物质能标范围内。它也刚好接近希格斯玻色子质量[1]，或许这暗示了更深层的关系。这个测量第三个有趣的方面是，产生辐射的相互作用率与保证暗物质残留密度所需要的相互作用率一致。如果暗物质以被观测到的速率湮灭过，那么刚刚好遗留下今天的暗物质数量。

[1] 粒子物理学标准模型上缺失的一片，近期刚被发现的质量。

除了这些乐观迹象，如果信号真的来源于暗物质，也有一些现象不好解释。暗物质不会直接产生光子，因为它不会和光相互作用。也许暗物质会和某些我们还没有观测到的带电重粒子相互作用，而这些粒子反过来又和光相互作用。如果是这种情况的话，我们会期望，当暗物质湮灭产生能量时，这个能量也会产生带电粒子。然而费米卫星并没有观测到这一现象。

另一个问题是，尽管暗物质的总体数量取决于它湮灭了多少，但信号的强度只取决于有多少暗物质粒子湮灭为光子。给定宇宙中的暗物质密度时，我们发现暗物质湮灭为光子的速率，除了在人为精调模型中以外，在其他模型中也都太低了。这说明，关于这个信号，这种特定的暗物质解释，可能仅在很窄的一个参数范围内才与观测符合。这要求一个足够大的湮灭速率来产生光子，而不会产生可测量的带电粒子。目前没有可靠的理论可以使得这种情况发生。

我和范吉吉、安德雷、马修认为，这是一个研究可行暗物质模型的有趣机会。我们想知道，是否有什么合理的方案可以使所有这些速率都符合其观测值。我们从关注费米的结果开始并且问自己：我们能否想到一个方法，以让大自然可以比其他物理学家提出过的模型做得更好？我们非常明白，可能结果会是，这些数据一直在误导我们。费米的数据很诱人，却没有强到可以断定一个新信号是来自暗物质，还是其他什么源的结论。这个观测可能只是因为统计上的巧合，或者对仪器信号的不当处理，而非一个真正的物理过程的信号——我可不想读者读到这里时产生任何过高期望，可能这个信号只是个错误。

但这个结果也非常有趣，尤其是在早期，它使得我们发问：是否存在合理的物理过程可以产生这个信号？毕竟寻找奇异的新型物质很困难。我们想知道所有可能找到它们的方法。不论这种信号会不会被证实，我们都能学到一些未来可能有用的知识。

我们四人曾试了若干个想法，试图在保障所需信号的同时，又能巧妙地避免各种问题，但是没有一个提议能好到值得继续下去。那些可以成功满足所有限制条件的想法都与“奥卡姆剃刀”的精神不符。更糟糕的是，它们不容于任何现有的概念。

尽管如此，我们曾否定的一个模型引发了一系列思考，而这最终比我们的其他尝试都更有趣。我们最初的努力全都是为了找出一个特定的模型，来塞入现有的框架内。但退一步想：假如局部暗物质比我们原本设想的更致密一些呢？也就是说，我们其实曲解了这些暗示。假如因为暗物质密度更大，可以比预期的湮灭更多呢？

如果密度更高，暗物质粒子就可以更有效地接触彼此并相互作用。这反过来会创造更强的信号，也因此更容易被观测到，就像你在人潮流动的火车站比在晚上 11 点的郊区更容易撞到人一样。高密度环境中的暗物质粒子比在通常暗晕中那种稀疏环境下，更容易与另一个暗物质粒子相互作用。如果一些暗物质比暗晕中的物质更加紧致，那么其他限制条件就很容易满足了。

接下来的问题是更基础的原因。为什么暗物质或至少某些暗物质，会比我们认为的更致密呢？这就是我们会想到“部分相互作用暗物质”这个主意的原因了——当然，还有“暗物质盘”这个概念。事实上，即使我们现在发现费米信号是假的，这个崭新的想法也有非常多未被深究的推论，我们会意识到它本身也非常值得探索。其中一个结果就是，比通常假设的要致密得多的暗物质盘。

暗物质盘，嵌在银河系中的薄盘

有次我打扫房子的时候（好吧，实际上是我的吸尘机器人在工作），我清理了吸尘器的灰尘盒，发现了我很久以前保留的一张幸运饼干里的纸条。这张纸条问了一个神秘的问题："黑暗的速度是什么？"那时我不知道这些话其实是一个运签，不过这句话或多或少地预言了我接下来要开始的研究。

暗物质盘

兰道尔及合作者提出的"部分相互作用暗物质"理论所假设的一种盘。相互作用的暗物质会耗散能量，降低速度，并冷却形成一个盘。其温度和普通物质盘相当。

第 5 章解释了，普通物质之所以会聚集在一个致密的薄盘中，是因为它会辐射光子，而光子能有效地带走能量。这种能量耗散的结果是，那些热的、高能的、高速粒子逐渐变成慢而冷的粒子，不会再有大范围的活动。物质会坍缩，因为较低的能量使得它速度变低，不能四处扩散。普通物质通过消耗能量来降低速度，坍缩成一个盘——就像银盘一样，你可以在晴朗夜空看到它。

在我与合作者想出"部分相互作用暗物质"这个概念以后，我们探索了它对银河系和更多现象的可能后果。我们假设相互作用的暗物质是存在的，并假设它的行为和普通物质相似。我们已经知道，普通物质在星系中心冷却、速度降低，于是形成了一个盘。

在我们的理论中，仅仅有一小部分暗物质相互作用，大部分暗物质仍旧会形成球形的暗晕，这与天文学家已经观测到的相一致。然而，新的相互作用暗物质也能耗散能量，所以它也能像普通物质一样，冷却并形成一个盘。相互作用的暗物质成分会通过暗光子的相互作用，辐射出能量来降低速度。在这一方面，它会像普通物质那样活动。并且由于角动量的累积，阻止了除纵向之外的其他方向上的坍缩，因此相互作用的暗物质会形成一个盘。

再者，就像普通原子由带相反电荷的质子和电子组成一样，这种暗物质成分也许包含带有相对电荷的粒子。这种带电粒子会持续辐射能量，直到它们冷却到可以被束缚在暗原子中。之后这种冷却会变慢，暗物质原子就像普通物质的原子那样，存在于盘中，而盘的厚度与束缚的暗原子的温度相关。根据合理假设，普通物质和暗物质冷却停止后的温度会相当。因此，会留给我们一个温度相当的暗物质盘和普通物质盘。

> 尽管如此，暗物质盘不会有和银盘完全一样的结构。事实上，它会更有趣。暗物质盘卓越的特征是，如果一个暗物质粒子比一个质子更重却有相同的温度，那么暗物质盘和银盘相比会更薄。

一个粒子带多少能量与它的温度相关，但动能也与质量和速度相关。同样温度的更重粒子必须有更低的速度，这样它们的能量才相当。所以，大质量粒子会导致更薄的盘。对于一个比质子质量重 100 倍（这是我们通常假设的暗物质质量）的暗物质粒子来说，暗物质盘可能比银河系的窄盘薄 100 倍（这是一个值得注意的可能性），正如我们在接下来的两章里将看到的那样，这会带来许多有趣的观测结果（见图 19-1）。

同样重要的是，两个盘尽管各不相同，却应该对齐——暗物质盘镶嵌在银河系平面中广阔的盘里。这是因为，普通物质盘和暗物质盘会通过引力相互作用，不是完全相互独立的。之前关于福克斯新闻和美国国家公共电视台的比喻有个缺陷，**暗物质盘和**

普通物质盘都会受到引力的拉力，实际上会使这两个实体指向同一方向。左翼和右翼的电视台也不是完全相互独立的，因为它们会通过固定且经常重复的广播的集体效应相互影响对方，且大部分的反响是负面的，这让它们的互动会相互排斥。不同的是，暗物质和普通物质的盘通过引力发生相互作用并会对齐。

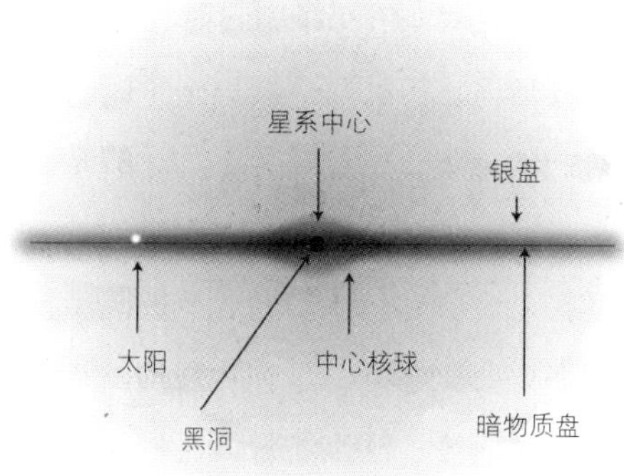

图 19-1

小部分相互作用暗物质成分可以在银河系的中平面形成一个非常薄的暗物质盘，由图中的黑色实线表示。

我们研究的重要且惊喜的结果是，普通物质盘会伴随着一个暗物质薄盘，并且这个暗物质盘会镶嵌在银盘中。我与合作者对这个结果感到非常兴奋，并热切地想与其他物理学家分享。我的同事、哈佛大学的霍华德·乔吉（Howard Georgi）也非常喜欢这个主意，但明智地想到，这个理论值得拥有一个比我们所建议的更吸引人的名字。他还帮忙提议了"双盘暗物质"这个名字，这如此贴合我们的目的，我们后来一直使用它。这个名字非常合适，因为根据我们的研究，星系的确拥有两种类型的盘，一个镶嵌在另一个中。

恒星观测显示，我们离开银河系平面不会超过几百万年，这只是宇宙尺度上的一瞬间。这告诉我们，如果双盘暗物质存在，太阳系也会在大约同样的时间尺度上于暗物质盘上震荡，所以我们离得并不太远（以天体物理的角度来看）。实际上，如果盘更厚一点，我们也许正在其中，并可能会有些可观测的结果。而且，这个盘也许会影响太阳系的运动——也许会产生一些戏剧性的影响，尽管是在超长的时间尺度上。我们所提出的部分相互作用暗物质也能在其他星系中制造盘，这也许恰巧解释了它们的某些特征。

当然，重要的问题是，相互作用的暗物质成分和暗物质盘是否真的存在。通过测量它的结果来发现一个暗物质盘，会帮助我们了解以上任何一个建议的重要意义。幸运的是，与普通物质一样，即使它只占宇宙中暗物质总量的很少一部分，相互作用的成分产生的高密度，也许会让它比普通离散的暗晕中的暗物质更容易被发现。我们下章会提到，由这种加强的暗物质密度所产生的许多粒子物理和天文信号，应该能告诉我们暗物质盘是不是可行的或者更好的选择。

如果我足够幸运，也许一个或更多此类观测会最终揭示暗物质盘的存在。

寻找暗物质盘

DARK MATTER AND THE DINOSAURS

> 你不知道黑暗生物有多美，而且你也许永远都不会知道。

最近，我参加了一个关于言论自由的开放讨论，参加讨论的人有律师、学者、作家以及人权工作者。大家都认同这个问题的重要性，但却无法对人权的真正内涵达成最终一致。或者说，大家没有对如何平衡言论自由以及人类其他权利达成最终一致。在什么时候，言论自由的潜在危害会超过它能带来的好处？到底是否应该花钱促使通过某个特定的法律，或限制候选人的数量？一位律师解释了美国最高法院是如何基于言论自由权去给某些公民案件进行宣判的，以及在这个过程中是如何花钱的。在这个过程中，公司对政治的贡献是不加限制的，但参与讨论的其他人则比较关心，如果不对公司的付出加以限制，那么个人的声音将被掩盖。况且，言论自由这一概念是针对个人的，而不是针对企业。毕竟，无论是钱还是企业都不能自由地发声，而是企业里的人在说话。

但美国最高法院的规定就是如此，其结果是，大量金钱被花费到了政治上。让我们看看个人和企业通过花钱来改变公众看法的不同方式。

金融机构可能更专注于在城市或城镇的附近做广告。在这些地方，他们可以轻易改变人们对某些事物的看法，并影响最后的投票结果。或者捐赠者会把广告的范围做得更广泛，自己掏钱把他们的主张覆盖在更大范围，从而产生一些相对宽泛的观念，但其效果不是很清楚。两种不同的策略放在一起产生的效果，比单独做任何上述单一广告行为的效果更强。在目标区域内，受影响的人数应该更多，因为在较小、人口稠密的地区，广告密度更大。

> 物理学也有类似的情况。一个薄而致密的物质盘对恒星的运动影响，要比厚的、弥散的物质盘所造成的影响更加剧烈。就像局域广告投放得越多，广告效果越明显一样，一个薄而致密的盘结构，对银河系平面上飞进飞出的恒星的速度及其位置的影响更明显。

银河系是由重子物质和暗物质组成的盘结构，处在星系盘平面内或者外部的恒星的运动，会同时受到这两种盘结构的影响。当你从星系盘的致密区域移动到稍微低密度的区域时，这种影响的变化形式也从开始的迅速变化，转化成后来的平缓变化，这种转化形式就像结合局部广告和全局广告对选民的影响。如果一个薄的暗物质盘镶嵌到厚的普通物质盘当中，暗物质的吸引力就会和比较弥散的普通物质盘的吸引力混合到一起，从而产生一个特性鲜明，并可测量的作用力作用到恒星上。这个作用力随着恒星到银河系中盘的距离的不同而不同。

我们生活在一个数据充裕的时代，并且我们确实也不想忽略任何可能的观测对象，尤其是在寻找那些匪夷所思又很难找到的对象时，例如暗物质盘。在这一章，我会解释，如何通过研究银河系星系盘引力对恒星运动的影响，来确定或者排除暗物质盘的存在。但在此之前，我们先讲讲其他关于暗物质盘的可能性，并讨论一下应用目前的暗物质探测方法找到暗物质盘的可能性。在此之后，我还会介绍几个暗物质盘在天文学上的有趣预言。

多样的暗物质

在开始研究部分相互作用暗物质时，我很惊奇地发现，竟然没有人考虑过“只有普通物质是有多种粒子和相互作用的”这一假设的不合理性。尽管有些物理学家已经尝试过一些模型，例如镜像暗物质（mirror dark matter，指暗物质在模仿普通物质的一切），但类似这种模型太过特殊和奇异，因为这种模型给出的预言很难和我们已知的一切相吻合。

有一小部分物理学家曾研究过更加普遍的相互作用暗物质模型。但就连他们也假设，所有暗物质都是相同的粒子，因此参与唯一的作用力。没有人提出过下面这个非常简单的假设，即尽管大部分暗物质粒子不发生相互作用，但一小部分暗物质粒子却可以发生相互作用。

这里有一个比较明显的潜在原因。大多数人希望出现一个新的暗物质形式能与大部分观测现象相关，就算这种新的暗物质只占暗物质总量的一小部分。但在没有观测到占主要组分的暗物质之前，强调小部分暗物质的组分好像有点太早了。

这个逻辑的错误之处在于：普通物质只占暗物质的 20%，但却几乎是我们所关注的一切。通过更强的非引力相互作用的物质，要比那些具有更大组分但只参与微弱相互作用的物质更有意思，并且更有影响力。

这一事实对普通物质来说是对的。普通物质的影响要远超其在宇宙中的组分，因为它们形成的物质盘中，形成了恒星、行星，甚至形成了地球和生命。一个带电的暗物质组分（不用带太多的电）可以形成与银河系的可见星系盘类似的暗物质盘。这个盘甚至可以碎裂成像恒星一样的天体。这个新的盘状结构理论上是可观测的，甚至可能会比占主导的传统暗物质组分所形成的巨大球状暗物质晕，更容易被证明。

一旦你开始沿着这些线索思考，可能性会迅速变得多起来。毕竟，电磁场是标准模型粒子参与的几种非引力相互作用之一。除了这个能把电子束缚在原子核附近的力之外，其他两种相互作用是弱相互作用和强相互作用。也许可能还有其他相互作用存在于普通物质的世界中，但它们在人类所能达到的能量范围内极端微弱，至今还没有任何人发现一点迹象。但即使根据现有的三种非引力相互作用力，我们也可以猜想，相互作用的暗物质也许不止参与暗电磁相互作用。

也许除了暗电磁力外，暗强、弱相互作用也会作用在暗物质粒子上。在这个更复杂的领域里，暗物质恒星也许会形成，暗物质恒星里的核燃烧会创造出的结构和我以前描述的暗物质模型所产生的结构相比，更类似于普通物质。在这种情况下，暗物质盘由暗物质恒星组成，而暗物质恒星周围又围绕着暗物质行星，这些行星都是由暗物质原子组成的。这类能形成盘的暗物质模型可能具有和普通物质一样的复杂性。

部分相互作用暗物质模型一定可以为新的猜想提供肥沃的土壤，从而鼓励我们去思考我们不曾思考过的可能性。科幻作家和电影工作者也可以寻找到一个新的创作领域，新的相互作用以及其产生的黑暗领域还是很吸引人的。他们甚至可以绘制一个和我们一样的黑暗生命。这个构想下，人类与外星人不再是简单地相互攻击或者合作，因为暗物质生物的军队已经穿过了屏幕，并已经统治了一切。

这个故事不会因太过天马行空而无人观看。问题是摄影师如何为黑暗生命成像：显然我们看不到黑暗生命，同时黑暗生命也看不到我们。就算黑暗生命就在那里（也许他们早已在那里了），我们也无从得知。你不知道黑暗生物有多美，而且你也许永远都不会知道。

尽管上面这些对黑暗生物的猜测充满娱乐性，但想观测到这种黑暗生物，或者说通过更直接的方法确定黑暗生命的存在，是十分困难的。寻找与人类一样同样由重子物质组成的智慧生命，已经颇具挑战性了，尽管太阳系外行星的搜寻工作正在艰难地进行着。如果黑暗生命存在的话，他们存在的证据要比遥远外星上存在普通生命的证据，更难以找到。

我们还没有直接探测到来自单个星体发射出来的引力波。就算是天文学家们通过其他方法寻找到了黑洞和中子星，却仍然没有引力波的相关观测[1]。我们探测到，黑暗生命存在的可能几乎为零，不管他们离我们有多近。

理想一点儿说，我们希望通过某种途径联系这片新区域，或者让他们通过某种特定的方法回应我们。但如果这些生命不能感

---

[1] 双黑洞合并所辐射的引力波已经在 2016 年被发现。——译者注

知人类的那些作用力，那么交流将不会发生。就算我们都参与引力相互作用，小尺度物体或者生命所产生的引力肯定是低得无法探测的。只有非常大的黑暗天体，比如贯穿于银河系平面的暗物质盘结构，才能产生可观测的结果。

黑暗天体和黑暗生命可能离我们很近，但如果它们的净质量不是非常大,我们就无法确定它们的存在。即便用最先进的技术，或者那些我们还在想象的技术，也只能在某个非常特定的可能性范围内加以验证。**“影子生物”（Shadow life）不一定能产生我们可以注意到的可观测结果，它们给了我们一个诱人的可能性，却无法被我们观测到。**

坦白说，黑暗生命是一个高级现象。科幻作家可以毫无问题地创造出来，但是宇宙还有很多障碍需要逾越。穷尽所有化学的可能性，到底有多少种组合能够维持生命，我们还不清楚，即使对已知的生命，我们仍然不知道哪种环境是必要条件。尽管黑暗生命的假设很吸引人，而检验黑暗生命并不是唯一的难点。宇宙要如何产生黑暗生命才是真的困难。因此我把这个可能性放在一边（至少目前得这样做），而只专注于对银河系中大质量致密盘的寻找。我个人认为，后者比前者更有希望。

来自暗物质盘的信号

为了系统工作和最少的假设，我同范吉吉、安德雷·卡茨、马修·里斯四人从我们能想到的最简单的双盘暗物质模型开始研究。与普通的极弱相互作用的暗物质模型相比，我们模型中的暗物质粒子还带有黑暗电荷，并且相互之间会有类似于电磁力的相互作用，这一黑暗电磁力是通过暗物质粒子所带的黑暗电核而产生的。我们的模型还包括一种相对较重的暗物质粒子，与质子相似，并带有正电荷，另一种粒子则带有负电荷，与电子相似。

研究一个还未列入标准物理准则世界的新想法和上坡作战一样困难。对于一些物理学家和天文学家来说，双盘暗物质模型有点夸张。甚至对于粒子物理学家来说，尽管他们的工作就是用大胆的想法来揭开物理学中最基本的问题，例如物质的种类，但是我的大部分同事（一般都是科学家）仍然比较保守。这一现象也并非完全不合理：如果一个观测有个保守的解释，那么这个解释差不多总是对的。革命性的新尝试只有在它们能够解释旧理论无法解释的现象时，才会被别人接受。只有很少的例子需要新理论来解释。

即使科学界认同，现在的物理学需要新的想法和模型，但如果新想法超出几种公认的猜想准则，那么这种猜想一般会遇到阻挠。例如，超对称理论和弱相互作用大质量粒子模型经常被粒子物理学家认为是能马上建成的理论，尽管证明它们存在的实验证据还不存在。面对越来越多的数据限制，这个领域的人开始怀疑旧理论，并开始考虑新的可能性：那些超出已经确定的研究准则的可能性。

一旦新的概念得到认可，人们会竭尽所能地研究这个概念的所有细节，检验参数空间的所有可能，甚至对那些还没有被证实为正确的假说也不会放过。在一个想法到达这个层次之前，会有很多批评声音，甚至是带有偏见的批评。但有一些粒子物理学家在面对很多不确定性时，更倾向于保持一种开放的态度，我和我的合作者也是如此。我们也许会因为某个理论更优雅简洁而倾向于它，但在数据完全确定之前，我们不会断言什么就是正确的。

我们四人很快意识到，相互作用的暗物质的行为和无相互作用暗物质的行为非常不同，人们应该可以通过观测区分两种模型。但考虑到双盘暗物质的最初提出动机，我还是倾向于利用保守的探测方法来探测这一新型暗物质。例如，那个第一次刺激我们研究的暗物质间接探测信号，也许这正是传统暗物质无法解决，而双盘暗物质模型可以解决的领域。所以我决定从暗物质间接探测信号出发开始这项研究，例如来自费米望远镜的光子信号。

一个薄的暗物质盘是致密的，也就是说，暗物质粒子在此区域的汇聚度很高。与传统冷暗物质晕的粒子分布相比，在这个致密的盘里，更多暗物质粒子会相遇，因此更多的湮灭也将产生。这并不说明双盘暗物质模型都是被如此观测到的。我们研究的起因便来自双盘暗物质模型可以产生间接的光子信号，而这一过程需要我前面所提到的带电暗物质。由于类似于费米卫星观测到的信号需要暗物质能变成光子——光子是普通物质的一种形式，且只有当一个粒子既有常规电磁力又有黑暗电磁力时，这种可观测的相互作用才会出现。这就像一个人既看福克斯新闻同时又听全国广播电台，或者同时登录在 Facebook 和谷歌上一样。**如果一个粒子同时具有常规电荷和黑暗电荷，那么暗物质湮灭时所产生的间接粒子就会释放出光子，而这种间接粒子同时连接着普通领域与黑暗领域**。这样，费米卫星观测到的光子信号就可能是双盘暗物质模型的一个预言。当然这并不是一个普遍性的预言。

这个致密的暗物质盘确实意味着，如果可观测的相互作用存在，它们发生的频率要比我们想象的快。一个更好的消息是，如果双盘暗物质模型能够产生某种可观测的间接信号，例如光子、正电子或者反质子，那么这个结果会与其他暗物质模型区分开来。

在常规暗物质模型给出的间接可探测信号的预言中，银河系中心的信号是最强的，因为那里是暗物质密度最高的地方。双盘暗物质模型预言的信号强度也是，越靠近银河系中心越强，但来自整个暗物质盘的信号应该和来自银河系中心的信号一样强，因为整个平面都是高密度区域。这种贯穿整个星系平面的可见湮灭观测，将是双盘暗物质模型的最大特点。

双盘暗物质模型直接探测的可能性也非常有意思，毕竟直接探测暗物质是很多暗物质探测器的终极目标。还记得暗物质直接探测依赖于暗物质和普通物质的微小相互作用么？探测器是通过测量微小的反冲能量来寻找暗物质的。和间接探测一样，任何双盘暗物质模型的直接探测信号也依赖于对其粒子的乐观而不寻常的假设：**暗物质粒子与普通物质存在相互作用，这个相互作用既可以小到与现有的观测相吻合，又可以高到产生可观测信号。**

直接观测信号也依赖暗物质的局部密度，因为毕竟暗物质越多越好。暗物质盘可能在或不在普通物质的周围，这取决于暗物质盘的厚度，但如果存在暗物质盘，那么它的密度会远远高于暗物质晕中的暗物质密度。

另一个众所周知的事情是，暗物质的探测概率与暗物质粒子的质量相关，决定了暗物质粒子的反冲能是否大到可以被仪器记录下来，如果能达到，这个能量就能被记录下来。信号的可探测性和另一个常被忽略的暗物质性质息息相关，即粒子的速度，它与动能直接相关，所以与反冲能也直接相关。速度快的暗物质与比较慢的暗物质相比，更容易被观测到，因为碰撞时产生的能量更高。

双盘暗物质在星系盘内外的速度要比普通物质低很多，因为它们已经冷却了。进一步讲，暗物质在银河系中的轨道与太阳系的轨道风格类似，所以和地球的相对速度也比较小。这种相对的低速度意味着，即使有相互作用，双盘暗物质也只会在直接探测仪器中留下极小的能量，这个能量几乎可以肯定会低于探测器的探测下限，因此也就不会被探测到。没有更敏感的仪器或者模型中新的成分出现，传统双盘暗物质的相互作用不会被现有的仪器观测到。

更低探测极限的试验已经开始建造，并且对模型的修改也允许现有的仪器得到有效的观测。有意思的是，如果这个信号被观测到，那它将会非常鲜明，以可以确认一个双盘暗物质的起源。因为这种低速暗物质会产生一个比其他之前提过的暗物质候选者都要集中的能量信号。

关于双盘暗物质模型（或其他带电的可形成原子的暗物质）更有意思的检测，是来自宇宙微波背景辐射的细致研究。一些天文学家和物理学家在宇宙微波背景辐射和星系分布数据中寻找黑暗原子以及双盘暗物质粒子的证据，这是个有趣的新方法。

需要记住，**来自普通物质的辐射会抹掉带电物质中的密度变化，就像沙滩上的风会吹平海浪留下的痕迹一样，而暗物质则主导着之后的进一步演化**。这种特别的效应会在宇宙微波背景辐射上留下印记，这个印记可以用来区分暗物质和普通物质。当带电物质组成中性物质的时候，普通物质也可以在宇宙微波背景辐射上留下印记，这和沙滩上海浪拍打过后，在海浪的最远端会留下一个非常特别的印记一样。

如果暗物质或者部分暗物质，与黑暗辐射相作用，那就像普通物质改变宇宙微波背景辐射一样。因为双盘暗物质模型中包含了一类重的暗物质粒子和一类轻的暗物质粒子，而且它们带有相反的电荷。这很像质子和电子，这两类暗物质粒子还有可能组成黑暗原子，这个过程也与普通物质非常相像。

对宇宙微波背景辐射的细致研究还可以给出我们所提出的有

相互作用的暗物质的比例。如果暗物质和普通物质的温度还算相似,那说明暗物质与普通物质在早期已经进行了充分的相互作用，那么相互作用暗物质占暗物质总的百分比会低于 5%，这大约是普通物质的 25%。幸运的是，这个值也很有意思，用后面介绍的方法我们可以观测到它。而且这个值依然在能解释周期性彗星的范围内，我将在下一章给出详细的论述。

测量星系的形状

上文描述的研究的有趣之处是，它不仅介绍了宇宙微波背景辐射的能量，还说明了如今宇宙学中大数据的重要性，而且天文学家们已经开始着手处理这些数据了。我们现在有了假设的模型，加上今天的技术发展以及数值计算能力，寻找非传统暗物质的影响变得比以前都更有可能性——尽管这些影响在观测到的结构分布中反映得非常少。我和我的合作者们意识到，最有趣、最有说服力的信号也许并不是来自现有的普通暗物质探测器所专注的领域，暗物质盘的可观测证据更有可能来自盘本身的引力。在大数据时代，似乎只要在现有数据中寻找可辨别的暗物质特性就足够了。

双盘暗物质模型最明显也最具决定性的理论预言是，在银河系的中央盘内还存在一个薄的暗物质盘。如果暗物质粒子比质子重，那么这个盘会比恒星和气体的星系盘更窄，从而使得银河系的引力势与传统暗物质模型预言的结果完全不同。就像有目标的广告，暗物质盘会在星系的普通物质组分附近加上自身的引力势，这个影响会在星系盘附近达到最大。因为在星系盘附近，暗物质的密度非常高。由于暗物质分布导致的引力分布的改变会影响恒星的运动，当足够多的恒星位置和速度被非常精确地测量后，其结果可以证实或证伪暗物质盘，至少对极高密度的模型作出分辨。

> 一个最不可思议的进展发生在 2013 年的夏天。当时，我和范吉吉、安德雷、马修刚刚开始思考暗物质盘模型。与此同时，对银河系内恒星的相关观测也正在筹备当中。在 2013 年的秋天（在南美洲的法属圭亚那发射中心，此时也正是春天，这点差异是我一个澳洲同事指出来的）计划发射一颗卫星，它可以用于测量这一辨识性很高的引力影响。
>
> 这个卫星的名字叫作盖亚（GAIA），主要用于高效率地测量星系的形状。5 年之内，我们就会知道结果。在我们准备第一篇论文的时候，这颗卫星的数据准备工作已经顺利开展起来，但如果他们在准备的过程中询问我们的建议，我们也许会提出让盖亚观测暗物质盘等有关现象。

事实上，尽管没有准确的模型和基本的方法，天文学家们已经讨论过重构银河系的质量分布是盖亚的主要任务之一，不管是什么形式的物质，也不管它们位于银河系的何处。尽管卫星的发射时间比原计划晚了几个月，最终还是在那年 12 月发射成功，这个时间也只比我们完成论文晚了几个月。这一切看起来都是那么偶然。

粒子物理学家不会经常遇到类似的惊喜。当某实验可行时，我们就会设法调节它，使它能用来测试我们的新理论。工作于欧洲核子研究中心大型强子对撞机的实验物理学家们就研究了类似的科学申请，例如我和拉曼·桑卓姆（Raman Sundrum）以及其他人曾设计实验解释希格斯玻色子的质量。尽管大型强子对撞机最初是为了探测其他模型而设计的，但当拉曼和我在建立一个额外卷曲维度空间时，完全了解它的潜力。

另一方面，当一个想法特别令人感兴趣且可以被检验时，实验物理学家们就会对此作出反应，设计一个相对小尺度的实验来排除或者证实这个猜想。比如，物理学家们曾经设计过一个实验用来更精确地测量引力，从而研究空间大尺度的高维性质。

不过，一个实验仪器一开始的目的就是用于研究一个完全不相关的想法的情况却很少见。然而它却确实发生了。盖亚卫星拥有一个空间观测站，用于观测银河系中数十亿颗恒星的位置和速度，目的就是精确地重构星系的三维结构。这个观测将直接应用于重构星系的三维引力势,从而告诉我们银河系的三维质量分布。如果这个质量分布能够证明一个暗物质盘的存在，那么盘的厚度以及密度分布可以告诉我们新型暗物质粒子的质量，以及可相互作用暗物质占暗物质总量的百分比。

研究上述课题的方法是基于天文学家简·奥尔特的一个想法，他因为发现奥尔特云而被人们熟知。奥尔特意识到：**恒星进出星系盘的速度依赖于星系盘的形状以及密度分布**。因为恒星的运动是盘引力势的结果。测量恒星的速度以及恒星的位置震荡，可以直接限制盘中物质的空间分布。

这正是我们想要知道的信息，它可以检验或者证实我们关于暗物质盘的假设。暗物质盘的引力会影响恒星的运动，因为恒星的运动被星系的引力势所主导。准确了解如此多恒星的位置和速度，对重构星系引力势并指出星系中是否有盘结构，有着重要的意义。应用盘的引力势的细节信息，以及盘中物质的空间分布，我们希望确定更多盘的性质以及形成它的可相互作用暗物质的性质。

我们没有必要等待盖亚的数据来检验这个方法，因为我们已经掌握了一些有用数据。这些数据来自依巴谷（Hipparcos）卫星，它于1989年由欧洲航天局发射，并且一直服役到1993年。依巴谷是第一个用于测量恒星位置和信息的太空望远镜，但它的测量精度和恒星数量比盖亚要低。尽管这些结果不如盖亚的最终结果完备，但是已经可以用于研究暗物质盘结构的相关课题了。

这个方法对于粒子物理学家来说可能比较新颖，但天体物理学家们已经对其非常熟悉了。事实上，应用这个方法，有些人甚至已经得到暗物质盘不存在的结论。这些有关暗物质盘的否定迷惑了很多人，其中就包括我们论文的一个审稿人。第一反应会告诉你，至少在当前的数据情况下，这个结果是不可能的。不管测量有多么准确，密度都可以足够低，以至于逃离所有现有观测的限制。但其实天体物理学家真正想说的是，不需要这样一个暗物质盘。如果密度场的不确定性完全来自已知的气体和恒星，那么已经测到的引力势用已知的物质就可以解释。

但有时正确的问题是，还存在其他可能，以及相应的其他可行理论。打破这种简并性的唯一途径就是，通过证实或证伪特定的假设给出的特定结果，来排除或确认这些模型的可能性。我和合作者问了一些天文学家另外一个问题，**我们没有问如何证明盘的存在，而是问到底多么显著的盘结构会和现有的所有观测保持自洽。我们还问了另一个问题：引入暗物质盘结构是否会使模型和观测结果吻合得更好。**

这种不同的思考方式反映了粒子物理学家（特别是建模者）和许多天文学家在科研思维方式上的不同。客观地讲，天体物理学家确实教会了我们很多。我们了解到他们如何逼近问题，以及现在都有哪些数据，他们的方法也非常有用。但从不同的角度研究问题，会给人们带来新的启发，并呈现出新的可能性。不管暗物质盘是否存在，我们只能通过假设它们的行为，和观测进行对比，然后看看这个假设是否合理。其实到最后，我们是共赢的。

我们想知道，观测数据是否允许暗物质盘的存在，或者是否更倾向于支持一个暗物质盘的存在，而对是否可以不用加入暗物质盘就与已有数据拟合得很好，并不感兴趣。每一种被用于计算银盘引力势的物质都被研究得非常清楚了，观测中不确定性的存在，为新物质提供了存在的空间。我为我的学生埃里克·克莱默（Eric Kramer）设计了一个课题。他当时正在研究依巴谷卫星的数据，以及星系盘中气体的密度分布。我们发现，天体物理学家在做数据处理时的很多假设都需要重新考虑。尽管对依巴谷数据的粗处理得到的结论并不支持暗物质盘，但最新一次更仔细的分析表明，这些数据不足以宣判暗物质盘的死刑。

依巴谷卫星的数据本身就有一些不确定性，对银河系内可见物质比较差的测量是不确定性的重要来源。**不确定性越大的地方，暗物质盘存在的可能性就越大。**最重要的是，银河系内所有物质都会感受其他物质的引力，只有在一开始的时候把所有物质（包括暗物质盘）都计算在内，人们才可能得出真正的限制。这是一个模型存在的价值。它为人们评估观测结果提供了明确的目标和确定的计算策略。

经过认真分析，我们发现了暗物质盘存在的可能性，而且可能性还很大。但在更有说服力的数据释放之前，我们无法简单地证明双盘暗物质模型就是对的，还是说简单的标准暗物质模型就可以了。

这让我想到一个问题：我们到底希望暗物质盘的密度为多少？也就是说，多强的限制会比较有趣？从多方面考虑，任何数值都是值得期盼的。无论暗物质盘的密度有多低，找到一个暗物质盘都会根本地改变我们对宇宙的认识。另一方面，我们还要考虑暗物质盘对周期性彗星撞击的诱导作用。简单地讲，我们所需要的引发彗星撞击的数值与当前数据是不冲突的。

此外，部分相互作用暗物质也可以帮助我们解决一些传统暗物质领域里的著名问题，虽然这并不是我们的最初目的。例如，卡内基·梅隆大学的天体物理学家马修·沃克（Matthew Walker）教授曾指出，双盘暗物质模型有可能帮助我们解决仙女星系内卫星星系数目的问题（这一问题我在第 18 章提过了）。如果宇宙中只有普通物质或者只有传统暗物质，这个问题是无法被解释的。哈佛大学的博士后雅各布·肖尔茨（Jakub Scholtz）和我的研究结果表明，自相互作用的暗物质模型也许是暗物质主导的矮星系倾向于分布在星系盘平面这一现象的唯一可行解释。我和雅各布·肖尔茨、马修·里斯也研究了双盘暗物质模型对原初黑洞的影响，这些原初黑洞的质量要比标准模型的预言高出很多。

费米卫星的伽马射线信号促使我们开始了对非标准暗物质模型的研究。现在看起来，这像是一个幌子，因为这个信号随着时间慢慢变暗了。不过，暗物质盘模型却在这一过程中被创造并完善起来。它现在已经有广泛的预言，可以有其他方法观测双盘暗物质模型。这个模型也许能在星系形成和动力学中扮演非常有趣的角色，我们已经开始了这方面的研究。

在漫长的宇宙和太阳系探索之旅后，让我们把旅程中的众多想法汇总起来 。接下来要讨论的是，暗物质将如何影响我们的家园，如何影响地球周围的恒星运动，甚至如何影响太阳系外围天体的稳定性。

21

暗物质、彗星与恐龙

DARK MATTER AND THE DINOSAURS

暗物质！彗星！恐龙！

“Boffins”这个词对大多数美国人来说，并不熟悉。因此，当科技作家西蒙·沙伍德（Simon Sharwood）给我和我的合作者马修·里斯在英国期刊《纪事》（*Register*）中授予此项称号时，我一开始并不清楚是怎么回事。沙伍德是在批评我们和我们愚蠢的工作，或者这个词就像“pulchritude”（特指外表漂亮）一样，听起来挺糟糕的？又或者，这可能实际上是一个恭维的词？

当我知道“boffins”这个词是指科技专家时，还是感到很安慰——尽管担心有点多余。我开始担心这个词的意思是“狂妄的人”，抑或是沙伍德在暗指我们关于暗物质和彗星的工作完全无事实基础时，简单用了这样一个称号。我们认为，暗物质能有效地搜出奥尔特云中的彗星，它们由此会周期性撞到地球上，甚至可能引发了大型的物种灭绝。

即使像马修和我这样的粒子物理学家，总是尽量开放地包容各种理论，对于把彗星撞击这种混乱的现象和太阳系以及暗物质动力学联系到一起，看起来也是不太可能的想法。更何况是暗物质！彗星！恐龙！人们对太阳系感到好奇并探索它，更不用说我们是科学家，本来就喜欢研究这些变化的片段，并把它们联系到一起。我们还必须要测量暗物质盘的存在。在接下来的 5 年里，太阳系内的一个太空望远镜要测量 10 亿颗恒星，并由此解释这个问题，以及我们的观点是否正确。

> 即使这个方案有多种观点，或者接下来的卫星测量不足以执行这项调查，在我问马修是否愿意考虑这项研究的那天，车里雅宾斯克小行星撞上了地球。尽管大多撞到地球或大气层的小行星都太小了，我们一般都不会注意它们，但这颗在 2013 年 2 月 15 日爆炸的小行星，有 15~20 米大——它大到可以产生耀眼的光芒，并爆发相当于 50 万吨 TNT 炸药的能量。在这颗小行星爆炸前 3 天，一位来自亚利桑那大学的听众的问题让我开始思考关于周期性小行星碰撞。在我向马修建议深入挖掘这个问题的那天，这颗小行星“撞到”我们了，这非常有趣。就在我们迟疑是否应该研究外来天体撞击地球的时候，它偏偏发生了。我们怎么能不继续前进呢？

接下来我将会讲述我们的研究，这把本书介绍的许多理论联系了起来，并解释了暗物质如何在大约 3 000 万 ~3 500 万年的时间尺度上影响我们的星球。如果我们是正确的，那么不仅有一个 15 公里大的小行星在 6 600 万年前撞到地球上，而且引发这次碰撞的是银河系中暗物质盘的引力影响。

一场脱轨引发的恐龙灭绝

我们现在对银河系的理解是一个明亮盘，里面是气体和恒星，也许还有一个更密的盘是由有相互作用的暗物质构成。银河系形成于 130 亿年前，当时暗物质和普通物质坍缩到一起，形成了一个被引力束缚起来的结构。大约在星系晕形成 10 亿年后，普通物质开始辐射能量，形成了我们今天看到的亮盘。如果一些暗物质也有相互作用并能足够快地辐射黑暗光子，它也会坍缩到一个薄平面，也就是盘。这也许会花上一些时间，但这个薄盘应该在很早前就形成了。

同时，大约 45 亿年前，太阳和太阳系形成。随后，围绕太阳的物质盘中，行星也出现了。行星形成后，木星向内迁，其他巨行星则向外移动，由此盘中的物体被打散开来。它们中的一些飞到了很远的奥尔特云区域，而那些很小的冰块则被太阳很弱的吸引力束缚着。

太阳系以 2.4 亿年的周期绕着银河系旋转。除了主要的公转运动，太阳系还以一个大约 3 200 万年的周期在银河系平面上下振动。盘的引力自始至终都作用在太阳上，每当太阳系在垂直方向上离开盘面最远的时候，这个引力就成了复位力，并拉它回来。因为银河系几乎没有摩擦阻力，所以太阳系一直持续这种垂直方向的周期性运动，盘的复位力也一直作用在太阳系上。

此外，当太阳系在盘内或离盘非常近时，盘引力的潮汐扭曲效应就会变强。在这些特别激烈的过程中，暗物质薄密盘的潮汐作用可能扰乱了奥尔特云中一些轨道不稳定的物体的平静，否则它们会一直平稳地运行在它们遥远的轨道上。一旦进入暗物质盘，奥尔特云中的冰块似乎会由于轨道崎岖，而不会待在原本的位置了。

当所有这些无生命体在“各自忙碌”时，地球上的生命在35亿年前出现了，大约5.4亿年前，复杂的生命形式开始繁荣。从那时起生命也开始了起起落落，生命多元化与物种灭绝此消彼长。五次生物大灭绝从时间上把所谓的显生宙分割开来。最后一次发生在6 600万年前，当时一个小行星对地球造成了重击。

直到撞击之前，恐龙们都没有注意到遥远太阳系的混乱。一些冰块的轨道穿过奥尔特云，来自遥远银盘的拉力偶尔有很小的变化，并根据太阳到中平面的距离而变化。它们中的很少一部分，在引力作用下脱离了初始轨道，轨道变形进入了太阳系的内部。这些冰块中至少有一个可能变成彗星，并进入与地球碰撞的轨道。

从奥尔特云方面来看，这只是非常小的一次骚乱。一个或者最多只有一小部分冰块被带走了。但是对地球上75%的生命，包括可爱的恐龙们来说，这颗要撞到地球的流星体可是世界末日。即使恐龙是有感觉、有意识的物种，当彗星第一次出现时，它们也不会注意到任何反常。尽管彗星核非常亮，白天也能看见，且它拖出的长尾巴整夜可见，它也不会泄露半点它即将带来的毁灭的消息。一旦彗星落地，感觉就完全不一样了，大火和碎片照亮了天空。无论这些生物们可能看到或想象到了什么，当引力扰动改变了彗星轨迹的那一瞬，命运的车轮将无法避免地辗压到这些动物身上。

很快，彗星就猛冲进尤卡坦州，摧毁它的目标，然后以引发全球性大灭绝的方式结束了这次旅程。当彗星撞到希克苏鲁伯陨石坑时，撞击气化了彗星和撞击周围的土地，它激起了尘埃的卷流并很快散布到了全球。大火烧焦了地表，海啸吞没了周围的海域，甚至传播到了地球的另一端，而随着雨水降落的有毒物质则更危险。食物供应骤，那些从更早期灾难中存活下来的陆生生物大概在其后的几个星期或几个月中，逐渐被饿死了。大部分生物根本没有机会面对这样突然且剧烈的变化，从全球气候到各种栖息地。当各种条件最终改善，生命的延续进入到了另一个充满不确定性的时代时，只有陆地穴居的哺乳动物和空中的鸟类存活了下来。

这是一幅戏剧性的场面，但基本的事实是：彗星撞击肯定发生过。地质学家和古生物学家们已经发现了许多证据，6 600万年前一个大家伙撞上地球，造成地球上至少75%的生物死亡。很快我将会介绍，暗物质盘如何引起了彗星的变轨然后导致了这场灾难。但首先我来解释一下这个想法的初衷。

无心插柳触发的灵感

通过书本和讲座把物理知识分享给公众，有许多额外好处。但因为花在这些活动上的时间会耽误正常工作，所以我常常得从中选择。在一些幸运的场合中，我的研究却因此受益，我曾担心参加公众活动会使我分心，最终却常会得到一些通常没有机会遇到或想到的、我自己不会有的新颖想法。

2013年2月，我从天体物理学家保罗·戴维斯（Paul Davies）的邀请中得到这样一个机会。他在亚利桑那州立大学的超越中心（BEYOND Center）举行年度讲座。尽管我担心旅途太长，但那所大学有一个非常好的宇宙学研究组，所以我不仅很高兴地接受了一个公开讲座，还在之后的几天参加了一个专业研讨会。这个研讨会聚焦于我近期的工作，就是双盘暗物质模型。

出席研究会的物理学家问了许多关于模型的精彩问题。例如，它的可探测性，它对宇宙微波背景辐射的牵连。但当保罗问我暗物质盘是否造成了恐龙的消失时，我大吃一惊。我要承认在那之前，我还没有想那么多，在我的科研中没有恐龙！我一直都集中在基本粒子和宇宙的基础上。但保罗提示我，有潜在的证据显示存在周期性的陨石碰撞，但缺少合理的解释。他问我，暗物质盘能否满足要求，然后告诉我关于彗星引起了恐龙灭绝的猜想。

保罗的问题太精彩了，我怎么也忘不了。答案并不简单，我还需要研究很多东西才能给出明确的回答。暗物质和恐龙之间貌似存在的联系，以及参会的很多科学家，教给了我很多东西。我问马修是否感兴趣研究一下由我们提出的暗物质盘所引起的彗星碰撞。对一个物理学家来说，这种联系要比仅仅关注恐龙，要更吸引人。

显然，马修是个不错的合作伙伴人选。他在双盘暗物质模型的最初研究中是关键人员；他有着冷静的技术头脑，而且在科学上对新想法非常包容——这与他果断保守的行为完全不同。马修不会在任何假设上犯一般性的错误，总是能正确猜出所有事。

最重要的是，马修是位优秀的物理人，有很高的科学修养。当他做事时，每一步都走得很稳。当然，我并不肯定他是否会被这种显然的疯狂建议打动。当马修认为这个想法很有趣并认为它有很大科学意义时，我感到很高兴。保罗·戴维斯也很感兴趣，但是他已经有太多的科研工作要做了，于是选择保持联系但不直接参与。

当听到车里雅宾斯克小行星的消息后，我们当天就开始讨论这个问题。我和马修加紧调研相关内容。我们的目的是把这个疯狂的想法变成可证实的科学。作为建模和物理学家，我和马修尝试接受新的观点和解释。但我们也时刻注意保持无偏见和仔细认真，这些品质在我将要讲述的研究中非常重要。

暗物质盘和太阳系

如在 14 章所述，为实现我们的目标，我和马修决定开始先简化我们的调研结果。尽管我们对恐龙很感兴趣，但开始时我们先把这些关于灭绝问题的挑战放到一边，集中研究彗星和太阳系动力学以及陨石坑记录的周期性。当把灭绝问题放到次要地位后，我们就能集中研究暗物质盘对彗星可能的影响，以及它是否造成了周期性彗星的问题。之后我们可以看看我们对具体某次彗星的预测如何，包括引起白垩纪 - 第三纪灭绝的那次。

我们发现，之前的理论没有能解释如何周期性地把奥尔特云中的天体拽出，并留下周期性信号。如果一个常规机制能够奏效，那将没有人，包括我们自己，愿意给陨石记录设计一个更奇异的方案——无论这项工作有多酷、多诱人。

然而，传统起因此时行不通了。仅靠标准银盘，星系的潮汐效应太温和，恒星的扰动不够频繁。传统的潮汐效应，内梅西斯星、未知行星以及银河系旋臂，都不足以引发如此频率和如此数量的彗星雨。这些早先的理论既没有给出穿过银盘的正确时间，也不能给出充分的撞击吻合陨石坑的记录。例如，如果只考虑盘中普通物质对运动的影响，太阳在垂直方向的谐振周期应该在 5 000 万 ~ 6 000 万年左右，这和现有数据相比太长了。

> 这留下了两个可能的结论：一是，这个周期不是真的；二是，更有趣也合理的解释是，这一起因是非常规的。仅靠普通物质并不能解释所需的周期和变化率，在排除了这些理论后，我们可以更合理地回头看看我们的暗物质盘理论能否实现。事实上，暗物质盘的确有普通物质盘不具备的必须特征。一个薄而密的暗物质盘，它的潮汐力能成功地解释周期和奥尔特云扰动对时间的依赖。

从它们出现起，奥尔特云中的天体就受普通物质盘的潮汐力影响，此外还受偶尔路过的恒星的影响，这其实也很重要。这些效应都会引发奥尔特云内天体的扰动，从而被拽到太阳附近。银盘的潮汐力能最后推它们一下，使这些冰块进入不稳定的、离心率非常大的轨道。它只有日地距离的10倍左右，而那些大行星的引力很可能把这些冰块拽出奥尔特云的轨道。这些彗星既不会飞出太阳系，也不会进入太阳系内圈轨道。这些扰动说明长周期轨道彗星的产生，每年都会有一些新进入太阳系的。偶尔，被扰动的天体可能一起被甩出轨道，这时这些偏轨的彗星可能发生碰撞。

仅靠这些扰动并不足以解释周期性的陨石碰撞。要引发周期性的碰撞，对奥尔特云扰动的快速变化必须发生在一个规律的间隔上。此外，为了符合现有证据，这个周期需要在3 000万~3 500万年左右。即使其中某个标准没有达到，它都不能解释周期性彗星碰撞。而且，常规解释没有符合这些标准的任何一个。

在考虑一个密且薄的暗物质盘后，这些问题被很好地解决了。一旦承认了周期性彗星的事实，暗物质盘就成为一个非常可行的理论。暗物质盘施加的影响比普通物质盘的强度更大，变化得也更快——这是产生彗星数量峰值的两个根本要求。

如果银河系平面上包含了暗物质盘，那太阳的垂直振动周期将会变短，因为增加了暗物质盘的质量后，引力变强了。除此之外，根据现在的物质密度测定结果，太阳系在银河系平面上下的运动仅有 70 秒差距，这个范围比只有普通物质盘出现的情况要小得多。这个窄暗物质盘，覆盖了很大一部分太阳系的轨迹，随着太阳系在银盘面上下摆动，能够对太阳系的运动产生很大影响。

薄暗物质盘的另一个功效是，太阳系很快地从盘中穿过，由此产生了一个彗星率的峰值，每次持续 100 万年左右。因为它的效应具有强烈的时间依赖性，太阳系每次穿过银盘面，暗物质盘都会引发额外的扰动，由此会规律发生彗星雨——就在太阳系每次穿过银盘面时——否则，彗星只能偶尔由接近的恒星引发。太阳系穿过暗物质盘狭窄的区域时，增强了的潮汐效应就会发生。在穿过盘面时，以及其后的一两百年间，彗星的撞击会增多。

当太阳系以这个时标穿过盘面，并受增强了的潮汐力影响——如果发生足够快就会有一个力的峰值，此时奥尔特云中的冰块可能会被拽出，其中一些可能会以每秒 50 公里的速度抛向地球。一旦开始进入这种轨迹，进程就非常快，大概只有几千年。但最初使它走向这一步的扰动却要慢得多，一般要花费几次轨道周期的时间。这意味着，在 10 万～100 万年的时间周期里，这些彗星是否会飞到太阳附近的命运就会被决定，而其中一些则导致了地球上看到的彗星雨。

我和马修对轨道做了预测，尽管有些数据不确定，方案还挺成功的。但还有最后一步检查我们没有完成，这是当我们向顶级物理学期刊《物理评论快报》投稿时，审稿人给我们指出的一个问题：**在暗物质盘的存在下，除了要确定太阳系的运动，还要计算当太阳系穿过暗物质盘时其环境密度的涨落。**我们需要知道密度，因为我们假设对奥尔特云的扰动是与这个物质聚集的程度成正比的。质量越大，潮汐影响越大，扰动也就越强，我们因此假设密度是彗星撞击率的代表，事实上也的确是这样。

对暗物质盘作用在奥尔特云上的潮汐扭曲是否足以使云中的冰块形成正确数量的彗星雨，我们还没有十足把握。幸运的是，斯科特·特里梅因和朱莉娅·海斯勒在10年前已经完成了许多困难的工作，所以我们可以借鉴他们的成果。我们的假设确实是正确的：增大了的密度在恰当的时候对彗星产生了所需的拉拽力。

事实上，我很钦佩《物理评论快报》审稿人提出的建议。审稿报告，是论文在被批准发表前由同行专家审阅后的评论，但如今很多都是人云亦云，不假思索给予批准或者成了要求作者引用其文章的手段。这次审稿人的建议事实上教给了我们一些物理想法。虽然口气有点轻视，但我们确实从中学到了一些东西。我们同时还要解释一些误会的批评，因为我们之前已经仔细检查并请同行审阅过，我们可以很容易地找出这些评论中的错误。

最后，我和马修计算了与陨石记录符合得更好的暗物质盘密度和厚度，发现它们与我们之前已有的双盘暗物质模型一致，那时我们已经知道它与银河系的测量一致。我和马修发现，新的方法不仅在暗物质盘的条件下可行，而且如果你真的把盘当作引发彗星出现的原因的话，你会发现我们的模型真的更好。

暗物质盘的密度约是普通物质盘的17%，这很有趣，而且不会推翻当前对任何现象的理解。这是相当大的一块暗物质，不是百万分之一，而是百分之十几。万一这个暗物质成分存在，它将可以产生可测量的效应，因此也就值得人们注意。此外，暗物质盘的厚度也许只是普通物质盘的1/10，不到几百光年，而普通物质盘的厚度大约为2 000光年。正是暗物质盘如此薄，才解释了为什么它能够令人信服地引发了周期性的戏剧效果。

我们发现，暗物质盘的恰当密度值倾向于大3倍。这个新结论的一个关键原因是，它有更好的统计支持，也即我们在前文提到的旁视效应。给定了一个可以引发周期性彗星的明确模型，我们不仅可以更好地预言周期，而且这个预言更可靠。实际上，我们论文的目的不仅是证明暗物质盘能比普通物质盘能更好地解释周期性彗星雨现象。还有一点——这需要一些统计方法，即如何评估相应结果的重要性。

正如 14 章所说，大部分方法都是把太阳系上下运动的数据拟合到一个周期函数上，比如正弦波。这也挺有意思，但不能抓住全部内容。我们不需要猜测太阳系的运动。如果我们已经知道关于星系和太阳的初始位置、速度、加速度等所有信息，就可以从牛顿定律中算出太阳的运动，并预测出周期。毕竟，太阳系的运动不是杂乱无章的，它符合动力学原理。即使密度分布和太阳的数据不是很完善，可能的运动范围和由此得到的可能周期，也是限制在一定范围内的。

我和马修一起找出了已知的银盘密度，给出了当前测量支持的全部范围，并将暗物质盘考虑在内。我们的目的是，如果我们把盘所有已知的成分都考虑进来（恒星、气体等），再加上暗物质盘成分，看看太阳系的运动是否与周期性的陨石记录相符合。

测量普通物质的作用限制了太阳系可能的运动轨迹，这是因为盘中物质（包括普通物质和暗物质）的引力作用在太阳上，影响了它的运动，因此降低了旁视效应的影响。我和马修使用测量的密度预言了太阳系的周期运动，比较了穿过银盘的时间和产生陨石的时间，并对比记录看看它们是否吻合。尽管没有具体模型，预言不能很好地区分具体情况，我们仍发现，根据现有的测量数据，统计上倾向于周期为 3 500 万年的流星体撞击。近期的数据表明，这个周期可能要短一些——大概为 3 200 万年。

暗物质盘是使这个方案运转的关键，而且产生了预想的撞击率。回到我们的主题，陨石坑更好地吻合了太阳系的运动，说明暗物质盘实际上是更好的因素。将来的数据分析应该考虑这种模型，以便得到更好的统计显著性。结果将会进一步支持我们的结论——或者把它否定。

关于恐龙灭绝

当我和马修整理完所有资料时，我们的论文也被《物理评论快报》接受了，马修把结果放到了互联网[1]上。我们保守地给论文命名为《暗物质引发了周期性的彗星撞击》(*Dark Matter as a Trigger for Periodic Comet Impacts*)。不过，马修在上传结果时在注释栏中标注了“4 张图片，没有恐龙”，我觉得这非常有趣，因为我们一直在论文中有意地避免提到恐龙，只集中在了陨石记录及其直接的物理联系上。我们当然一直知道这个联系，并开玩笑地把这项工作称为“恐龙论文”。我们的研究结果得到了很高的在线关注度，许多博客和新闻网站，包括“boffins”那个，在转发论文时几乎都会配上有趣的图片。

这使我回到了恐龙的话题。在初次建立起数据和模型的联系、预言了碰撞周期，并知道这肯定不是最终结果，还会随着将来的测量发生变化，我们想试试我们的模型和希克苏鲁伯陨石坑的时间是否相符。计算显示，在改进了对银盘普通物质的测量后，流星体撞击会发生在 3 000 万 ~ 3 500 万年的间隔上。因为我们用 200 万年穿过星系盘面，一个从奥尔特云中被拽出的彗星完成了一次振荡（两次穿过银盘），并可能在 6 600 万年前（即白垩纪 -

[1] 就是学术界常用的 arXiv.org 网站。——译者注

第三纪灭绝）被快速甩到了地球上，造成了那次浩劫。需要补充的一点是，如果地球是在不到 100 万年前穿过了银盘，地球可能还在彗星流的末端，我们今天还有可能看到剧烈的撞击。但更可能的情况是，除了那些无规则、极小概率事件，地球已经穿过危险区，在下一个 3 000 万年将不会再看到另一个希克苏鲁伯陨石。

由于太阳位置的不确定，并缺少精确的周期，我们只能大概估计穿过盘面的时间。如果地球是在 200 万年前穿过星系中平面，那么 3 200 万年的振动周期将会是引起 6 600 万年前那次事件的最佳值。我们粗糙的初始分析得到的 3 500 万年的周期，对比希克苏鲁伯陨石的时间稍微长了一点——模型中的不确定性和剧烈彗星碰撞的时间允许这一合理的可能性。修改后的银盘模型，考虑了最近对星系成分的观测，给出了较小的周期，它与白垩纪 - 第三纪灭绝的时间符合得更好。但即使使用最初的简陋模型，暗物质盘的预言也有可能给出希克苏鲁伯陨石事件的合理时间。

我们的结果不够精确的一个主要原因是，从我们着手分析以来，对银河系物质的测量结果改变了。而且我们还没有考虑星系环境随时间发生的变化，例如旋臂，至今我们对其知之甚少。**以上这些效应引起的密度变化不足以引起彗星撞击，但在几百万年的时间里，它们足以改变模型对于撞击发生时间的精确预言。**

对于猛烈彗星雨确切时间的预言，还有其他不确定因素。首先，太阳系穿过银盘大概要用 100 万年的时间——如果盘更厚，花得时间会更长。其次，从事件开始触发到彗星真正撞到地球上还要有大概几百万年的时间。第三，对陨石坑时间的测定精度很低。找出更多陨石坑，或者更精准地测定它们的时间，将对我们很有帮助——尽管很少能发现新陨石坑。不仅仅陨石坑，岩石中积累的尘埃，也能帮助更精确地测定陨石撞击的时间。

关于太阳在银河系平面上下的振动周期（3 000 万 ~3 500 万

年），还有意想不到的证据。我和马修完成了论文后，一位粒子物理学同事知道我对天文、地理和气候都很着迷，但当时他还不知道“恐龙论文”，他偶然一次告诉了我有关尼尔·沙韦夫（Nir Shaviv）及其同事的工作。沙韦夫是耶路撒冷希伯来大学的教授，他主要研究整个 5.4 亿年间显生宙的气候变化。出乎意料，他们发现了一个 3 200 万年的气候变化周期，这和我们得到的周期非常相似。如果他们的结果靠得住，而这个气候的周期又确实是由太阳在星系中的运动引起的，那么这个 3 200 万年的周期将是暗物质盘存在的证据。因为，普通物质不足以产生这么短的周期。

当然，我们不需要深究过去来看暗物质的影响。如果暗物质真的有相互作用成分，并改变了宇宙中物质分布的结构，我们将会很快知道——快于所有寻找暗物质的研究。只有有限的一部分暗物质盘密度能解释陨石的数据。进一步的测量几乎肯定会缩小预言的范围，证实或者否定我们的理论。

我与我的学生埃里克的研究证实，**暗物质盘所需的密度和厚度是在当前观测允许范围内的。**来自盖亚卫星的数据将会进一步确定盘的位置、密度、厚度。当这个卫星完成绘制银河系近邻区域的恒星三维图像后，暗物质盘是否存在将会更加清楚。通过这种间接途径，我们不仅可以了解星系和暗物质，还能知道一些太阳系的过去。如果盖亚卫星的数据能够证实暗物质盘的存在及其厚度和密度，那它也是陨石理论的有力证据。

一个点睛之笔当然是，我们精确地算出了恐龙灭绝的时间，这是一个复杂的主题，十分具有挑战性。尽管如此，过去 50 年的科学发展从不缺少惊奇。暗物质在很多方面都比地球、太阳系和宇宙中的许多可见元素更难以捉摸，但通过研究，物理学家们正在通过新方法去寻找它。无论发现了什么，我们都非常肯定星系、宇宙和其中的物质，都隐藏着迷人的“礼物”。

结 语

DARK MATTER AND THE DINOSAURS

一个奇妙的宇宙正等着我们去探寻

我是一个幸运的人，常被邀请参加各种不同领域的高层会议，包括商业、法律、对外政策、艺术、媒体，当然还有科学。当我和其他参会者持不同的观点时，我们的讨论更能激发出新鲜的想法，而这些想法都是各个领域内的重要课题。但最好的问题，尤其是关于我的研究，往往不是来自会议的参与者。例如，某次关于物理学的交流特别让人开心，那次会议之后，一个名叫杰克的年轻普通人对物理学的深刻思考让我很震惊。杰克是个司机，当时正载着我去蒙大拿机场。

一般情况下，当人们知道我是个物理学家的时候，常会把他们关于事物的理解强行地灌输给我，这些理解包括对科学的爱与恨、喜欢与迷惑。我发现有时这还挺有意思，毕竟我们中的大多数都不会向律师聊太多自己关于法学的想法。但这些对物理学的另类“忏悔”有时还是会有所回报的。杰克向我提到，几年前上高中时，他曾接触过一些大学级别的物理学课程，现在他依然渴望继续学习。尽管现在他已经不再上课了，但他希望聆听到更多有关物理学的前沿知识，并进一步了解我们对宇宙的理解。

杰克并没有局限于询问物理学的最新发展，他想知道从他所了解的物理学开始，物理学都有了哪些新发展。所以我向他解释：20 世纪物理学的发展告诉我们，牛顿力学尽管在我们熟悉的环境中非常准确，但在小尺度、高速度或者高密度环境中不再适用了，人们要用量子力学、狭义相对论以及广义相对论来替换牛顿力学。

在仔细思考了一番之后，杰克提出了一个看似随意，但又十分深奥的问题。他问我，如果我能回到过去，我会用我现有的物理知识做些什么；我是否会告诉过去的人们一些只有今天才知道的物理学新发现。

杰克认识到了这个问题的两个方面。第一个方面是，到底会不会有人相信我，或者他们只是把我看成一个疯子。毕竟，没有试验证据的支持（尤其是这些实验都是今天最先进的技术实现的），这些 20 世纪物理学家发现并推演出的令人印象深刻的现象和联系，在“过去”看起来确实有些疯狂。这些发现已经颠覆了人们对这个世界的常识性理解。

他问题的另一个方面更令人压抑。杰克想，就算人们相信这些新观点，他们也会被吓到而忽略这些观点，或者走向另一个极端，即急迫地想应用这些新的物理概念。他的第一直觉是，应该在想象的时间旅行里保守这些秘密，因为我们最好还是让世界以它本应该有的形式发展：获得科学知识不应该有捷径。

公众通常不喜欢长远思考，所以杰克担心，突然的信息爆发也许并不安全。他并不认为改变是坏的。但当他看到自己的弟弟妹妹们沉迷于电子游戏或者智能手机中，而忘记了锻炼和户外活动以及他在年轻时喜欢的探险活动时，杰克感到非常忧虑。他也非常担心发生在他家乡的事情。在那里，一旦有新的技术引进，工业化就会大肆抢夺资源，完全不顾这些行为对当地人或者全球带来什么影响。自杰克出生以来，他看到自己的家园和家人的生活都发生了不可挽回的变化，然后他得出了自己的结论：若未经过认真了解和制定长期战略，公众也许很难有足够的时间去适应最新的科学发现和技术进步。

本书也介绍了地球上发生的几次无法控制的主要变动对这个星球造成的巨大影响。其中一次发生在 6 600 万年前，一颗来自太空的高速彗星——可能是由暗物质触发，导致了一次大型生物灭绝。也许 3 000 万年以后，另一颗彗星又会撞到地球上。解开这些神秘事件令人非常着迷，这就是为什么我会在书中介绍它们，并且还在继续研究它们。

理解这些碰撞对地球以及地球生命的影响，也许更为重要。这可以帮助我们预测，今天的我们对环境所做的一切会带来的可能后果。在与文明以及物种多样化有关的时间尺度上，“一颗脱轨的彗星”，也许只是杞人忧天。但正像人口爆炸导致地球资源的过快消耗等类似问题一样，我们无法忽略上述问题。其影响甚至相当于一颗慢速的彗星，这一切的始作俑者是人类自己。但和遥远彗星和地球的碰撞相比，我们也许可以尝试着去控制人类制造的这次“冲撞”。

对暗物质的研究看起来和人口爆炸、资源匮乏毫无联系。**《暗物质与恐龙》描述的是我们周围的大尺度环境（即地球所在的宇宙环境），科技进步带来的显著效应，以及未来它能给我们带来什么。通过思考暗物质的本质，可以让我们思考银河系，进而思考太阳系，以及我们关心的彗星。这让我们更好地了解了恐龙的灭绝，并让我们由衷地为现在地球上存在的所有生命的平衡及其茁壮成长感到赞叹，为大自然的精致感到赞叹。**如果扰乱了这一平衡，我们也许会存活下来，这个星球也会存活下来。但是，我们却无法确定和我们一起生活的物种，以及我们赖以生存的物种，会不会在打乱平衡而导致的重大变更中存活下来。

宇宙大约有138亿年的历史，地球围绕太阳也转了将近45亿圈。人类降临到地球上也就仅仅200万年，而文明的历史更是只有区区不到两万年。然而在我生活的年代，全球人口已经翻了一番还多，增长40多亿。当人类过快地消耗地球资源时，这已经影响到地球以及地球上的其他生命了，人类正快速毁灭着宇宙百万年甚至百亿年所积累的一切。在一个人的人生跨度上，这个威胁也许没那么紧迫。然而，对这一威胁保持警惕，却可以帮助我们设计出最优化的方式，去更合理地应用将来会出现的新科学技术。

人类喜欢把自己想象成为适应能力很强的物种，但事实是，当今的世界要比我们想象的更加不稳定。不断变化和被破坏的栖息地以及大气环境都影响着物种的多样性，甚至促成了第六次灭绝。尽管人类并不会很快消失，但人类生活方式中的某些重要方面可能会消失。人类现在的改变已经威胁到我们的环境，更不用说对社会稳定性以及经济稳定性的影响了——虽然有些是我们自认为正确的解决现有问题的方法。而且，尽管有些结果从长远看也许会有益于全球的环境，但这些改变对于现在生活在地球上的物种来说，也许并不是那样的。

我们可以尝试改造自然环境的一些方面，但世界是一个极其复杂的系统，它有很多看起来如奇迹一般的特性，而关于这些特性我们现在知之甚少。即使现有方法能解决一些问题，但很难保证它们能跟得上这不断发展的变化。没有对平衡的不断调整，结果将不可避免会不可控地增长，并为这一过程付出代价。在一个支持技术发展的政治、社会以及经济环境下，如果我们期待获得积极的回应，把技术集成到更复杂的策略中是非常必要的。我们面对着巨大的挑战，但它不应该是阻碍我们向这个值得一试的目标前进的理由。

指数型增长在一开始会相对缓慢，但之后会急剧增长。为了维持新平衡状态，需要的资源会超过我们过去所消耗的所有资源。我们这个精致的生态平衡系统，加上其复杂性以及脆弱的基础，就算是非常微小的扰动，也会导致非常大的影响。因此，三思而后行变得尤为重要。就连教皇弗朗西斯（Pope Francis）在他 2015 年的教皇同谕中都警告世人，人类活动过多与过于频繁是个不容忽视的问题，他称之为“过快的改变”。尽管有些改变是有益的，但潜在的有害结果需要提前估计。如果单纯地从一个角度看问题，我们会只拘泥于眼前。

大家不要误解我，我相信一切都会有所改善，知识是美妙的。但我也相信，**理智地应用先进的科学技术正意味着长远的考虑。一个智慧物种不应该把自身的存在建立在与其他物种的恶性竞争和破坏稀缺的资源上，而这些资源要经过几十亿年或至少几百万年才能形成。**尽管技术可有益、可有害，而且有些危害是不经意的，但知识的不断增长让我们有能力创造出人类需要的机器，作出更好的预测，为潜在问题找出解决方案，并评估人类理解的极限。是否能合理地利用知识，完全取决于我们自己。

科学正在悄悄改变我们的世界

我们应该记住，从全局来看，所有科学发现的应用在一开始都是不明朗的。然而，科学的进步却悄悄地改变着这个世界，以及人们的世界观。如果应用得合理，科学技术会为人类带来不可估量的好处。即使很多基于抽象理论的观点，一开始没人相信它们能有任何实际应用，但它们确实极大地改变了我们的世界。

基因科学最早是对 DNA 的研究，是为了解决纯理论的问题，但如今被用来治疗癌症。一些医疗仪器，比如核磁共振成像（MRIs）最早用于研究原子核。核能的应用也许争议很大，而关于核能的知识都源于对原子结构的研究。电子行业的革命源于原子晶体管的发展，而这一研究属于量子物理学的范畴。互联网是计算机科学家蒂姆·伯纳斯-李在欧洲核子研究中心（现在用于放置大型强子对撞机）工作的副产品，它的主要目的是更好地联系来自不同国家的科学家，从而更合理地协调工作。今天普遍存在的 GPS 系统则融入了爱因斯坦的相对论理论。在电被发现的时候，甚至没有人认识到电会如此重要，而今天我们的生活已完全离不开电。

当地质学家沃尔特·阿尔瓦雷斯刚开始研究工作的时候，他认为地质学比物理学乏味。地质学家们绘制着看似简单的河流和陆地的图谱，而 20 世纪的物理学却根本地改变了人类对这个世界的认知。但随着板块构造学、地层学以及地质演化学的发展进步，储藏在地下的石油和矿产不断被人发现、开发并利用，这开启了人类研制机器来寻找石油和矿产的时代。这个转变开始于 18 世纪，但地质学变得更重要是在 20 世纪。地质学为我们的世界创造了可观的收益，它实实在在地为现代工业的复杂机器提供了燃料，这使得我们的经济和生活方式都有所改进。但同时，这也带来了今天的环境问题。

沃尔特以及其他地质学家对地理学发展的贡献，并不只是为了工业发展，也同样为了理论研究，他们的工作使得我们对地质学有了新的认识。把流星体和太阳系联系到了更广阔的领域——银河系的结构，这种过程看上去正是智能生物正确的扩张冒险步骤：把我们的世界和周围的宇宙联系起来。

正如沃尔特的工作引发了地质学、化学以及物理学的交融，我希望本书的研究也是对其他学科的一种延续。暗物质可能是让人类更好地理解这种联系的一块拼图。我们不仅可以应用地质学去理解宇宙学事件，而且对暗物质本质的详细理解，也许会帮助我们搞清楚把彗星带到地球轨道附近的动力学系统。

大部分人更关心流星体（天文学家和小行星矿产投资人除外），因为这些星体可能和生死相关，但这些天体产生高危事件的概率非常低。小行星和彗星基本上会在各自的轨道上稳定运行，而且它们与地球相撞的概率很小。只有极少数确实巨大的天体会过于偏离轨道，而离开太阳系或者攻击地球。基于我已经介绍的，希望你现在对什么样的地外天体会在将来撞击地球、会带来多大的危险，有更好认识。

这本书解释了一个可能的这种撞击所产生的几个原因，这次撞击造成了 6 600 万年前的白垩纪 - 第三纪大灭绝。从广义上来讲，我们都是希克苏鲁伯的后代。这是人类历史的一部分，我们应该研究并了解这段历史。如果这是真的，那么根据本书其他的相关分析，暗物质不仅不断在改变着人类的世界，而且对于人类的出现扮演着至关重要的角色。在这个框架下，从恐龙的视角来看，暗物质就是魔鬼，科学家命名其为“暗物质”也是很明智的。但从人类的角度出发，这种可能的新暗物质类型是这些重要意外的触发者，而这些意外会改变地球的发展进程，甚至决定了你是否有机会坐下读这本书。

在这本书中，我尝试着展示科学研究的本质，即人们如何根据已有的知识去探索未知的领域。另一方面，宇宙和地球的历史都把我们送上了一次通往过去的、刺激却充满挑战的旅程。如果你认为家族历史已经很难追根溯源了，尽管长辈会告诉你很多相应的线索。那么请想一想，通过研究那些只存在于不会说话的石头上的信息来研究过去的困难程度，而且很多信息已经随时间的流逝而被风侵蚀掉了，甚至，有些随着地壳的运动而到达地幔中；又或者理解暗物质结构的复杂性，而对于这些暗物质，我们根本看不到。

科学的进步已经揭示了基础物理学和我们眼前可见世界之间极其复杂的联系。暗物质的坍缩产生了星系，恒星中心所产生的重元素则为生命的形成做好了准备，地幔深处原子核衰变所释放出来的能量又驱动着地壳的运动从而形成了高山。我发现，人类这种能够理解宇宙中深层次联系的能力确实让人振奋不已。每当科学家探索已知世界的边界时，总会有意想不到的结果发生。

这个世界是丰富多彩的。它如此丰富多彩，以至于粒子物理学家会问的两个最重要的问题是：**“世界为什么如此多样？”“我们所见的所有东西是如何联系到一起的？”**在我的研究中，我知道这些研究也许会或不会最终直接连接起人类对现有周围世界的了解。但不管怎样，我希望研究结果会对将来的研究作出一点贡献。我专注于现有理论框架的研究，我明白，任何不符合标准理论的图像和计算的结果，可能是源自对传统模型的不够了解，或者是在提示我们作出一些新的尝试。

暗物质及其在宇宙演化中的作用是当今最令人兴奋的科学主题之一。我们能够真实地理解所有形式的物质（正如不同文化的复杂社会），但这需要我们了解它们的性质，并能够定量地计算不同物质的组分。而且，按照这种组合方式组合在一起的物质，可以重现我们周围环境的物质丰度。改进我们理解物质的最好方法就是，构建最优美可靠的，并且符合观测的物质成分表。我在前面所展示的暗物质研究也许只是一次思想实验，但它将会在未来的测量中被证实或证伪。数据和理论的自洽，是结果正确与否的最好标准。

本书书名所暗示的影响彗星轨道的暗物质，并不是我们所指出的新型暗物质的唯一可能。暗物质盘结构可以影响恒星的运动、矮星系的形状，以及实验室中的实验结果或者太空中的观测结果。尽管与探索地球和太阳系比起来，研究暗物质从许多方面来看都更难以捉摸，但科学家们正在寻找新的方法来追踪它。相应的结果会帮助我们揭开银河系以及宇宙的神秘面纱。

地球上的生命也许不是宇宙中唯一的生命形式，但人类的存在需要

宇宙或者行星具有一些显著的特征。根据现有的了解，人类的问题最终变为了：人类是如何来到地球的？通过研究星系以及人类的起源，人类可以判断，人类到底是因为一次偶然的事故来到地球的，还是经过了平缓的演化，即人类出现在地球上是可预言的？我们已经了解了非常可观的信息，并希望可以揭示更多的联系。在过去的 50 年中，从不缺乏惊人的进步。

尽管我们经常会看到新闻报道的坏消息和全球不断发生的令人失望的事件，但传播科学知识可以帮助人类改善自己的生活，并指导我们朝着对将来最有利的方向发展。科学研究不断呈现着关于人类生命与环境之间的联系、过去与未来的联系，等等。所以，人们应该感激这个世界是如此丰富多彩，它为人类应用已有的智慧和技术提供了场地和对象。

我经常觉得，奇妙的宇宙学环境是如此令人振奋。来自外界的争吵和忧虑都不会打扰我们从大尺度上洞悉科学的意义：科学能教会我们什么？我所说的，也许听起来并不像是最实用的建议。但是仰望星空，就在你的周围，一个奇妙的宇宙等着我们去追求、拥抱和探索。

致 谢

DARK MATTER AND THE DINOSAURS

这本书的灵感源自我在物理学中的研究。许多天文学、地质学和生物学研究，特别是我书中提到的那些研究工作，都给了我启发。这些研究是许多科学家的贡献，感谢所有的物理学家和天文学家，感谢他们在研究中共享了他们的知识。《暗物质与恐龙》反映了我对这个世界的着迷和激情，以及我对其发展方向的关心。这些想法最终能成型，得感谢我的很多朋友，多年来和他们的许多交流使我深受启发。我想感谢在这一路上每一个帮助过我的人。

特别感谢我的许多同事，他们与我有着同样的科学兴趣；尤其感谢在暗物质盘研究方面的诸多合作者：JiJi Fan、Andrey Katz、Eric Kramer、Matthew McCullough、Matthew Reece 以及 Jakub Scholtz。还要感谢 Paul Davies 的建议，把本书中导引的观点联系起来，并感谢 Matthew 和我一起着手做这项工作。非常感谢 Matthew 和 Lubos Motl 审阅这本书的初稿，感谢他们的意见和鼓励（尽管 Lubos 在某些争议问题上的观点还有待商榷）。

我还要感谢物理学和天文学的同事帮我校正书中不同章节：Laura Baudis、James Bullock、Bogdan Dobrescu、Doug Finkbeiner、Richard Gaitskell、Jakub Scholtz 以及 Tim Tait。Adam Brown 对即将定稿的稿件做了检查，这项工作是非常重要的。科学内容上的意见来自 Jo Bovi、Matthew Buckley、Sean Carroll、Chris Flynn、Lars Bergstrum、Ken Farley、Lars Hernquist、Johan Holmberg、Avi Loeb、Jonathan

McDowell、Scott Tremaine、Matt Walker，他们的工作对本书内容的进一步完善非常有帮助。同样提出深刻见解的不少天文学家也对本书贡献颇多，特别是，Francesca DeMeo、Dmitar Sasselov、Maria zuber。特别感谢 Martin Elvis 和 Chris Flynn 非常慷慨地付出了很多时间和精力。Jerry Coyne、Nathan Mhyrvhold，特别是 Walter Alvarez、Andy Knoll 以及 David Kring 提供了关于白垩纪 - 第三纪灭绝的颇有价值的看法，他们的建议以及所指出的错误，对我来说非常珍贵。同样非常感谢 Jose Juan Blanco、Asier Hilario、Miren Mendea 以及 Jon Urrestilla 帮助我安排参观位于西班牙的白垩纪 - 第三纪界线。

真正懂得科学是一回事，写书又是另外一回事。除了从同事那里获得的深刻见解和不同想法外，我非常幸运地得到了许多朋友的支持。感谢 Andi Machl 的付出、支持，以及他慷慨的评估。Cormac McCarthy 的认真推敲带来的高标准（还有他表达反对的沉默）让本书内容更准确。朋友们的知识、建议和鼓励对我修正本书的观点和措辞有很大帮助，他们是：Judith Donaugh、Maya Jasanoff 和 Jen Sacks。David Lewis 对语言的把握，以及编辑 Anna Christina Buchmann 的建议，极大地帮助我改正书中的不当之处。Jim Brooks、Richard Engel、Timothy Ferris、Milo Goodell、Tom Levenson、Howard Lutnick、Dana Randall 和 Michael Snediker 都对本书有所贡献，感谢他们。

特别感谢我的编辑 Hilary Redmon，感谢她在出版过程中的建议、鼓励和耐心；感谢她的助理 Emma Janaskie 帮助把那些零碎的意见整合起来。英国兰登书屋的 Stuart Williams 也提出了很多有价值的建议。我还要感谢 Dan Halpern 和 Ecco 出版社的工作人员，感谢 Alison Saltzberg 与我构思封面。天才 Rose Lincoln 帮助制作了肖像照，Gary Pikovsky 提供了新的插画，Elisabeth Cheries、Robin Green、Emma Janaskie、Eric Kaplan、David Kring、Emily Lakdawalla、Tommy McCall 以及 Bill Prady 帮我处理了一些插图。感谢 Kathleen Rocheleau 对参考文献的处理，感谢 Elisabeth Cheries 对其进行了校对。感谢 Yaddo 以及住在那里的人们为我提供了欢乐、高效的环境，感谢 Marty 和 Sarah Flug 在重要时刻对我的热情招待，感谢哈佛大学提供高效的物理学研究环境。非常感谢 Andrew Wylie 帮助启动这个项目，感谢 Andrew Wylie 和 Sarah Chalfant 对这本书初稿的鼓励。还要感谢 Wylie 代理团队的其他人，包括 James Pullen、Kristina Moore 等人所做的诸多事情。

我还欠 Jeff Goodell 一个特别的感谢。他多次和我分享他作为一位高超作家的广阔视野，告诉我如何讲一个好故事、如何更好地表达它们。我还非常高兴地与他分享了我的好奇心。感谢 Jeff Goodell 的家人、我的家人，感谢我的朋友，感谢他们珍贵的好奇心以及他们对我著作的兴趣和鼓励。

最后，我要感谢我的父母。虽然很遗憾他们看不到这本书，但他们对我的影响贯穿了这本书。感谢他们教会我相信，我的目标是可以实现的，包括我雄心勃勃的事业——这本书就是其中一项。

DARK MATTER AND
THE DINOSAURS

兰道尔教授为读者提供了一些既有趣又有用的
参考文献，其中一些文献的观点可能
比较有争议，但它们对更全面地理解
暗物质与恐龙之间的种种联系很有帮助。
感兴趣的读者，
可以扫码获取“湛庐阅读”APP，
搜索“暗物质与恐龙”，获取原书参考文献。

DARK MATTER AND THE DINOSAURS

相信不少读者童年时最感兴趣的话题都与宇宙和恐龙有关。“暗物质”与“恐龙”这两个词放到一起，即使对一些专业的科研人员来说，大概也会觉得十分奇怪。正如作者兰道尔教授所说，人们一般会想到的可能是即将上映的某部科幻大片。当然，这也是《星球大战》系列电影和《侏罗纪公园》系列电影在世界各国都非常流行的原因。

相比于大家没怎么听说过的暗物质，恐龙大概是大家非常熟知，并颇受小朋友喜爱的一种动物了。然而，这个曾经一度统治地球的“大爬虫”为什么在 6 600 万年前突然就灭绝了？这个困扰了科学家多年的问题似乎能被位于由恒星构成的银盘中的暗物质盘所解释。

其实，暗物质作为宇宙的主要构成成分之一，一直以来都是物理学家最感兴趣的研究对象之一。可惜迄今为止，我们对于暗物质性质的了解还非常少。天文观测表明，太阳系在围绕银河系旋转的同时，还在银盘中上上下下地振动。科学家发现，其振动周期和地球上大规模生物灭绝的周期有着某种关联。作者兰道尔教授及其合作者由此推测，太阳系每次经过银盘时，都会引起位于太阳系边缘处的彗星的轨道发生变化，其中一些脱轨的彗星会飞到地球附近，并因地球的强大引力而改变轨道，最终可能冲向地球。你可不要认为这些天体只是晴朗夜空中浪漫的流星，它们撞到地球上的冲击力相当于几十颗原子弹，其后引发的地震、海啸和酸雨等灾害，更是具有大规模的杀伤性——曾经的“地球霸主”恐龙就是在这一过程中灭绝的。

《暗物质与恐龙》一书不但展示了相关学科最前沿的进展，而且细致描述了这些学科中与暗物质和恐龙相关的课题的发展历史，以及一些不为人知的趣事。在开始翻译这本书之前，我们曾尝试着猜测暗物质与恐龙背后的联系：暗物质作为宇宙的主要构成成分之一，它对恐龙灭绝的最大贡献可能是其自身引力势对彗星轨道的改变，因此诱发了 6 600 万年前那次导致了恐龙灭绝的大撞击。随着翻译工作的深入，我们发现，事情比当初想象的要复杂得多。作者兰道尔教授分别从宇宙学、天体物理学、地质学、古生物学以及粒子物理学等多个学科，对此问题作出了详细且严谨的论述和分析，涉猎之广、之深都是我们翻译前所没有想到的，所以对于知识有限的我们还是有一定挑战的。

翻译过程虽然不是一帆风顺的，但是整体来说是被惊叹与快乐之情主导。惊叹的是兰道尔教授知识面之广，她从西班牙海滩的化石聊到北美洲矿井下的暗物质直接探测器；从奥尔特云附近的周期性彗星现象聊到当代人类活动对物种多样化的影响。我们在每一个章节几乎都能学到新的东西。快乐的是兰道尔教授用诙谐的笔法把那些看上去晦涩难懂的专业名词描述得直观且活泼，甚至有时，我们会为她睿智的类比而拍案叫绝。我们在翻译时，力争和原书的风格保持一致，即趣味性和科学性相结合。希望读者在享受阅读的同时，也能学习新知识来充实自己。

此外，我们想强调的是，兰道尔教授在书中提出的暗物质模型也只是一种理论猜想，其正确性还有待实验观测来验证。然而，自然界中看似毫不相关的事物之间却有着千丝万缕的联系，这让我们在看待这个世界时，永远充满好奇之心与惊讶之情。更重要的一点是，正如兰道尔教授所指出的，科技进步虽然给人类社会带来了巨大的发展、为人类提供了巨大的便利，但是其后续影响是否真能有利于人类的发展，还难以事先准确估计。所以，我们在对待新的科学技术时，应该持有十分谨慎的态度和真正科学的观点。兰道尔教授提到的第六次生物大灭绝已经在很多地方被科学家们指出，这次大灭绝完全是由于人类活动造成的。不同于彗星那一次相当于几十颗原子弹的能量，人类日常生活的种种小事同样拥有如同原子弹一样的能量，并能逐渐破坏地球环境。为了我们唯一的生存家园，我们也希望大家能更多地关注科学的发展，并为保护我们的地球环境尽一份力。

对于我们来说，翻译此书不仅是文字、语言上的简单转换，更是学习、思考与理解的一次自我升华之旅。真心希望我们的这个翻译作品能帮助读者领略宇宙的奇妙，感受科学的魅力。由于知识、人力以及时间等限制，书中的错误和疏漏之处在所难免，还望读者朋友们不吝指正。

最后，感谢湛庐文化，将如此优秀的科普图书引入了中国；感谢湛庐文化的编辑和其他几位老师，在翻译过程中，她们给了许多帮助和建议。

以此来纪念我们共同翻译的时间。是为后记。

译者简介

尔欣中：男，德国波恩大学天体物理博士，曾为中国科学院国家天文台副研究员（2011—2014），现为意大利罗马天文台博士后。研究方向：宇宙中的各种引力透镜效应。

李　楠：男，国家天文台天体物理学博士，现为美国芝加哥大学 Kavli 天体物理研究所博士后。研究方向：引力透镜数值模拟，暗物质空间分布。

王　岚：女，北京大学天体物理学博士，现为中国科学院国家天文台副研究员。研究方向：星系的形成和演化，以及温暗物质宇宙学模拟。

郑　征：男，美国约翰·霍普金斯大学博士，现为中国科学院国家天文台博士后。研究方向：近邻星系的结构，星系形成和演化。

谢利智：女，国家天文台天体物理学博士，现为意大利的里雅斯特天文台博士后。研究方向：暗物质晕及星系的形成与演化。

苟利军：男，美国宾夕法尼亚州立大学天体物理博士，美国哈佛大学哈佛 - 史密森天体物理中心博士后及研究人员，国家青年千人计划入选者。现为中国科学院国家天文台研究员，中国科学院大学教授，国家天文台恒星级黑洞研究创新小组负责人。研究方向：黑洞基本性质及爆发现象。

未来，属于终身学习者

我这辈子遇到的聪明人（来自各行各业的聪明人）没有不每天阅读的——没有，一个都没有。巴菲特读书之多，我读书之多，可能会让你感到吃惊。孩子们都笑话我。他们觉得我是一本长了两条腿的书。

——查理·芒格

互联网改变了信息连接的方式；指数型技术在迅速颠覆着现有的商业世界；人工智能已经开始抢占人类的工作岗位……

未来，到底需要什么样的人才？

改变命运唯一的策略是你要变成终身学习者。未来世界将不再需要单一的技能型人才，而是需要具备完善的知识结构、极强逻辑思考力和高感知力的复合型人才。优秀的人往往通过阅读建立足够强大的抽象思维能力，获得异于众人的思考和整合能力。未来，将属于终身学习者！而阅读必定和终身学习形影不离。

很多人读书，追求的是干货，寻求的是立刻行之有效的解决方案。其实这是一种留在舒适区的阅读方法。在这个充满不确定性的年代，答案不会简单地出现在书里，因为生活根本就没有标准确切的答案，你也不能期望过去的经验能解决未来的问题。

湛庐阅读APP：与最聪明的人共同进化

有人常常把成本支出的焦点放在书价上，把读完一本书当做阅读的终结。其实不然。

时间是读者付出的最大阅读成本
怎么读是读者面临的最大阅读障碍
“读书破万卷”不仅仅在“万”，更重要的是在“破”！

现在，我们构建了全新的“湛庐阅读”APP。它将成为你“破万卷”的新居所。在这里：

- 不用考虑读什么，你可以便捷找到纸书、有声书和各种声音产品；
- 你可以学会怎么读，你将发现集泛读、通读、精读于一体的阅读解决方案；
- 你会与作者、译者、专家、推荐人和阅读教练相遇，他们是优质思想的发源地；
- 你会与优秀的读者和终身学习者为伍，他们对阅读和学习有着持久的热情和源源不绝的内驱力。

从单一到复合，从知道到精通，从理解到创造，湛庐希望建立一个“与最聪明的人共同进化”的社区，成为人类先进思想交汇的聚集地，共同迎接未来。

与此同时，我们希望能够重新定义你的学习场景，让你随时随地收获有内容、有价值的思想，通过阅读实现终身学习。这是我们的使命和价值。

湛庐阅读APP玩转指南

湛庐阅读APP结构图：

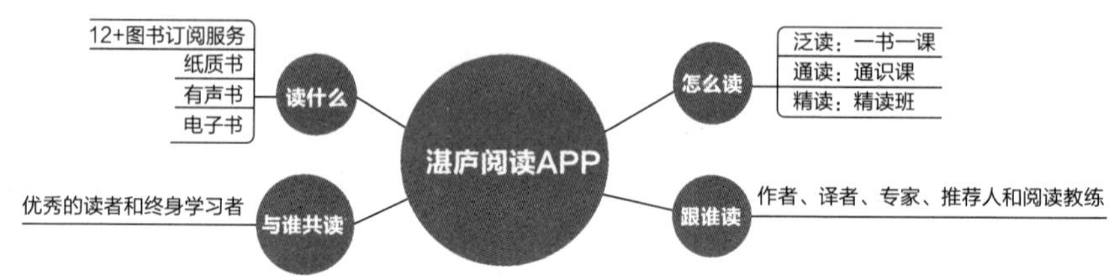

三步玩转湛庐阅读APP：

使用APP扫一扫功能，遇见书里书外更大的世界！

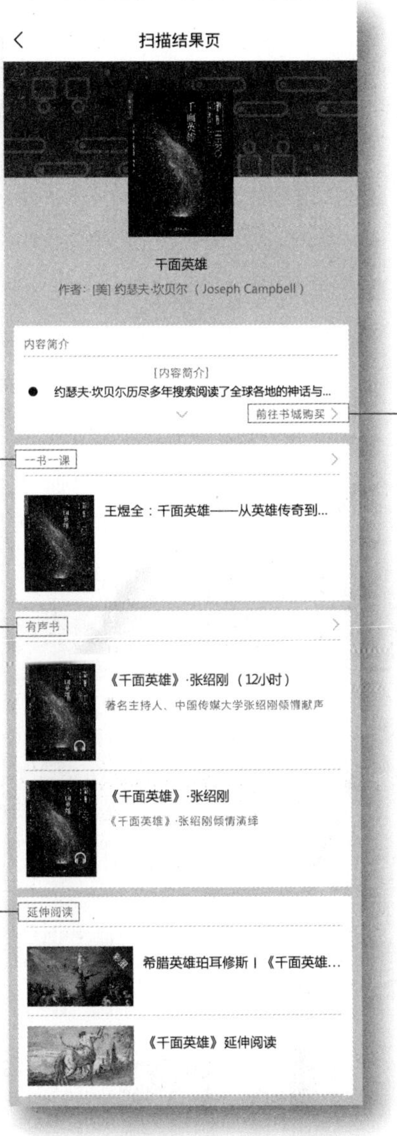

扫描结果页

千面英雄

作者：[美] 约瑟夫·坎贝尔（Joseph Campbell）

内容简介

[内容简介]

● 约瑟夫·坎贝尔历尽多年搜索阅读了全球各地的神话与...

前往书城购买 >

快速了解本书内容，
湛庐千册图书一键购买！

一书一课

王煜全：千面英雄——从英雄传奇到...

有声书

《千面英雄》·张绍刚（12小时）

著名主持人、中国传媒大学张绍刚倾情献声

《千面英雄》·张绍刚

《千面英雄》·张绍刚倾情演绎

大咖优质课、
献声朗读全本一键了解，
为你读书、讲书、拆书！

延伸阅读

希腊英雄珀耳修斯 | 《千面英雄...

《千面英雄》延伸阅读

你想知道的彩蛋
和本书更多知识、资讯，
尽在延伸阅读！

湛庐文化获奖书目

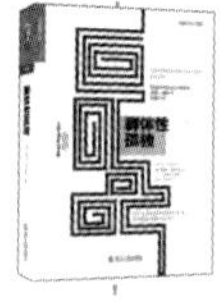

《爱哭鬼小隼》

国家图书馆"第九届文津奖"十本获奖图书之一

《新京报》2013年度童书

《中国教育报》2013年度教师推荐的10大童书

新阅读研究所"2013年度最佳童书"

《群体性孤独》

国家图书馆"第十届文津奖"十本获奖图书之一

2014"腾讯网·啖书局"TMT十大最佳图书

《用心教养》

国家新闻出版广电总局2014年度"大众喜爱的50种图书"生活与科普类TOP6

《正能量》

《新智囊》2012年经管类十大图书，京东2012好书榜年度新书

《正义之心》

《第一财经周刊》2014年度商业图书TOP10

《神话的力量》

《心理月刊》2011年度最佳图书奖

《当音乐停止之后》

《中欧商业评论》2014年度经管好书榜·经济金融类

《富足》

《哈佛商业评论》2015年最值得读的八本好书

2014"腾讯网·啖书局"TMT十大最佳图书

《稀缺》

《第一财经周刊》2014年度商业图书TOP10

《中欧商业评论》2014年度经管好书榜·企业管理类

《大爆炸式创新》

《中欧商业评论》2014年度经管好书榜·企业管理类

《技术的本质》

2014"腾讯网·啖书局"TMT十大最佳图书

《社交网络改变世界》

新华网、中国出版传媒2013年度中国影响力图书

《孵化Twitter》

2013年11月亚马逊(美国)月度最佳图书

《第一财经周刊》2014年度商业图书TOP10

《谁是谷歌想要的人才？》

《出版商务周报》2013年度风云图书·励志类上榜书籍

《卡普新生儿安抚法》《最快乐的宝宝1·0~1岁》

2013新浪"养育有道"年度论坛养育类图书推荐奖

延伸阅读

《叩响天堂之门》

◎ 理论物理学大师丽莎·兰道尔“宇宙三部曲”——一本书读懂宇宙求索的漫漫历程。

◎ 宇宙如何起源？为什么我们要耗资巨额，建造史上最大型的科学仪器——大型强子对撞机？宇宙万物的真相又如何向我们徐徐展开？

◎ 科学小白与科学大V都不可错过的年度最佳科普巨作，韩涛、张双楠、陈学雷、朱进、苟利军、吴岩、万维钢、郝景芳等众多顶尖科学家与科学达人挚爱推荐。

《弯曲的旅行》

◎ 理论物理学大师丽莎·兰道尔“宇宙三部曲”——一本书读懂神秘的额外维度。

◎ 我们了解宇宙吗？宇宙有哪些奥秘？宇宙隐藏着与我们想象中完全不同的维度吗？我们将怎样证实这些维度的存在？

使用“湛庐阅读”APP，
“扫一扫”获取本书更多精彩内容
ISBN 978-7-213-07565-0

《暗物质与恐龙》

◎ 理论物理学大师丽莎·兰道尔“宇宙三部曲”——一本书读懂暗物质以及恐龙灭绝背后的秘密。

◎ 暗物质是什么？它是如何让昔日的地球霸主毁灭的？宇宙万物又是如何在看似无关的情况下联系在一起，从而改变了世界的发展的？

延伸阅读

《星际穿越》

◎ 诺贝尔物理学奖获得者，天体物理学巨擘，引力波项目创始人之一，同名电影科学顾问基普·索恩巨著，媲美霍金《时间简史》。

◎ 国家天文台8位天体物理学科学家权威翻译。

◎ 国家图书馆“第十一届文津奖”获奖图书。

《时间重生》

◎ 新时代的爱因斯坦，加拿大圆周理论物理研究所创始人之一李·斯莫林颠覆世界之作！

◎ 我们如何理解时间，决定了我们如何思考未来。关于时间的真实性，柏拉图、伽利略、牛顿、爱因斯坦都错了！看《时间重生》如何重启时间！

《穿越平行宇宙》

◎ MIT物理系终身教授，平行宇宙理论世界级研究权威——迈克斯·泰格马克近30年科学追索，一部让你脑洞大开的宇宙学之作！

◎ 一场关于现代宇宙学的盛大巡礼。关于平行宇宙的所有脑洞，这一本就够了！

图书在版编目（CIP）数据

暗物质与恐龙 /（美）兰道尔著 ；苟利军，李楠，尔欣中等译 .—杭州 ：浙江人民出版社，2016.12 （2021.6 重印）

ISBN 978-7-213-07726-5

Ⅰ . ①暗… Ⅱ . ①兰… ②苟… ③李… ④尔… Ⅲ . ①暗物质 – 普及读物 ②恐龙 – 普及读物 Ⅳ . ① P145.9 –49 ② Q915.864–49

中国版本图书馆 CIP 数据核字（2016）第 291969 号

上架指导：科普读物 / 宇宙天文

暗物质与恐龙

［美］丽莎 · 兰道尔　著
苟利军　李 楠　尔欣中　等 译

出版发行：浙江人民出版社（杭州体育场路 347 号　邮编　310006）
市场部电话：（0571）85061682　85176516
集团网址：浙江出版联合集团　http://www. zjcb.com
责任编辑：方　程
责任校对：张志疆　俞建英　朱　妍
印　　刷：北京富达印务有限公司
开　　本：720 毫米 ×965 毫米　1/16　　印　　张：26.25
字　　数：325 千字　　插　　页：3
版　　次：2016 年 12 月 第 1 版　　印　　次：2021 年 6 月第 5 次印刷
书　　号：ISBN 978-7-213-07726-5
定　　价：89.90 元
